太行云牛

● 山西省农业科学院畜牧兽医研究所
● 和顺县人民政府   编

中国农业科学技术出版社

图书在版编目（CIP）数据

太行云牛／山西省农业科学院畜牧兽医研究所，和顺县人民政府编.
—北京：中国农业科学技术出版社，2019.11
ISBN 978-7-5116-4402-2

Ⅰ.①太…　Ⅱ.①山…②和…　Ⅲ.①肉牛–饲养管理　Ⅳ.①S823.9

中国版本图书馆 CIP 数据核字（2019）第 204549 号

责任编辑	张国锋
责任校对	李向荣

出 版 者	中国农业科学技术出版社
	北京市中关村南大街 12 号　邮编：100081
电　　话	（010）82106636（编辑室）　　（010）82109702（发行部）
	（010）82109709（读者服务部）
传　　真	（010）82106631
网　　址	http://www.castp.cn
经 销 者	各地新华书店
印 刷 者	北京建宏印刷有限公司
开　　本	710mm×1 000mm　1/16
印　　张	15.25
字　　数	320 千字
版　　次	2019 年 11 月第 1 版　2019 年 11 月第 1 次印刷
定　　价	68.00 元

《太行云牛》
编委会

主　　任：马海军

副主任：李朝龙　王树华

委　　员：张元庆　杨效民　王　曦　梁建宏

　　　　　乔　勇　李计林　张竹林　赵　彬

编写人员名单

主　　编：杨效民

副主编：赵　彬　杨　忠

编写人员：张元庆　王树华　王　曦　王晓云

　　　　　程晓亮　韩文儒　梁　睿　张丹丹

　　　　　何再平　梁杜宵　王　婷　王宏浩

　　　　　梁　圆

序

从 20 世纪 70 年代起，我县就与山西省农业科学院畜牧兽医研究所、中国农业科学院畜牧兽医研究所、山西农业大学等科研院所进行合作开展了黄牛改良工作，并实施了多项国家、省部级肉牛育种科研项目，通过科技支撑、体系保障和政策扶持等举措，坚持开放核心群（ONBS）育种技术路线，引入世界优秀的西门塔尔牛血缘，通过黄牛改良、级进杂交、横交固定和继代选育，经过 40 多年培育形成了具有和顺地域特点的肉牛新品种。新品种的选育，将改写我省缺乏专门化肉牛品种的现状，扭转对肉用牛引种的过度依赖，同时为我省肉牛产业快速发展提供有利的种源条件，为我县养牛业的发展奠定了坚实的基础。在省市相关部门的大力支持下，2011 年我县肉牛被授予"全国地理标志保护产品"。于 2015 年被批准为"供港活牛质量安全示范区"，首开我省活体动物出口之先河。

太行云牛，遗传稳定，一致性强。全身被毛红、黄白花，花片分明。黄、红斑片多于白色斑片，头额部、下腹部、四肢下部、尾帚为白色，是其主要特征。

太行云牛，具有适应性强、生长快、肉质佳的特性，适宜于山区放牧、半放牧及舍饲环境下生长。

太行云牛，体格高大，背、腰、尻平直、宽广，四肢强健，全身肌肉丰满，产肉性能高，肉质良好。成年公牛体高 150 厘米以上、体重 1 100~1 400 千克；成年母牛体高 130~140 厘米，体重 650~750 千克。

太行云牛，耐粗饲、适应性广范。幼龄牛生长发育快，常规饲养管理条件下，18 月龄公牛平均体重 500~600 千克，母牛 400~500 千克。育肥期平均日增重 1.5 千克以上，24 月龄出栏体重 650~700 千克。屠宰率 58%~60%，净肉率 47%~50%。

太行云牛，繁殖性能高，利用年限长。良好饲养管理条件下，母牛可实现一年一胎，情期受胎率 55%~65%，犊牛初生重 30~40 千克。母牛饲养期一般 15~18 年，终生产犊 10 头左右，部分个体可达 14 头。

太行云牛，生产效率高，经济效益好，深受广大养殖场户青睐。太行云牛的品种审定和品牌建设，是提高"和顺肉牛"知名度、提升养牛效益的重要手段；

是巩固我县四十余年黄牛改良成果，实现品种资源向品牌资源转变的重要举措；更是确立我县肉牛品种的品牌地位，进一步厚植全县养牛业发展的基础，使养牛业在全县农业增效、农村发展、农民增收中的作用得到更好的发挥，为全县广大农民的脱贫致富做出积极的贡献。

马海军

2019.9.

前　言

　　肉牛产业的发展是农业供给侧结构性改革的需要，也是现代农业发展的必然选择。发展肉牛业生产，有利于农民增产增收以及推进食品工业、轻工业、工商业和服务业等多行业的发展，在延长农业产业链条、拓宽城乡居民就业渠道等方面社会效益明显。发达国家农业产值的一半是养牛业，农户的一半是养牛户，养牛业占据农业主导地位，使其农业经济效益空前提高。这是发达国家的经验，也是农业现代化进程中的必然规律。

　　牛肉在肉食品生产中历来占有重要地位，特别是在我国经济新常态下，发展肉牛产业，一举多得。一是实现粮草就地转化，增加农民收入。二是促进农业生产的良性循环，农业资源的循环利用。饲草料的"过腹还田"，在减少化肥用量、降低农业生产成本的同时，可以大幅度地提高土壤中有机质含量，从而增强种植业的增产和抗灾能力。三是农副产品以及四边杂草的有效利用，有利于减少环境污染，净化农村生态环境，推进美丽乡村建设。四是生产更多优质肉食品，迎合现代人健康、安全、营养的消费理念，在繁荣市场供给、丰富城乡"菜篮子"、优化国民膳食结构、强化民族身体素质等方面具有划时代的现实意义和深远的历史意义。

　　太行云牛系山西省农业科学院、山西省农业厅、山西省畜牧遗传育种中心、山西农业大学联合和顺县人民政府，在中国西门塔尔牛育种委员会的指导下，以太行地区山地黄牛为基础，采用常规育种与分子育种相结合的技术手段，历经40多年选育而成的具有广泛适应性和优异生产性能的肉牛新品种，具备我国肉牛生产当家品种的基本条件和基础。

　　我国养牛历史悠久，而真正意义上的肉牛生产则处于起步阶段。优秀的种质资源相对匮乏，养殖生产者理论知识不足，经验欠缺，管理水平滞后。导致存栏数量多，生产周期长，资源消耗大，养殖效益低。为此编撰出版《太行云牛》，内容涵盖太行云牛种质特性、养殖场建设与环境保护、母牛繁育、肉牛育肥与屠宰加工、现代养牛场经营管理、牛群保健以及疾病诊疗与防控等。旨在直观指导生产、规范种养过程，应用当代先进的肉牛生产技术，发挥太行云牛优异的生产性能，提高养殖效益，增加农业和农民收入，振兴农村经济。本书可作为广大养殖场户以及农民技术员的必备工具书以及职业农民培训教材，亦可作为农业技术推广部门以及科教工作者的参考书籍。

编撰过程中力求系统全面、言简意赅、通俗易懂、图文并茂、先进实用。总结了笔者多年来从事养牛生产技术研发与推广应用工作经验，同时也广泛参阅和引用了国内外众多专家和学者的有关著作、文献、图片等相关内容，在此一并致谢。

由于时间仓促和水平所限，书中的缺点、不足之处，在所难免，恳请读者批评指正。

编者

2019 年 8 月

目　　录

第一章 太行云牛

第一节 生物学分类与育成

一、生物学分类

太行云牛在现代动物分类学上属哺乳纲（Mammalia），偶蹄目（Artiodactia），反刍亚目（Muminantia），牛科（Bovidae），牛亚科（Bovinae），牛属（*Bos*），是家牛属（*Bos*）中的一个独立的育成品种。

太行云牛

太行云牛的前身为中国西门塔尔太行类群牛，育种过程中曾以"太行花牛"为名，近期更名为太行云牛。

二、育成过程

太行云牛是在中国西门塔尔太行类群牛的基础上培育的肉牛新品种，系由世界优秀的西门塔尔牛与太行山地黄牛级进杂交培育而成。

太行云牛的形成大体经过 3 个阶段，即黄牛改良阶段、中国西门塔尔太行类群牛选育阶段和太行云牛育成阶段，历时 40 多年。其中，1973—1985 年为黄牛改良阶段，1986—2000 年为中国西门塔尔太行类群牛选育阶段，2001 年以来为太行云牛育成阶段。动物育种具有连贯性和持续性，因而在时段的划分上，具有一定的穿插和重叠。

1. 黄牛改良

山西的黄牛改良，历史悠久，而真正有目标、有计划的黄牛改良工作始于 1973 年。由山西省畜牧兽医局、山西省农业科学院畜牧兽医研究所、山西农业大学联合各市县畜牧兽医局共同组成黄牛改良协作组，全面展开了黄牛改良工作。当时以增大黄牛体型，提高役用能力和生产性能、经济效益为主要目标，先后引入了海福特、西门塔尔、利木赞、夏洛莱、安格斯、短角牛以及荷斯坦等多品种优秀种公牛，在全省范围内划区分片，展开了黄牛改良工作。通过大量试验研究，确定了太行地区的和顺、沁源、祁县、榆社、昔阳、阳城等县以西门塔尔牛改良为主体。为提高改良牛的泌乳性能，在西门塔尔牛改良区域部分地导入了红白花荷斯坦牛血缘。然而地处太行山区，丘陵起伏，沟坡纵横，牛群又以深山放牧为主，乳品开发利用受到一定限制。因而最终确立了以肉用为主的改良方向，组建了西门塔尔牛级进杂交的生产模式。

2. 级进杂交

级进杂交为太行云牛培育的初始阶段，亦即中国西门塔尔太行类群牛培育阶段。太行云牛选育是在中国西门塔尔太行类群牛选育的基础上进行的，按照时序划分，年度为 1986—2000 年，实则早于 1986 年。1981 年 8 月 25 日成立全国西门塔尔牛育种委员会，山西省农业科学院畜牧兽医研究所作为成员单位之一，从此开始了中国西门塔尔太行类群牛的选育工作。期间，引入各系别西门塔尔牛，进行级进杂交，牛群的生产性能也随着杂交代数的增加而提高。生产出了大量的级进三代、四代牛，其生产性能接近于西门塔尔牛，然而伴随级进杂交代数的提高其杂种优势则逐渐弱化。

从外貌特征上看，杂交一代牛：在山地黄牛毛色一致（黄偏红）的基础上，额部出现白斑或全白色、尾帚白色；级进杂交二代牛，则在杂交一代牛的基础上，体躯出现不同程度的白色花片；而级进杂交三代、四代牛，被毛颜色则接近西门塔尔牛，具有西门塔尔牛的外貌特征，亦即白头、白尾、红白或黄白花片分明，而红、黄被毛区域大于白色花片区域。

3. 横交选育

真正的横交始于 20 世纪 90 年代末期，而有组织、有计划、有目标的太行云牛选育工作则始于 2000 年。于 2000 年 8 月由山西省农业科学院畜牧兽医研究所牵头，联合市县相关技术人员，组成了太行花牛（亦即太行云牛）选育协作组，其中以"太行花牛选育"为题，于2006年正式列入山西省农业科学院种业工程计划，由山西省农业科学院畜牧兽医研究所主持实施。在群内选取优秀公牛个体，分区布点，进行横交试验。在横交过程中，则同时出现优良个体和不良个体（横交分离）。而在有组织、有计划、有目标的选育方案中，组建了育种核心群，淘汰不良个体，选留优秀个体。实施了个体选配与群体选配相结合的技术路线，使优良性状得以固定（横交固定）。通过不断选优去劣，形成了目前生产性能高、遗传稳定、体型外貌基本一致的太行云牛新类群。

三、血缘追溯

太行云牛的形成，历经黄牛改良、级进杂交和横交选育等多个阶段。历时40多年，经过几代人的共同努力，其繁育过程又涉及千家万户。历时长、涉及面广，特别是人员交替频繁，导致档案资料残缺不全，其血缘组成只能追溯。太行云牛选育协作组，通过查阅人工授精的历史档案，多次组织有关专家、行业主管人员进行会议追溯以及走访有关离退休人员，其结果亦即太行云牛的血缘组成为西门塔尔牛约占87.5%，红色荷斯坦牛、当地黄牛等约占12.5%。

第二节　体型外貌与生长发育

一、外貌特征与体尺体重

1. 外貌特征

太行云牛系大型肉牛品种。全身被毛浓密，额及颈上部多卷毛，毛色多为黄白花到红白花，背部、体侧多为有色毛，头、胸、腹下、四肢下部和尾帚多为白色，皮肤为粉红色。体型高大，骨骼粗壮结实，肌肉丰满。头部轮廓清晰，嘴宽大，眼大明亮，角细致，向外上方弯曲，尖端稍向上。前躯发达，胸较深，整个体型呈长方形。尻部长宽而平直，肌肉丰满。四肢结实，大腿肌肉发达。乳房发育中等，四个乳区匀称，乳头大小适中。

2. 体尺体重

太行云牛体尺体重接近于西门塔尔牛。而在生产中，公牛多用于育肥生产牛肉，则在未成年就已出栏销售。据20头种公牛测定，成年公牛体高140~150厘米，体斜长185~195厘米，胸围210~225厘米，管围23.2厘米，体重800~1 100千克；成年母牛体高125~140厘米，体斜长168~175厘米，胸围193~205厘米，管围20.7厘米，体重600~700千克。

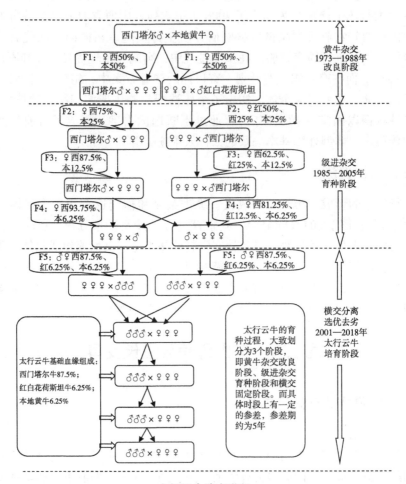

太行云牛选育进程

说明：太行云牛育种的主体模式为级进杂交，主要血缘为西门塔尔牛，包括苏系、法系、德系、澳系等。为提高泌乳性能，选育过程中导入了红白花荷斯坦牛血液。但由于育种区地处山区丘陵地带，乳品开发利用与生产受到一定的限制，同时受传统肉牛生产习惯与市场的影响（红白花改良牛不受群众欢迎）。所以育种目标确定为以肉用为主体，继续坚持西门塔尔牛的级进杂交。最终红白花荷斯坦牛和本地牛的血缘成分各占 6.25% 左右。太行云牛的选育过程，坚持了边生产边选育的技术路线。特别是牛的生产周期长，为加速太行云牛的培育进程，种公牛在育种核心群的利用年限拟定为 3~5 年，其部分优秀个体，服役期满后，仍然应用于周边扩繁群体。因而育种时段的划分上，具有一定的时间参差量，比如黄牛改良阶段的后期，已经开始级进杂交，业已生产出级进个体，只是该阶段的主体是杂交改良，所以时段上出现了部分交叠。

太行云牛（母牛）

二、核心产区与适应性

1. 产区地理位置与气候特点

太行云牛核心产区位于山西省和顺县，地处山西省境东陲，太行山脉西侧，地理坐标东经 113°05′~113°56′，北纬 37°03′~37°36′。和顺县以山地、丘陵居多。海拔多在 1 300~1 800 米，具有"太行之巅"之称。属温带大陆性气候，春季干燥多风，夏季温暖多雨，秋季凉爽，阴雨较多，冬季漫长而寒冷。年平均气温为 6.3℃，1 月气温为 −10℃ 左右，年降水 593 毫米，霜冻期为 9 月中旬至次年 5 月中旬，无霜期 124 天。

和顺县养牛历史悠久，孕育了"牛郎织女"的传说，是中国牛郎织女文化之乡。2006 年被中国民间文艺家协会命名为"中国牛郎织女文化之乡"后，2008 年"牛郎织女传说"被国务院正式公布为第二批国家级非物质文化遗产。2009 年和顺又被省文化厅命名为"山西省首批民族传统节日（七夕节）示范保护地"。

目前，全县拥有大型肉牛养殖企业 12 个，标准化养殖小区 107 个，培育"十头母牛"规模户 1 800 多个。肉牛总饲养量达到 15.7 万头，年出栏肉牛 5.8 万头，牛肉总产量达 7 500 吨，在我省各县区名列前茅。

2. 太行云牛广泛的适应性

太行云牛具有广泛的适应性。培育于丘陵山区，适于山坡草地放牧与舍饲管理，以半舍饲半放牧条件较好。特别是太行云牛爬坡能力强，牧食效果良好，生长发育较快。在夏秋季节放牧条件下，公犊牛日增重 800 克左右，母犊牛日增重 700 克左右。舍饲期间公犊牛日增重 1 000 克以上，母犊牛日增重 800 克以上。而在育肥期日增重平均为 1 500 克。

太行云牛的前身——中国西门塔尔太行类群牛，就曾批量输出到我国的山东、河北、安徽、四川、新疆、内蒙古等地，且均受到引入地的好评。说明，太行云牛不仅适应舍饲、放牧、半舍饲半放牧等多种饲养管理模式，同时能适应不同地域风土气候和资源条件。

三、太行云牛的生长发育

在半舍饲半放牧条件下，对太行云牛育种核心群部分幼龄牛进行了生长发育性能测定，其结果见表1-1。

表1-1 太行云牛各阶段体尺、体重统计 单位：厘米 千克

阶段	性别	头数	体重	体高	体斜长	胸围	管围
初生	公	35	35.95±4.17	72.10±4.86	69.10±5.42	77.30±6.41	9.70±0.22
	母	39	32.71±4.10	70.55±4.59	65.35±4.33	73.75±6.13	9.30±0.32
1月龄	公	32	65.32±6.11	82.7±5.52	83.10±5.72	96.10±8.42	11.06±0.56
	母	35	61.25±5.85	77.85±5.55	79.15±4.52	92.65±7.45	10.97±0.55
6月龄	公	33	196.27±19.56	105.53±6.71	119.87±7.83	139.0±8.54	16.57±0.55
	母	34	179.33±18.85	103.06±7.66	114.22±6.74	135.7±10.25	16.52±0.80
12月龄	公	31	382.25±29.55	118.67±5.87	139.42±8.02	172.67±8.28	17.83±0.89
	母	39	314.77±37.15	114.25±4.67	135.33±7.31	160.25±5.64	17.33±1.05
18月龄	公	28	535.38±53.60	130.94±5.20	161.5±9.29	189.81±9.56	20.58±1.81
	母	33	384.50±49.75	126.06±4.55	146.69±8.20	168.81±8.78	19.50±1.55
24月龄	公	15	636.44±66.65	139.53±5.40	174.89±11.85	195.53±13.5	22.51±2.22
	母	27	445.72±54.58	130.85±4.35	165.66±13.24	178.57±12.15	20.50±3.54

第三节 生产性能

一、产肉性能

太行云牛体格大、生长快、肌肉多、脂肪少，产肉性能良好：公牛体高可达150~160厘米，母牛可达135~142厘米。全身肌肉发达，体躯呈圆筒状。早期生长速度快，并以产肉性能高、胴体瘦肉多而出名。太行云牛育肥出栏多在1.5~2.5周岁，平均出栏体重550~650千克，屠宰率多在56%~60%，胴体重350千克左右。

试验选取12月龄左右公犊牛30头，进行育肥和屠宰试验测定。育肥牛平均始重395.5千克，进行为期195天（包括预试期15天）的育肥试验，育肥期末平均体重683.7千克，平均增重288.2千克，平均日增重1478克。绝食24小时

宰前重平均641.4千克，胴体重379.2千克。屠宰率59.12%，平均净肉重313.5千克，净肉率48.9%。胴体产肉率82.67%。眼肌面积98.2厘米^2，与活体测定数据基本一致。胴体体表脂肪覆盖率96%~100%。牛肉色泽鲜红、纹理细致、富有弹性、大理石花纹适中，脂肪色泽为白色或略带淡黄色、脂肪质地有较高的硬度。育肥牛从活体重、屠宰率、净肉率、生长速度及牛肉质量等方面均达到美国牛肉部颁优质标准。

二、繁殖性能

太行云牛繁殖性能良好，半放牧半舍饲或放牧加补饲条件下，母牛产犊间隔平均为430~480天。良好饲养条件下可实现一年一产。母牛妊娠期平均270~285天，放牧牛群相对舍饲牛群妊娠期偏短。母牛利用年限多在15年左右，终生产犊平均8~10胎，最高纪录为14胎。

太行云牛的性成熟：公牛一般在9~10月龄，母牛多在8~14月龄。初配月龄：人工授精公牛多在18月龄开始采精试配，24月龄正式投产应用。育成母牛多在15~18月龄开始输精或配种，进入首次妊娠期。

1. 繁殖配种方式

太行云牛实行的配种方式可分为自然交配和人工授精两类。在产区以人工授精为主体，自然交配为辅助。舍饲期间全部采用人工授精，用于发挥优秀种公牛的遗传潜力，提高牛群的遗传改进量。而远山放牧牛群则有计划地放入种公牛随群放牧，采用本交的方式进行配种，以获得较高的妊娠产犊率。

（1）自然交配　即有计划地将公牛定期直接放入放牧母牛群内，供其自由选择发情母牛交配。这种方法简单，可减少母牛漏配，增加生产犊牛数。但公牛利用率较低，交配次数无法控制，使良种公牛利用率降低。通常1头公牛在一个群内只能应用2年，就需要交换。同时易发生早配，影响牛群质量，而且配种和产犊日期无法控制，不利于有计划地生产。因此，自然交配仅用于远山放牧牛群或不便于实施人工授精的牛群。

（2）人工授精　是用一定器械采集公牛的精液，经过稀释、保存，再把精液注入发情的母牛生殖道内，使其受精，以代替公、母牛自然交配的一种配种方法。产区一律实行直肠把握、子宫颈深部输精的人工授精技术。人工授精有利于充分利用良种公牛，加速牛群改良进程，减少疾病传染，节约种公牛饲养费用等优越性。其不足之处是需要认真观察牛群的发情情况，严格的发情鉴定耗时费工，人为影响因素大。为缓解这一问题，在核心场多推行应用同期发情技术。太行云牛对激素类药物敏感性较高，同期发情成功率多在70%左右。太行云牛的繁殖性能良好，人工授精的平均情期受胎率多在60%左右。人工授精育成牛的情期受胎率高于成母牛，可达65%~70%。

种公牛24月龄前，每月采精2~4次。24月龄后每周采精2次，平均每次采精量5.88毫升，精液呈乳白色到淡黄色，云雾状明显，鲜精活力为65%~67%，精子数为14.3亿~18.9亿/毫升，冷冻后活力为35%~37%。每次采精平均生产冷冻精液250支左右。

通常育成母牛15~16月龄参加配种，配孕多在16~18月龄。母牛妊娠期平均280天，范围265~290天。成母牛产后发情受季节性影响明显，体况良好的经产母牛一般在产后40~55天出现第一次发情。由于犊牛多随母哺乳，发情持续期较短，表现并不明显。

犊牛早期（100日龄）断奶，有助于缩短成母牛的产犊间隔，核心场推行犊牛早期断奶技术后，大多数母牛配孕多在产后100~150天期间。

2. 胚胎移植

于20世纪90年代，由山西省家畜冷冻精液中心与山西省农业科学院畜牧兽医研究所，以及和顺县畜牧兽医局、乡镇畜牧兽医站联合进行了太行类群牛的胚胎移植技术应用研究。作为供体母牛，经超数排卵处理，平均生产有效胚胎5~8枚，高产个体一次超排获有效胚胎19枚；鲜胚移植成功率平均45%，冷冻胚胎移植成功率平均为34.5%。随着技术的规范与进步，各项技术指标必将进一步提高。

三、泌乳性能

太行云牛的乳房发育良好，泌乳性能较高，且乳汁优良。通常情况下太行云牛以肉用为主，饲养方式为犊牛随母哺乳。在培育过程中分别选取1胎、2胎和3胎泌乳母牛各20头，进行了泌乳性能测定。结果表明：太行云牛的泌乳期平均为250天，泌乳量随胎次的增加而增加，头胎牛平均3 400千克、二胎牛平均3 750千克、三胎牛平均4 100千克。其泌乳曲线与荷斯坦奶牛相接近：高峰期前伴随泌乳期的进程快速增加，泌乳高峰期多在产后60~80天，高峰期日产奶量达20~25千克，泌乳期平均日产鲜奶15.5千克。高峰期过后，泌乳量缓慢下降，180天左右开始快速下降。太行云牛的乳成分明显优于荷斯坦奶牛。与同期荷斯坦奶牛相比，结果如下（表1-2）。

表1-2　太行云牛与荷斯坦牛乳成分比较

常规乳成分	太行云牛（n=40）	荷斯坦牛（n=30）	差异
乳蛋白	3.88±0.28	3.05±0.61	0.83
乳脂肪	4.27±0.66	3.55±0.45	0.72

（续表）

常规乳成分	太行云牛（n＝40）	荷斯坦牛（n＝30）	差异
乳糖	4.49±0.87	4.47±0.89	0.02
总固形物	13.65±0.43	12.68±0.81	0.97
非脂乳固体	9.52±0.79	8.85±1.13	0.67

第四节　太行云牛的用途分类与形态特征

一、太行云牛的用途分类

牛的优良品种是依据社会需求，经过长期有计划、有目标的定向选育而形成的。牛在用途上依据其主产品分为乳用牛、肉用牛和乳肉兼用牛三大类型。其形态特征各有不同。而牛体型的分类，是指其主要产品供应的种类，而不是限制其使用的范围，各类牛品种及杂交后代，都可以做肉用。不同用途的牛在完成其能提供的主产品的生产和使用阶段后，也全部做肉用。太行云牛的长期选育目标为肉用，而其血缘主体为西门塔尔牛，所以形态外貌趋向于西门塔尔牛。然而以肉用为主的长期选育，使其形态及外貌与西门塔尔牛也略有不同，更接近于肉用牛，堪称肉用新类群、新品种。

二、太行云牛的形态特征

从事太行云牛生产的第一步是组建牛群，认识和掌握太行云牛的体型外貌特点，选择生产潜力较大的健康牛群进行饲养是科学养牛的第一步。

1. 外貌鉴定的必要性

太行云牛的外貌是体躯结构的外部形态，内部组织器官是构成牛外貌的基础。牛的体质是机体形态结构、生理功能、生产性能、抗病力、对外界生活条件的适应能力等相互之间协调性的综合表现。太行云牛的体质与外貌之间存在密切的联系。外貌鉴定是通过对牛体形外貌的观察，揭示外貌与生产性能和健康程度之间的关系，以便在养牛生产上尽可能选出生产性能高、健康状况好的牛。

2. 太行云牛的形态特征

太行云牛作为肉用新品种，其形态特征更趋向于肉用牛。肉用牛的理想体型呈"长方砖形"。从整体看，肉牛的体形外貌特点是无论从侧面、上方、前方或后方观察，其体形均呈明显的矩形或圆筒状，体躯低垂，皮肤较薄，骨骼结实，全身肌肉丰满、疏松且比较匀称。从局部看，能体现肉牛产肉性能的主要部位有头、鬐甲、背腰、前胸、尻部（后躯）以及四肢，尤其是尻部最为重要。从前

太行云牛（公牛）

面看，胸宽而深，鬐甲平广，肋骨开张，肌肉丰满，构成前望矩形；从上面看，鬐甲宽厚，背腰和尾部广阔，构成上望矩形；从侧面看，颈短而宽，胸、尻深厚，前额突出，后股平直，构成侧望矩形；从后面看，尾部平广，两腿深厚，也构成矩形。理想的肉牛体型方整，在比例上前后躯较长，而中躯较短，全身粗短紧凑，皮肤细薄而松软，皮下脂肪发达，背腰、尻及大腿等部位的肌肉中间多沉积丰富的脂肪，被毛细密有光泽。

3. 太行云牛的外貌部位

肉牛的体型外貌，在很大程度上直接反映其产肉性能。太行云牛与其他用途的牛在肉的品质上具有共同的规律，都是背部的牛肉最嫩，品质最好，依次为尻部、后腿、肩和鬐甲部、颈部、腹部、肋和前胸部。无论什么品种的牛，其牛肉质量都因产肉部位不同而异，好与次的程度用"＊"表示，"＊"多则等级高，售价高。

4. 太行云牛的各部位发育要求

生产中一般将肉牛机体划分为十大分区，对于太行云牛，各分区的名称与发育要求如下。

（1）头部　线条轮廓清晰、公牛头必须强壮雄悍；

（2）颈部　要求壮实、粗短，与体躯结合良好，过渡自然；

（3）鬐甲　要求宽、平、厚，结合紧凑；

（4）背部　要求平整，长、宽而平，厚实丰满；

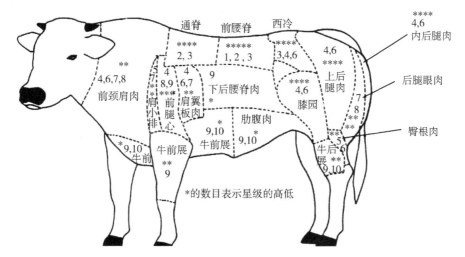

牛体各部位牛肉的品质和商品肉的种类（引自陈幼春编著《现代肉牛生产》）

1. 牛柳；2. 菲力；3. 牛排、腰脊牛排、西冷；4. 烤肉块；5. 小牛排；6. 火锅片；7. 卡卤焙烤肉；8. 寿喜烧；9. 红烧肉块；10. 薄肉片

（5）腰部　要求肌肉发达，长而宽厚；

（6）尻部　要求宽长而方正，肌肉发达，后裆肌肉饱满、突出；

（7）胸部　要求前裆宽大，侧视胸深大于肢长；

（8）腹部　发达成筒状，不下垂；

（9）生殖器官　外部形态发达；

（10）四肢　端正、灵活、矫健，关节清晰、四蹄端正、蹄质光滑。

三、太行云牛年龄的鉴定

牛的年龄与生产性能密切相关。年龄的选择非常重要，而现阶段，太行云牛生产于千家万户，大多欠缺年龄记录。组建牛群特别是繁育母牛群，年龄直接关系到其生产能力和使用年限，是判定价格与价值的第一参数。牛的年龄判定可根据外貌、牙齿磨损和角轮鉴定相结合的方式进行综合判定。

1. 牛龄的外貌鉴别

青年牛，一般被毛光亮，有光泽，粗硬适度，皮肤柔软而富有弹性，眼盂饱满，目光明亮，举止活泼而富有生气；老年牛，皮肤干枯，被毛粗刚，缺乏光泽，眼盂凹陷，目光呆滞，眼圈上皱纹多并混生白毛，行动迟钝。

根据这些特征，可大致判定牛的年龄段。要鉴别太行云牛的准确年龄，可参考其他方法，进行综合判定。

8 岁牛的角轮

（引自陈耀星，刘为民主译．家畜兽医解剖学教程与彩色图谱）

2. 牛龄的角轮鉴别

角轮是牛由于一年四季受到营养丰歉的影响，角的长度与粗细出现生长程度的变化，从而形成长短、粗细相间的纹路。太行云牛在四季分明的地区，牛自然放牧或依赖自然饲草的情况下，青草季节，由于营养丰富，角的生长较快；而在枯草季节，由于营养不足，角的生长较慢，故每年形成一个角轮。因此可根据牛的角轮数估计牛的年龄，即角轮数加上无纹理的角尖部位的生长年数（约两年），即等于牛的实际年龄。

角轮的形成同样受到多种因素的影响。如疾病、干旱或草料供应的品质不一、营养不平衡等对角的生长发育速度均有影响，常会导致形成比较短浅、细小的角轮，界限不清，不易判定。

母牛由于妊娠与哺乳，需要较多的营养，也可使角组织不能充分发育，而加深了角轮的凹陷程度。因而在利用角轮鉴别年龄时，一般只计算大而明显的角轮，细小而不明显的角轮，多不予计算。另外，在牛的管理上，多采取去角措施，牛角被去掉，所以角轮鉴别牛的年龄只能用于农户或小型肉牛养殖场的牛群。

3. 根据牙齿鉴别牛龄

（1）牛牙齿的种类、数目和排列方式 太行云牛与其他品种类群一样，牙齿分为乳齿和永久齿两类。最先长成的是乳齿，随着年龄的增长，逐渐被永久齿代替。乳齿有 20 枚，永久齿 32 枚。乳齿与永久齿在颜色、形态、排列、大小等方面均有明显的区别（表 1–3）。

表1-3　乳齿和永久齿的区别

特征	乳齿	永久齿
颜色	洁白	齿根呈棕黄色，齿冠色白而微黄
排列	不整齐	整齐
大小	小而薄	大而厚
齿颈	明显	不明显
齿间空隙	有且大	无

牛无上门齿和犬齿，上门齿的位置被角质化的齿垫所替代。乳齿还缺乏后白齿。牛的门齿有4对8枚，最中间的一对称为钳齿，由钳齿向两侧依次为内中间齿、外中间齿和最边的一对隅齿。牛的齿式见表1-4、表1-5。

表1-4　牛的乳齿齿式

乳齿 = 2×	0（门齿）+0（犬齿）+3（前白齿）+0（后白齿）	= 20（枚）
	4（门齿）+0（犬齿）+3（前白齿）+0（后白齿）	

表1-5　牛的永久齿齿式

永久齿 = 2×	0（门齿）+0（犬齿）+3（前白齿）+3（后白齿）	= 32（枚）
	4（门齿）+0（犬齿）+3（前白齿）+3（后白齿）	

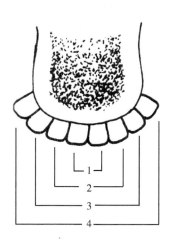

牛切齿的排列顺序

1. 钳齿；2. 内中间齿；3. 外中间齿；4. 隅齿

（2）牙齿鉴别年龄的依据和方法　通常是以门齿在发生、更换和磨损过程中所呈现的规律性变化为依据。犊牛出生时，一对乳钳齿就已长成；此后3个月左右，其他3对乳门齿也陆续长齐；1.5岁左右，第一对乳钳齿开始脱换成永久齿；此后，每年按序脱换一对乳门齿，到4.5岁时，4对乳门齿全部换成永久齿，此时的牛俗称"齐口"。在牛的牙齿脱换过程中，新长成的牙面也同时开始磨损，5岁以后的年龄鉴别，又可依据门齿的磨损规律进行（表1-6、表1-7）。

表1-6　牛不同年龄的牙齿变化规律

年龄	钳齿	内中间齿	外中间齿	隅齿
初生	乳齿已生	乳齿已生	乳齿已生	
6月龄	磨	磨	磨	微磨
周岁	重磨	较重磨	较重磨	磨
1.5~2岁	更换			
2~3岁	长齐	更换		
3~3.5岁	轻磨		更换	
4~4.5岁	磨	轻磨		更换
5岁	重磨	磨	轻磨	
6岁	横椭	重磨	磨	轻磨
6.5岁	横椭（大）	横椭	重磨	磨
7岁	近方	横椭（大）	横椭	重磨
7.5岁	近方	横椭（大）	横椭（大）	横椭
8岁	方	近方	横椭（大）	横椭（大）
9岁	方	方	近方	横椭（大）
10岁	圆	近圆	方	近方
11岁	三角	圆	方	方
12岁	近椭圆	三角	圆	圆

表1-7　牛的牙齿生长、磨损特征与年龄鉴别

年龄	牙齿特征	俗称
3月龄	乳门齿磨蚀不明显，乳隅齿已长齐	
6月龄	乳钳齿和乳内中间齿已磨蚀，有时乳外中间齿和乳隅齿也开始磨蚀	
周岁	乳钳齿的舌面已全部磨光，其他乳门齿也有显著的磨蚀	

（续表）

年龄	牙齿特征	俗称
1.5 岁	乳钳齿已显著变短，开始动摇，乳内中间齿和乳外中间齿的舌面已磨光，乳隔齿的舌面也接近磨光	
2 岁	1 岁半以后，乳钳齿脱落，换生永久齿；2 岁左右，钳齿生长发育完全	1 对牙
3 岁	2 岁半左右，乳内中间齿脱落，换生永久齿；3 岁左右，内中间齿生长发育完全	2 对牙
4 岁	3 岁半左右，乳外中间齿脱落，换生永久齿；4 岁左右，外中间齿生长发育完全	3 对牙
5 岁	4 岁半左右，乳隔齿脱落，换生永久齿；5 岁左右，4 对门齿发育齐全，并开始磨蚀，但不显著	新齐口
6 岁	钳齿磨损面呈长方形或月牙形；外中间齿，尤其是隔齿的齿线，稍有显露，但不显著	老齐口
7 岁	钳齿齿峰开始变钝，齿磨损面呈三角形，但在后缘仍留下形似燕尾的小角，这时门齿的齿线和牙斑全部清晰可见	双印
8	钳齿磨损面呈四边形或不等边形，燕尾消失，齿峰显著变钝，并平于齿面；内中间齿齿峰开始变钝，齿磨损面呈三角形，齿线明显	四印
9	外中间齿磨损面呈月牙形，此时所有门齿牙斑明显，齿龈正常	九出珠
10	钳齿出现齿星（珠），内、外中间齿的磨损面近四边形和三角形	二对珠
11	内中间齿出现齿星，外中间齿和隔齿的磨损面呈近四边形和三角形，全部门齿变短，各齿间已有空隙	三对珠
12	外中间齿出现齿星，隔齿的磨损面呈四边形，齿间空隙增大，隔齿出现齿星，齿间空隙继续增大	满珠

（3）年龄判定　通常根据表 1-6、表 1-7 的牙齿生长变化以及磨损程度判别牛龄。即 5 岁之前根据门齿更换及生长判别；5~8 岁根据门齿的磨损顺序进行判别；8 岁以后则根据磨损程度及顺序判别，门齿磨损面最初为长方形或横椭圆形，以后逐渐变宽，近于椭圆形，最后有圆形齿星出现。

乳门齿有所磨损	半岁
四对乳门齿显著磨损	1 岁
第一对乳门齿脱落，换生永久齿	1.5~2 岁（两岁一对牙）
第二对乳门齿脱落，换生永久齿	2.5~3 岁（三岁两对牙）
第三对乳门齿脱落，换生永久齿	3.5~4 岁（四岁三对牙）
第四对乳门齿脱落，换生永久齿	4.5~5 岁（五岁新齐口）
第一对门齿磨损	5 岁
第二对门齿磨损	6 岁

（续表）

第三对门齿磨损	7 岁
第四对门齿磨损	8 岁
第一对门齿齿面出现凹陷，齿星近圆形	9 岁
第二对门齿齿面出现凹陷，齿星近圆形	10 岁
第三对门齿齿面出现凹陷，齿星近圆形	11 岁
第四对门齿齿面出现凹陷，齿星近圆形	12 岁
门齿变短，磨损面变大，齿间隙变宽	13 岁以上

由于牛所处的环境条件、饲养管理状况、营养水平以及畸形齿等的影响，牙齿常有不规则磨损。在进行年龄鉴别时，必须根据具体情况，结合年龄鉴别的其他方法，综合进行判断。

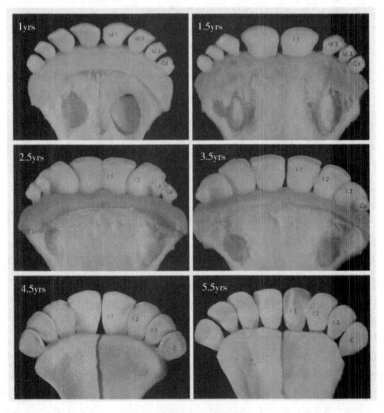

不同年龄的牙齿变化情况

简而言之，一般初生犊牛已长有乳门牙（乳齿）1~3 对，3 周龄时全部长出，3~4 月龄时全部长齐，4~5 月龄时开始磨损，1 周岁时四对乳牙显著磨损。1.5~2.0 岁时换生第一对门齿，出现第一对永久齿。2.5~3.0 岁时换生第二对门齿，出现第二对永久齿，3.0~4.0 岁时换生第三对门齿，出现第三对永久齿。4.0~5.0 岁时换生第四对门齿，出现第四对永久齿。5.5~6.0 岁时永久齿长齐，通常称为齐口。亦可简单地按照"2 岁 1 对牙、3 岁 2 对牙，4 岁 3 对牙，5 岁 4 对牙"来判断牛的年龄。

乳齿和永久齿的区别，一般乳门齿小而洁白，齿间有间隙，表面平坦，齿薄而细致，有明显的齿颈；永久齿大而厚，色棕黄，粗糙。

6 岁以后的年龄鉴别主要是根据牛门齿的磨损情况进行判定。门齿磨损面最初为长方形或横椭圆形，以后逐渐变宽，成为椭圆形，最后出现圆形齿星。齿面出现齿星的顺序依次是 7 岁钳齿、8 岁内中间齿、9 岁外中间齿，10 岁隅齿，11 岁后牙齿从内向外依次呈三角形或椭圆形变化。

四、太行云牛体尺测量与体重估算

牛体尺测量与体重估算是了解牛体各部位生长与发育情况、饲养管理水平以及牛的品种类型的重要方法。在正常生长发育情况下，太行云牛的体尺与体重都有一定的关联度，若差异过大，则可能是饲养管理不当或遗传方面出现变异，要及时查出原因，加以纠正或淘汰。

太行云牛的体尺测量部位和方法与其他品种牛相同。测量工具通常是测杖和卷尺，测杖又称为硬尺，卷尺称作软尺。一般测量和应用较多的体尺指标主要有体高、体斜长、胸围、管围等。

1. 体尺测量

用于牛体尺测量的器具主要有测杖、卷尺、圆形测定器、测角计等。进行测量时，应使牛站在平坦的地上，肢势端正，左、右两侧的前、后肢均须在同一直线上，从后面看，后腿掩盖前腿，侧望左腿掩盖右腿，或右腿掩盖左腿。头应自然前伸，既不左右偏，也不高抬或下垂，枕骨应与鬐甲接近在一个水平线上。只有这样的姿势才能得到比较准确的体尺数值。

测定部位的多少，依据测定的目的而定。太行云牛常用的测定项目有以下几项。

（1）鬐甲高　又称体高，自鬐甲最高点垂直到地面的高度。用测杖量取。

（2）胸围　在肩胛骨后缘处作一垂线，用卷尺围绕 1 周测量，其松紧度以能插入食指和中指上下滑动为准。

（3）体斜长　从肩端至坐骨端的距离。用卷尺或测杖量取，但需注明所用测具。

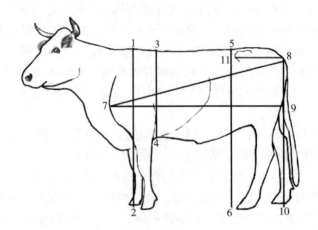

牛常用体尺测量方法

1-2. 连线为体高；3-4. 环绕为胸围；5-6. 连线为腰高；
8-10. 连线为臀端高；7-8. 连线为体斜长；7-9. 连线为体直
长；8-11. 连线为尻长

（4）体直长　从肩端至坐骨端后缘垂直直线的水平距离。用测杖量取。

（5）背高　最后胸椎棘后缘垂直到地面的高度。用测杖量取。

（6）腰高　亦称十字部高，两腰角连线的中央（即十字部）垂直到地面的高度。用测杖量取。

（7）尻高　荐骨最高点垂直到地面的高度。用测杖量取。

（8）胸深　在肩胛骨后方，从鬐甲到大胸骨的垂直距离。用测杖量取。

（9）胸宽　左右第六肋骨间的最大距离，即肩胛骨后缘胸部最宽处的宽度。用测杖或圆形测定器量取。

（10）臀端高　坐骨结节至地面的垂直高度，用测杖量取。

（11）背长　从肩端垂直切线至最后胸椎棘突后缘的水平距离。用测杖量取。

（12）腰长　从最后胸椎棘突的后缘至腰角缘切线的水平距离。用测杖量取。

（13）尻长　从腰角前缘至尻端后缘的直线距离。用测杖量取。

（14）腰角宽　又称后躯宽，左、右两腰角（髋关节）最大宽度。用测杖或圆形测定器量取。

（15）髋宽　左、右髋部（宽关节）的最大宽度。用测杖或圆形测定器量取。

（16）坐骨端宽　左、右坐骨结节最外隆凸间宽度。用圆形测定器量取。

（17）管围 前肢颈部上 1/3 处的周径，一般在前管的最细处量取。用卷尺量取。

2. 体尺指数

所谓体尺指数是指肉牛体尺指标之间的数量关系，用于表达不同体躯部相对发育程度，反映牛的体态特征及可能的生产性能。计算一般用相应体尺做基数，与其他体尺之比，通常用百分率表示。繁育母牛常用的体尺指数计算公式与含义如下。

体长指数：体斜长/体高×100，表示体长与体高的相对发育情况；

胸宽指数：胸宽/胸深×100，表示胸宽对胸深的相对发育情况；

髋胸指数：胸宽/腰角宽×100，表示胸部对髋部的相对发育情况；

体躯指数：胸围/体斜长×100，表示体躯容量的相对发育情况；

尻高指数：尻高/体高×100，表示前后躯高度发育的协调程度；

尻宽指数：坐骨端宽/腰角宽×100，表示尻宽的相对发育情况；

管围指数：管围/体高×100，表示骨骼的相对发育情况；

胸围指数：胸围/体高×100，表示体躯的相对发育情况；

肢长指数：（体高−胸深）/体高×100，表示四肢长度的相对发育情况。

3. 体重称量与估算

称量体重可准确了解太行云牛的生长发育情况，检查饲养效果。同时，体重也是科学配制日粮的依据和肉牛育种的重要指标。

太行云牛的测重方法主要有实测法和估测法两种。

（1）实测法 一般用平台式地秤，对牛体重进行实际称量。太行云牛育种核心群牛场通常建有体尺体重测定专用通道，在通道的适宜部位安装地秤和锁栏，称重、测量方便快捷，结果准确可靠。

育种群犊牛每月测量一次，育成牛每 3 个月称量一次，成母牛每年测量两次，分别在春末夏初出牧前和秋末冬初归牧后进行。初生重于产后哺乳前、体表干燥后称量，以后的称重均在清晨空腹进行。为了尽可能地减少称重误差，每次称重应连续 3 天在同一时间内进行，取其平均数作为该次的实测体重。

（2）估测法 扩繁群母牛多不具备实际称重条件，体重多根据体尺进行估算。

各龄牛体重可分别采用以下公式进行估算。

6~12 月龄：体重（kg）= 胸围^2（m）× 体斜长（m）×98.7

16~18 月龄：体重（kg）= 胸围^2（m）× 体斜长（m）×87.5

初产至成年：体重（kg）= 胸围^2（m）× 体斜长（m）×90

太行云牛的体重与体尺具有相关性，同时作为肉牛，肥瘦程度与体重密切相关，因而在依靠体尺估测的基础上，应根据膘情适当加减。

为方便千家万户养殖生产，成母牛的体重估算可参考表1-8。

表1-8　成年母牛体尺、体重换算　　　　　　　　单位：厘米、千克

胸围	体斜长														
	125	130	135	140	145	150	155	160	165	170	175	180	185	190	195
125	164														
130	180	187													
135	196	203	213												
140	216	223	231	241											
145	232	240	250	259	268										
150	247	256	266	277	286	296									
155	264	274	285	295	306	317	328								
160	282	290	301	313	324	334	347	356							
165		310	323	334	346	358	370	381	394						
170			342	355	368	380	393	404	417	431					
175				374	390	403	417	429	443	457	470				
180					414	428	443	452	471	486	500	515			
185						449	464	478	494	508	525	540	552		
190							492	506	522	538	555	572	585	602	
195								531	549	566	582	600	615	633	648
200									580	597	614	634	649	667	684
205										626	644	662	680	699	717
210											678	699	716	736	754
215												734	751	773	792
220													782	804	825
225														834	863
230															954

第二章　牛场建设与环境控制

太行云牛适应性强，在-20~33℃都能表现出一定的生产能力，而在8~20℃生产性能表现最佳。对养牛环境进行有效控制，可以提高养牛经济效益。牛场建设是影响牛生长发育和生产性能发挥的最主要、最直接的环境因素之一。因此，搞好牛场建设是提高太行云牛生产水平和经济效益极为重要的技术措施。环境保护与牛场建设关系十分密切，尤其是规模较大的牛场，每天排泄的粪尿很多，处理不当极易造成环境污染，同时，肉牛养殖场也要防止外界环境因素对其自身的污染。

第一节　太行云牛养殖场环境控制

太行云牛生产性能的高低，不仅取决于其本身的遗传因素，还受到外界环境条件的制约。良好的环境条件，有利于肉牛的生长发育和高效生产，能使其生产潜力充分发挥；而恶劣的生存环境，会破坏肉牛的生产力，重者甚至会带来毁灭性的灾难，使肉牛生产蒙受不可估量的损失。因此生产实践中必须为太行云牛创造适宜的环境条件，才能保证高产稳产。外界环境常指大气环境，其中包括气温、气湿、气流、光辐射以及大气卫生状况等因素，局部小环境，包括局部的气温、气湿、气流、光辐射以及大气卫生等因素，更直接地对牛体产生明显的作用。这是养牛生产不可忽视的重要因素。

一、创造适宜的环境条件

1. 气温

气温对牛的机体影响最大，其变化不同程度地影响牛体健康及其生产力的发挥。牛是恒温动物，可随时通过自身机体的热调节来适应环境温度的变化。太行云牛成母牛生产的最适环境温度为9~16℃，犊牛13~15℃。在适宜的环境温度下，肉牛的饲料利用率最高，抗病力最强，经济效益最好。

2. 气流（风）

气流通过对流作用，使牛体散发热量。牛体周围的冷热空气不断对流，带走牛体所散发的热量，起到降温的作用。一般来说，风速越大，降温效果越明显。寒冷季节，若受大风侵袭，会加重低温效应，使肉牛的抗病力减弱，尤其对于犊牛，易患呼吸道、消化道疾病，如肺炎、肠炎等。炎热季节，加强通风换气，有助于防暑降温，并排出牛舍中的有害气体，改善牛舍环境卫生状况，有利于肉牛增重和提高饲料转化率。创建封闭式和开放式相结合的肉牛养殖场舍，有利于夏季防暑降温和冬季的防寒保暖。

3. 光照（日照、光辐射）

阳光中的红外线在太阳辐射总能量中占50%，其对动物起的作用是热效应，即照射部位因受热而温度升高。冬季牛体受日光照射有利于防寒，对牛健康有好处；夏季高温下受日光照射会使牛体体温升高，导致热射病（中暑）。因此，夏季应采取遮荫措施，加强防暑。阳光中的紫外线在太阳辐射中占1%~2%，虽然没有热效应，但它具有强大的生物学效应。照射紫外线可使牛体皮肤中的7-脱氢胆固醇转化为维生素D_3，促进牛体对钙的吸收。紫外线还具有强力杀菌作用，从而具有消毒效应。紫外线还使畜体血液中的红、白细胞数量增加，可提高机体的抗病能力。可见光照占太阳辐射能总量的50%左右，除具有一定的热效应外，还为人畜活动提供了方便。但紫外线的过强照射也对牛的健康有害，会导致日射病（也称中暑）。一般条件下，牛舍常采用自然光照，为了生产需要也采用人工光照。生产上要求成母牛、育肥牛牛舍的采光系数为1∶12，育成牛牛舍为1∶（10~14）。采光系数是牛舍窗户的有效采光面积和舍内地面面积之比。规模肉牛养殖场，多采用大跨度、顶棚采光牛舍，经济实用，采光效果良好。

4. 其他环境因素

大气环境，尤其是畜舍内小气候环境中的有害气体、尘埃、微生物和噪声常常会对牛体的健康产生不良影响，轻者引起慢性中毒，使其生长缓慢，体质减弱，抗病力降低，生产力下降；重者会导致患病，甚至死亡。因此，加强牛舍通风换气，改善舍内环境卫生，是肉牛场、舍建筑设计上不可忽视的重要问题。

新鲜的空气是促进肉牛新陈代谢的必需条件，并可维护机体健康，减少疾病的传播。空气中浮游的灰尘和水滴是微生物附着和生存的地方。因此，为防止疾病的传播，牛舍一定要避免粉尘飞扬，保持圈舍通风换气良好，有效减少空气中的灰尘。

冷凉地区，多建设封闭式牛舍，如设计不当或使用管理不善，会由于牛的呼吸、排泄物的腐败分解，使空气中的氨气、硫化氢、二氧化碳等增多，影响肉牛生产力。

噪声对牛的生长发育和繁殖性能会产生不利影响。肉牛在较强噪声环境中生长发育缓慢，繁殖性能不良。一般要求牛舍的噪声水平白天不超过 90dB（分贝），夜间不超过 50dB。因而在牛场选址与建设中应考虑远离噪声源，远离车站、码头、机场、高速公路等，牛舍的场内布局要与饲粮加工间、机械维修车间等保持一定距离。

二、环境控制技术

作为恒温动物的肉牛通过产热和散热的平衡来保持稳定的体温。任何环境的变化，都会直接影响其本身和所处环境之间的热交换总量，因而，为了保持体热平衡就必须进行生理调节。若环境条件不符合肉牛的"舒适范围"，那么肉牛就要进行较大的生理调节，从而影响其生长、生产能力和健康。太行云牛保持体温相对稳定的能力，因性别、年龄、生产力水平和生理阶段等的不同而有所差异。因此控制肉牛的生活环境在适宜范围之内，是肉牛生产者所追求的目标。

1. 太行云牛的气候生理

太行云牛的散热机能欠发达，较为耐寒而不耐热。据试验，突然将犊牛从 4.4℃的气温中降到 -5.1℃时，犊牛便开始表现出弓背、发抖、感觉寒冷的现象。但是，当寒冷持续 36 小时后，该犊牛的生理和体表却表现为正常，没有冻伤发生。根据牛的气候生理特性，在无风雪侵袭的低温情况下，在牛舍结构简单、成本低廉的开放式牛舍中饲养太行云牛，一般是不会影响牛的健康和生产水平的。开放式的牛舍内，在冬季无保温情况下对牛的健康并无不良的影响，而夏季的防热设施，则具有较显著的作用。

2. 牛舍的防暑与降温

太行云牛气候生理的特点是耐寒而怕热。为了消除或缓和高温对牛体健康和生产力所产生的有害影响，并减少由此而造成的严重经济损失，牛舍的防暑、降温措施越来越引起人们的重视，并采取了许多相应的技术措施。

在夏季天气炎热情况下，往往是想通过降低空气温度，增加非蒸发散热，从而缓和肉牛的热负荷。但要做到这一点，无论在经济上和技术上都有很大的难度。所以，这一项工作，仍然要从保护肉牛免受太阳辐射，增强牛体传导散热、对流散热和蒸发散热等行之有效的办法来加以解决。在太行云牛的生产中，多采用提升牛舍高度和运动场搭建凉棚等设施实现防暑降温。

3. 牛舍的防寒保暖

太行地区冬季气候寒冷，应通过对牛舍的外围结构合理设计，解决防寒保暖问题。牛舍失热最多的是屋顶、天棚、墙壁和地面。

（1）屋顶和天棚 屋顶和天棚面积大，热空气上升，热能易通过天棚、屋顶散失。因此，要求屋顶、天棚结构严密，不透气，天棚铺设保温层、锯木等，也可采用隔热性能好的合成材料，如聚氨酯板、玻璃棉等。牛舍建造天棚，具有夏防暑、冬保温的双重效果。冬季天气寒冷地区也可适当降低牛舍净高，以维护舍内温度。

（2）墙壁　是牛舍主要外围结构，要求墙体隔热、防潮，寒冷地区选择导热系数较小的材料，如选用空心砖（外抹灰）、铝箔波形纸板、夹芯彩钢板等作墙体。牛舍朝向上，长轴呈东西方向配置，北墙不设门，墙上设双层窗，冬季加塑料薄膜、草帘等。

（3）地面　是牛活动直接接触的场所，地面冷热情况直接影响牛体。石板、水泥地面坚固耐用、防水，但冷、硬，寒冷地区作牛床时应铺垫草、厩草或木板。规模化养牛场可采用3层地面，首先将地面自然土层夯实，上面铺混凝土，最上层再铺空心砖，既防潮又保温。

（4）管理　科学的饲养管理也是冬季防寒保暖的有效措施。寒冷季节适当加大牛的饲养密度，依靠牛体散发热量相互取暖；勤换垫草，是一种简单易行的防寒措施，既保温又防潮；及时清除牛舍内的粪便，保持舍内干燥。冬季来临时修缮牛舍，防止贼风。

第二节　牛场规划

养牛场是集中饲养牛群和组织牛群生产的场所。要想养好牛，首先必须为牛群提供适宜生活和生产的必要条件。因此，修建肉牛养殖场，应按照肉牛的生活习性、生理特点和对环境条件的要求，结合资金状况、饲养规模、发展规划、机械化程度以及不同地区的地理和气候特点、卫生防疫制度等进行综合安排，合理布局，搞好牛场的选址、设计和施工，为提高牛的生产效率和养殖效益奠定良好的物质基础。

一、场址选择

随着人民生活水平的日益提高，对牛产品以及生态环境的要求迅猛提高，牛业生产与环境保护必须协调统一、并驾齐驱。加强牛场的建设和环境管理是牛业发展的必然要求。牛场场址的选择，要用长远发展的眼光周密考虑，统筹安排。牛场建设的目的是给牛创造适宜的生活与生产环境，以保障牛的健康和生产的正常进行。而场址的选择首先要考虑环境保护措施，养牛生产运营中，既不影响周边环境，同时也不受周边环境的影响。场地是圈舍环境卫生的基础，选择一个比较理想的场地，应从以下几方面考虑。

1. 地形地貌

牛场选址要求地势高燥，地下水位较低，平坦、开阔，避风向阳，具有足够的面积，既要考虑当前生产的需要，同时还应具备一定的发展余地。

地势高燥平坦，可以使牛场环境保持干燥、温暖，有利于牛体温的调节和减少疾病的发生。

场地向阳，可获得充足的阳光，杀灭某些微生物，有助于维生素 D 的合成，促进钙、磷代谢，预防佝偻病和软骨病，促进生长发育。

2. 场地方位

场地方位应考虑日照、采光、温度和通风等方面的需要，一般采取坐北向南，偏东或西 15°~16°较好。南向牛舍，由于夏季太阳高、角度大，光线射入圈内较少，接受阳光辐射相对较少；冬季太阳低、角度小，舍内接受阳光照射相对较多。此外，南向牛舍夏季自然通风好，冬季寒风侵袭少，防寒降暑性能均较好。

3. 土质与水源

土质对牛的健康、管理和生产性能有很大影响。建场场地的土壤要求透水性、透气性好，吸湿性小，导热性小，保温良好。最合适的是沙壤土，这种土壤透气、透水性好，持水性小，雨后不会泥泞，易保持适当的干燥。如果是黏土，特别是牛场的运动场是黏土，会造成积水、泥泞，牛体卫生差，腐蹄病发生率高。

水是养牛生产必需的条件，因此在选择场址时要考虑是否有充足良好的水源。应选择水源充足、水源周围环境条件好、没有污染源、水质良好、符合畜禽饮用水标准，且取用方便的地方。同时，还要注意水中所含微量元素的成分与含量，特别要避免被工业、微生物、寄生虫等污染的水源。井水、泉水等一般是水质较好的水源。河溪、湖泊和池塘等地面水要经过净化处理，达到国家规定的卫生指标才能使用，以确保人畜安全和健康。

4. 社会联系

场址选择必须遵从社会公共卫生规则，既不污染环境，便于排污，又不被周围环境所污染。牛场场址应远离沼泽地和易生蚊蝇的地方，位于居民区的下风处，远离畜产品加工厂、制革厂、化工厂、水泥厂、居民区排污点的区域。肉牛场与居民区的距离保持 300 米以上，与其他养殖场距离 500 米以上。规模化养牛场的各类物资和饲草料运输量大，与外界联系密切，因而养牛场交通、通信要方便。但交通过于频繁的地方易造成疫病的传播和噪声干扰，牛场应与交通干线保持一定距离，离交通干线应不少于 300 米，距交通主干线不少于 500 米，并避开空气、水源和土壤污染严重的地区以及家畜传染病源区，以利防疫和环境卫生工作的开展。

牛场的场址应选择在距饲草料生产基地较近、电力供应充足且架取方便的地方，方便草料运输和电力供给，降低建场和经营成本。

5. 具有发展空间

选择场址时不仅要考虑到当前生产的需要，同时要考虑今后发展的需要。以利于养牛生产规模的不断发展壮大。这里的"发展"有两方面的含义：一方面单纯以牛群的扩大来发展养牛生产规模。即在现有生产规模的基础上增加饲养头数，扩大牛场生产能力以及配套设施的健全（如饲料加工厂建设、机械化水平提升）等牛场自身的发展；另一方面是适应新农村建设规划，为新农村建设的拓展留有发展空间。如果选场址时没留发展余地，一旦要扩大生产规模就会受到限制；或影响到新农村建设，需要易地另建，不仅造成经营管理的不便，而且会使费用增加，造成很大浪费。牛场建设应留有足够的发展余地，确保持续生产，不断壮大，长远发展。

二、场区规划与建设布局

场址选好后，应根据方便生产、利于生活、便于场内交通、利于防疫卫生等原则进行整体规划和合理布局。

1. 场区的规划

肉牛场按照生产功能，可划分为若干区域，各区域合理布局，对降低基建投资、提高劳动效率和防疫卫生具有重要意义。

牛场按功能一般分为4个区，即生活区、生产管理区、养殖生产区、病畜隔离及粪污处理区。分区时应结合地形、地貌以及主风向等因素科学安排。

生活区：职工生活区包括职工宿舍、餐厅以及技术培训、生活娱乐设施。应建设在牛场上风向和地势较高的地段，这样使养牛场产生的不良气味、噪声等不致因风向而受影响，牛场排出的粪尿等污水也不会污染生活区，保证生活区的良好环境卫生。

生产管理区：即场部机关区，包括日常办公、业务洽谈、员工技能培训等设施。主要负责全场的生产安排、生产资料的供应、产品的销售以及对外的业务联系。外来人员只能在管理区内活动。管理区与生产区应有隔离设施，以消毒通道与生产区相通。

养殖生产区：是牛场的核心部分，包括各种牛舍、饲料仓库、饲料加工调制用房、草料堆放贮藏场地等。应周密考虑，合理布局。饲料供应、贮存、加工调制及与之有关的建筑物，其位置的确定必须同时兼顾饲料由场外运入，再运到牛舍分发这两个环节。青干草堆放场地或干草棚的位置，一般应设在生产区下风向，并与其他建筑物保持较远的距离，以利安全防火。青贮设施应设在各类牛舍和场外道路之间，便于原辅材料的运入和取用。养牛场青贮饲料用量大，然而一次加工，常年应用，因而可设专用通道与场外道路相连。

粪污处理区：牛粪堆积发酵场应设在牛场最边缘的下风向，处于地势最低处。与生产区应保持一定距离，避免雨季污水蔓延到生产区。粪污处理区既要利于牛粪从牛舍运出，又要便于运到田间施用。

牛场各功能区之间相对独立，应有一定的间隔。饲料加工、饲草贮存区与牛群活动区域之间应有30~50米的间隔。各牛舍之间相互间隔应在50米以上，粪污处理区域与其他区域应保持50米以上的间隔距离。场区的平面布局与整个建筑物的配置安排应根据牛场的规模、地形地势等条件综合考虑。

管理区是养牛场与外界接触最密切的区域，管理区和生活区应接近交通干线，与外界联系方便，可节约基建投资。规模化养牛场的饲料加工量大，可自成单元，可设在管理区内，既便于管理，也不影响场部办公。管理区设在靠近生活区处，不经过生产区，以防外来车辆和人员带入病菌，污染牛场。管理区和生活区应与生产区隔离，外来人员和车辆严禁进入生产区。生产区是养牛场的核心区域，布局上要符合规模化养牛的生产流程。

2. 建筑物布局

牛场内的各种建筑物的总体布局应遵循因地制宜和便于科学养牛的原则，统筹安排，合理布局，尽量做到紧凑整齐、美观大方，提高土地利用率和节约基本建设投资，便于防火和卫生防疫。

牛舍：应安排在牛场生产区的中心，便于饲养管理、缩短运输距离。为便于采光和防风，在排列牛舍时应采取长轴平行，坐北向南。当牛舍超过4栋时，可两行并列配置，前后对齐，牛舍之间相距50米左右。为有利于降温防暑，可在牛舍运动场周边种植葡萄、南瓜等藤类植物，搭架爬上牛舍房顶，对牛舍和运动场起到遮阴防暑作用，冬季叶片枯萎脱落又不影响采光，同时绿化了牛场环境，也增加了牛场的经济收入，可谓一举数得。

饲料库与饲料加工间：饲料库要靠近饲料加工间，运输方便，车辆可以直接进入饲料库或到达饲料库门口，加工饲料取用方便。饲料加工间应设在距牛舍50米以外，在牛场侧边，靠近公路侧，可在围墙侧设立专用门，以便于饲料原料运入，又可防止噪声影响牛舍的安静环境和扬尘污染。

青贮设施、干草棚或草垛：青贮设施（塔或池）可设在牛舍附近，便于运送和取用的地方，但必须防止牛舍和运动场的污水渗入窖内。草棚或草垛应距离牛舍和其他建筑物50米以外，而且应该设在下风向，以便于防火。

贮粪场及兽医室：贮粪场应设在牛舍下风向、地势低洼处。兽医处置室和病牛舍要建在距生产牛舍200米以外偏僻的地方，以避免疾病传播。

职工宿舍、食堂和文化娱乐室：这3个建筑物应设在牛场大门附近或场外，以防止外来人员穿越牛场，并避免职工家属随意进入牛场生产区内。生产区与生活区和管理办公区之间最好设内围墙相隔，设专用门（消毒通道）出入。牛场大门口应设车辆消毒池和人员消毒通道，并设专人（门卫）管理。

三、牛群组建与群体结构

根据太行云牛的生物学特点以及生产流程和管理的需要，把牛群按照年龄和生产目标分为犊牛、育成牛、青年牛、成母牛、哺乳牛及育肥牛等群体，以便于管理。

犊牛：系指0~6月龄的小牛，又分为哺乳期犊牛，一般指0~3月龄、以乳为食的小牛；断奶后犊牛，4~6月龄的小牛。

育成牛：系指7~18月龄或7月龄后到第一次配种受胎之前的牛群。

青年牛：系指妊娠育成牛，即育成牛第一次配种妊娠到第一胎分娩期为止的小母牛。

哺乳牛：顾名思义，即处于哺乳期的母牛，太行云牛的哺乳期，传统生产方式下为6个月，推行早期断奶技术后，多为100天。

传统分群比较简单，一般分为犊牛（0~6月龄）、育成牛（7月龄到第一胎产前）、成母牛（第一胎产后）、妊娠牛（处于妊娠期的母牛）、哺乳牛（处于产奶哺乳阶段的母牛）、育肥牛（以生产优质牛肉为目标、应用较高日粮营养水平饲养的牛群）。

不同规模、不同发展阶段、不同生产目标的肉牛场的牛群结构并不完全相同，牛群的使用年限、生产性能、育成牛培育成本、犊牛繁殖成活率等均影响到牛群结构。一般来说，对于中等生产水平、规模稳定的牛场，牛群结构也相对稳定。

四、牛场建设用地面积

牛场的总占地面积与建设面积主要取决于养殖规模，总体上讲，规模越大，相对占地面积越小。同时，具体用地面积，受到地价、地块形状和场地可利用率等因素的影响，并无固定的规章可循。一般要求在保证牛群具有充足的生活空间、便于组织生产与管理的原则下，尽量节省用地。此外，建设时还要考虑为企业生产规模的扩大留有余地。

肉牛场的建设用地，以每头牛用地量来说，规模养殖场可以50米^2/头计算，牛群规模越大，相对占地面积越小。

第三节　牛舍建设

一、饲养方式

建设肉牛场首先要确定养牛的饲养方式，饲养方式不同，需要建设的牛舍类型不同。牛采食量大，生产效率高，繁育负担重，提供或创造舒适的饲养环境，是牛舍建筑应考虑的重点。为肉牛创造最佳的生产环境，是保证牛场获得长久利益所要考虑的首要问题，良好的牛场设计，是发挥饲养管理效果、充分体现牛群生产性能以及延长使用年限的前提。肉牛由于饲养方式的不同，对牛场设计、牛舍建筑的要求不同，舍饲肉牛主要有如下几种饲养方式。

1. 拴系饲养

拴系饲养是我国传统的饲养方式，应用较为普遍，尤其适用于中小规模的养牛场。拴系饲养方式的主要特点是每头成母牛或育肥牛都有固定的牛床和采食槽位。其优点是便于掌握每一头牛的采食情况，可以针对个体进行精细饲养管理，繁殖配种、疫病检查和治疗等都较为方便。容易发挥个体牛的生产潜力，对饲养人员实行定额管理也较为容易。缺点是上下槽都需要人员操作，劳动强度大，适用于劳动力成本较低的地区。

2. 散放饲养

产业发展后，欧美国家产生了一种完全散放式的饲养方式，适合于比较干燥温暖的地区。肉牛的采食和运动在同一区域，完全自由活动。这种饲养方式，牛群规模容易调整，繁育母牛容易获得新鲜的空气和良好的光照；牛舍造价较低，设备投资较少，特别是劳动力需求较少。但牛的管理较粗放，牛体卫生难以控制，生产效率不高。

3. 散栏饲养

随着机械化的发展，牛的饲料供应、粪便处理等工艺环节全部依靠机械设备统一处理。结合拴系饲养和散放饲养的优势，形成了散栏饲养模式即隔栏式散放饲养。这种方式是将牛的生产区划分为饲喂区、休息区等。用于集中进行特定生产环节。根据牛的生产阶段和生产性能分群，除在饲喂时根据需要适当固定一段时间外，其余时间任其自由活动。散栏饲养的最大特点是在牛休息区设置自由卧栏，牛舍空间利用更合理高效，容易保持牛体干净卫生。寒冷地区散栏饲养牛的保暖效果也较散放式饲养要好，而炎热地区或季节防暑降温工作也更容易实施。散栏式饲养的优点是：便于针对群体饲养，有利于机械化、自动化操作，养殖规模容易调整。缺点是：在强调了群体生产水平发挥的同时，不易做到个别饲养，所以对牛体型外貌、生产水平相对一致的牛群更为有利。

二、牛舍类型

根据投资额度、地区差异、饲养方式不同，所建造的牛舍类型也不同。

1. 按开放程度分类

根据开放程度不同，将牛舍分为全开放式牛舍、单侧封闭的半开放式牛舍以及墙壁健全的全封闭式牛舍。

2. 按牛在舍内排列方式分类

按照牛在舍内的排列方式，可将牛舍分为单列式、双列式、三列式或多列式等。

3. 按饲养牛群分类

根据牛的生长发育阶段、生产阶段把牛舍分为成年牛舍、青年牛舍、犊牛舍和育肥牛舍等，作为传统的分类方法，沿用至今。

三、牛舍设计要点

牛舍是牛生活的重要环境和从事生产的场所。所以，设计牛舍时必须根据牛的生物学特性和饲养管理及生产上的要求，创建适合牛的生理要求和进行高效生产的环境。

牛舍内的牛不停地活动，工作人员也要进行各种生产劳动，必将不断地产生大量热量、水气、灰尘、有害气体和噪声。同时，由于内部结构和设施，舍内外空气不能充分交换，故造成舍内空气温度、湿度常比舍外高，灰尘和有害气体甚至高出很多，构成了特定的小气候。为了保证人、畜的健康和高效生产，在设计牛舍时，结构、设施各方面都应符合卫生方面的要求。现代牛舍建筑设计应着重考虑以下几点。

1. 牛舍方位

牛全年连续性生产，牛舍方位的设置尽量做到冬暖夏凉。我国地处北纬20°~50°，太阳高度角冬季小、夏季大，即牛舍朝向在全国范围内均以南向（即牛舍长轴与纬度平行）为好，冬季有利于太阳光照入舍内，提高牛舍温度；夏季阳光则照不到舍内，可避免舍内温度升高。由于地区的差异，综合考虑当地地形、主风向以及其他条件，牛舍朝向可因地制宜向东或向西作15°左右的偏转。南方夏季炎热，以适当向东偏转为好，北方冬季寒冷，则适当向西偏转一定角度。从通风的角度讲，不论南北各地，夏季牛舍需要有良好的通风，牛舍纵轴与夏季的主导风向角度应大于45°，冬季要尽量防止冷空气侵袭，牛舍纵轴与主导风向的角度应该小于45°。

2. 隔热措施

墙壁和顶棚的隔热性能，主要是为了减少夏季外界的热量进入牛舍内以及冬季舍内的防寒保暖。夏季畜舍的周围热源主要包括：① 太阳辐射热以及相邻建筑物和附近路面等的辐射热；② 外界热空气流动带来的对流热。其中，以太阳辐射热最为重要。因而应重点考虑建材以及隔热措施的选用。

（1）建材的选用　牛舍的隔热效果主要取决于屋顶与外墙的隔热能力，常用的黏土瓦、石棉水泥板隔热能力较低，需要在其下面设置隔热层。此外，封闭的空气夹层可起到保温作用，畜舍加装吊顶也可提高屋顶的保温隔热能力。

（2）隔热措施　建筑外屋顶和墙壁粉刷成白色或浅色调，可反射大部分太阳辐射热，从而减少牛舍建筑的热量吸收。通过牛舍周围种植高大阔叶树木遮阳、畜舍周围减少水泥地面、加大绿化面积、畜舍之间保证足够的间距等措施，也可有效地降低辐射热的产生。

3. 冬季保温

寒冷地区牛舍建造过程中必须考虑冬季保温问题。在做好屋顶和墙体隔热措施的基础上，还应注意地面保温。保温地面结构自上而下通常由混凝土层、碎石填料层、隔潮层、保温层等构成。地面要耐磨、防滑，排水要良好。铺设橡胶床垫，以及使用锯末等垫料，也能够起到增大地面热阻、减少机体失热的效果。

4. 防潮能力

我国目前养牛生产中，常说的四大疾病中，基本都与牛舍潮湿有关。防止舍内潮湿，主要可以采取以下几种措施。

（1）建筑物结构防水　要防止屋顶渗漏降水，以及地下水通过毛细管作用上移，导致墙体和地面潮湿。常用的防水材料有油毡、沥青、黏土平瓦、水泥平瓦等。选用好的防潮材料，在建造过程中加置防潮层，在屋面、地面以及各连接处使用防潮材料。

（2）减少舍内潮湿源　牛舍中主要的水气来自于牛机体，每天牛机体产生的水气量占畜舍总水气量的60%~70%，这是无法控制的。另外的30%~40%主要来自于粪尿的积累和畜舍的冲洗等，可以尽量减少。经常采用的措施包括及时将粪尿清理到牛舍外面；减少牛舍冲洗次数，尽量保持舍内干燥；合理组织通风等。

5. 通风换气

良好的通风主要目标是实现畜舍空气新鲜、降低湿度和降低温度。

（1）保证牛舍空气新鲜　畜舍气体交换可以通过强制通风或自然通风来实现，最好是两者相结合。

（2）灵活控制通风　通风系统可以通过电扇、窗帘、窗户和通风门的启闭，实现针对牛舍内、外环境变化的灵活控制。

夏季炎热，单靠自然通风显然不够。结合喷淋，采取强制送风，可以取得很好的效果。

四、牛舍结构

牛舍对于养牛场来说是很重要的建筑之一。因此，要保证牛舍各部结构、屋顶、墙体、地面、门窗等起到良好的功能作用。

1. 屋顶

屋顶是牛舍的上部结构，起到防热、防寒、防雨的作用。所以要求不透风，不漏水，要有一定的坡度以利排出雨水。牛舍的屋顶通常为双坡、单坡、圆拱形式。屋面构造最常见的是瓦屋面或水泥预制构件。新型建材为夹带保温材料的双层彩钢板。

2. 墙体

墙体是牛舍的主要外围结构，它将牛舍与外界隔离，可以起到隔热、保暖作用。通常采用砖墙，墙上安装门、窗，保证通风、采光和人、畜出入及物料运送。

太行云牛比较耐寒、怕热，我国南北各地牛舍建筑墙体的类型不同。南方建造牛舍重点考虑如何防暑，北方重点考虑冬季如何保暖。

3. 门

一般设在牛舍的两端正中和两侧面。牛舍的门一律不设门槛、台阶。牛舍的门建议一律采用推拉式或卷闸门。开放式或半开放式牛舍，在牛舍两端设门，供人出入以及草料的运入。门的规格，以操作方便为原则，一般建议成母牛舍供牛进出的檐墙门，宽1.8~2.0米、高2.0~2.2米；供草料运送以及TMR机械进出的山墙门，以满足机械通行为原则。犊牛舍门宽1.4~1.6米，门高2.0~2.2米，便于更换垫草的设备通行为原则。

4. 窗

设在牛舍开间墙上，起到通风、采光和冬季保暖的作用。窗的大小可根据各地的气候条件而定。牛舍窗的大小一般为牛舍占地面积的8%，窗户的有效采光面积与牛舍占地面积相比，成母牛舍为1：12，后备牛舍则为1：（10~14）。

5. 地面

牛舍的地面要求高于舍外地面10~20厘米，并应平坦、略有坡度。为了防滑，在水泥地面层做成粗糙、麻面或划槽线，线槽坡向粪沟。

五、舍内设施

牛舍内的主要设施有牛床、牛栏、颈枷、食槽、喂料通道和清粪通道、粪尿沟等。

1. 牛床

牛床是指牛只在牛舍中站立或起卧的地方，牛床的大小与牛的种类、生长发育阶段有关。牛床的设置要使牛能舒适卧息，便于打扫和保持牛体清洁为原则。

2. 牛栏

为了防止牛只互相侵占床位，便于管理工作，在牛床上设有隔栏，通常用弯曲的钢管制成。隔栏前端与拴牛架连在一起，后端固定在牛床的前 2/3 处，栏杆高 80 厘米，由前向后倾斜设置。

3. 颈枷

肉牛拴系方式很多，拴系形式有硬式和软式两种。硬式多采用钢管制成，固定钢架与活动钢管以及锁扣配合使用。目前应用最广泛的是焊制活动颈枷实现限位采食。

4. 食槽

在牛床前面设固定统长的食槽，供牛采食草料。食槽应表面光滑、无死角，不透水、耐磨、耐酸。

5. 饲喂通道

饲喂通道宽度视牛舍跨度而定。但最小应可容送料车或小板车直线向前推行所需宽度的 1.5 倍为宜，既要考虑到推车送料，还要留有卸料投喂的余地。一般宽度为 1.5 米以上。通道应略有坡度，向饲槽倾斜 1°。

6. 清粪通道

清粪通道同时也是牛进出的通道，其宽度应能容纳运粪车直线往返。道面设有防滑棱形槽线，以防牛出入时滑跌；而现代双排列对头式牛舍，清粪通道在牛舍的两边，宽度一般为 1.2~1.5 米，路面要向粪沟倾斜，坡度为 1°。

7. 粪尿沟及排污设施

牛每天排出的粪、尿数量很大，为体重的 7%~9%。合理地设置牛舍排水系统，保证及时地清除这些污物与污水，是防止舍内潮湿和保持良好卫生状况的重要措施。同时，为了保证牛场地面干燥，还必须专设场内排水系统，以便及时排出雨雪水及牛场生产污水。一般由排粪尿沟、沉降坑、地下排出管及粪水池组成。

化粪池应设在舍外地势较低处，有运动场的应在其相反的一侧，距牛舍外墙 5 米以外，需用不透水的材料制成。一般按容积 20~30 米³ 修建。

8. 电驯化设备

为了保证牛床清洁，使牛养成良好的排粪、排尿习惯，国外大部分养牛场均使用电驯化设备。根据牛排粪、尿时要弓背的特性，创建瞬时电控制设备，此设备安装于牛的前背部正上方，高度可调，即根据牛个体高度调至适当位置，如果牛过度靠前排粪尿时，将会触及电驯设备，受到一定电压的电刺激，迫其后退，使牛将粪尿排入牛床外的粪尿沟内。安装此设备后，牛床清洁度提高，牛床的长度可适当延长，有利于增加牛起卧的舒适度。

六、牛场配套设施

为了确保牛群健康、安全、高效生产，必须建设一整套的相应设施，以提高养牛场的生产效率和经济效益。

1. 防疫消毒设施

牛场建设，通常要在场区周围建造围墙或隔离网栏。生产区大门口设有消毒池、消毒间。消毒池结构应坚固，以使其能承载通行车辆的重量。消毒池要求不透水、耐酸碱。

2. 运动场

运动场是牛自由运动和休息的地方，对促进牛体健康、提高生产性能很重要。牛采食后到舍外自由活动、休息，可促进牛的新陈代谢，提高抗病力。

太行云牛的运动场一般利用牛舍之间的空间建设，多设在牛舍南侧，也可设在牛舍两侧。运动场的面积应能保证牛自由运动、休息，不能太拥挤，又要节约用地，一般为牛舍面积的 3~4 倍。成年母牛以每头 15~20 米² 为宜。

3. 凉棚

夏季炎热的地区，在运动场中央最好建造凉棚，有利于夏季防暑。凉棚以砖木、水泥结构为好。最理想的屋顶是上面具有最大的反射能力和最小的吸收能力；下面对热辐射的吸收能力和热发射率均很低。据研究，凉棚的材料以草顶遮阴隔热效果最好，其次是上面漆白下面漆黑的铝皮和镀铝铁皮、彩钢板、石棉瓦。现代建材以夹带隔热材料的双层彩钢板较好。

4. 补饲槽和饮水槽

补饲槽和饮水槽一般建在运动场边缘靠近道路边的围栏旁，这样便于补喂粗饲料和及时供应饮水。槽的大小、长度根据牛群大小而定，不要太短小，以防因争食、争饮造成牛相互打斗。

5. 兽医室、人工授精室

兽医室、人工授精室应建在生产区的较中心部位，以便及时了解、发现牛群发病或发情情况。但精液处理间要与消毒室、药房分开，以免影响精子的活力。

6. 场内排水系统

多设置在各种道路的两旁及运动场的周围。一般采用斜坡式排水沟，以尽量减少污物沉积和被人、畜损坏。如果采用方形沟，其最深处不应超过 60 厘米。暗沟排水系统如果长度超过 100 米，应增设沉淀井，以免污物淤塞，影响排水。

7. 贮粪池或粪便堆积发酵场

牛舍和粪便堆积发酵场之间要保持有 200～300 米的距离。粪尿池或粪便堆积发酵场的容积或面积应根据饲养牛的头数和贮粪周期来确定。

8. 青贮设施

青贮设施是养牛场的基本配套设施，是养牛场生产稳定、持续发展的基本保证。

青贮设施的建造，首先要选好场址。青贮场址宜选择土质坚硬、地势高燥、地下水位低、靠近牛舍但远离水源和粪坑的地方。要求坚固结实，不透气，不漏水，内部要光滑平坦。青贮场地大小的计算，主要根据饲养的牛头数、需要量、原料多少以及机械作业要求等来考虑，同时还要根据机具、人力及每天取用数量来决定青贮设施的容积和个数。

9. 牛场的绿化

牛场的绿化可改善小气候。树木具有遮荫、降温和调节湿度的重要作用。因此，在牛场的空地上都应绿化。绿化可以显著改善牛场的温度、湿度、气流和日晒等。在炎热的夏季，强烈的日光照射，对牛威胁较大，往往因此而造成食欲减退，生长发育减缓，严重的还会引起中暑。如在运动场周围有树木遮阳，牛在舍外可避免日光照射。由于树叶的蒸发、吸收空气中的热量而使气温有所下降，同时也增加了空气中的湿度。另外，因树叶阻挡阳光，造成树木附近和周围空气的温差，而产生轻微的对流作用，对调节牛的体温平衡有一定作用。

牛场绿化不仅可以改善场区小气候，净化空气，美化环境，还可以起到防疫和防火等良好作用。因此，绿化设计是整个牛场建设设计的一部分，对绿化应进行统一规划和布局。在设计规划中，应根据当地的自然条件，因地制宜。在北方寒冷地区，一般气候比较干燥，要根据主风向和风沙的大小，设计牛场防护林带的宽度、密度和位置，并选用适应当地土壤条件的林木或草种进行种植。

第四节　粪污利用与环境控制

一、粪尿处理与利用

肉牛采食的饲料量较大，虽经胃肠消化吸收，但并不能完全被利用，约有

1/3左右的营养物质和能量，由粪尿等排出体外。太行云牛的粪尿排泄量参考值列于表2-1。通常牛粪含水分77.5%、有机质20.3%、氮0.34%、磷0.16%、钾0.4%，所以牛粪尿是可以再利用的一种重要资源，处理得当可以变废为宝，减少和消除对环境的污染。

表2-1　太行云牛的粪尿排泄量　　　　　　　　　　（千克/日，鲜重）

牛群	体重（千克）	粪量	尿量
犊牛	100~200	3~7	2~5
育成牛	200~300	8~15	5~10
青年牛	400~600	15~25	8~15
成母牛	450~600	20~30	10~20

1. 用作肥料

牛粪尿是一种很好的有机肥，施入土壤后可以形成稳定的腐殖质，改善土壤的理化性状，增加肥力，而且肥效时间长，比化肥优越得多。在牛粪中大约只有2/3的氮及1/2磷能够直接被作物利用，其余为复杂的有机物，在较长时间内为微生物所降解，肥效期较长。钾则可全部被作物利用。

（1）牛粪尿的施用方式　第一种方式是用人工或撒肥车将粪尿直接喷洒于田间，然后用犁耙使之与土壤混合，在土壤中自行熟化；第二种方式是在田间挖40~50厘米宽、深20~35厘米的沟，将粪尿放入熟化；第三种方式是将牛粪集中堆积，翻倒1~2次，发酵熟化后再施于农田。3种方法均简便易行，但养分损失较多，肥效较低，还有可能造成环境污染。

（2）牛粪的堆积发酵　牛粪的高温发酵处理，即高温堆肥法，效果较好。高温堆肥方法可分为需氧性堆肥法和厌氧性堆肥法两种。需氧性堆肥法主要是利用需氧微生物的活动，有机物分解迅速，并产生大量的热量。厌氧性堆肥法有机物分解缓慢，产生的热量少，堆肥的温度低。

（3）田间施用的注意事项　牛粪做肥料虽好，施用量也要适当控制，田间大量施用牛粪尿，也会出现干燥土壤乃至焦化，也会使植物中硝酸态氮过多，动物或人食后变成亚硝酸盐中毒；还可能出现植物因氮过剩而导致徒长等问题。

2. 用作再生饲料

牛粪尿含许多营养元素和大量的有机质、维生素K和B族维生素以及某些未知因子。牛粪含粗蛋白12.7%、粗纤维37.5%、可溶性无氮物29.4%。据研究表明，成母牛、肥育牛的牛粪营养价值相当于优质干草，可以作为畜、禽日粮

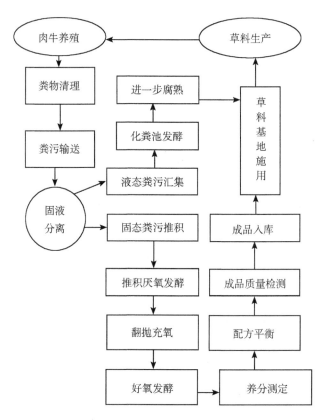

有机肥生产与利用流程

的组成加以利用，但因牛粪中有未彻底降解的纤维素及混入的垫料杂草等，仍需经过一定的处理和加工。

3. 厌氧发酵、生产沼气

利用厌氧菌（甲烷发酵菌）对肉牛场的牛粪尿及其他有机废弃物进行厌氧发酵，生产以甲烷气体为主的可燃气体，即沼气供作能源，沼渣与沼液经厌氧发酵后可用作肥料。

沼气是利用厌氧菌（主要是甲烷菌）对牛粪尿和其他有机废弃物进行厌氧发酵产生的一种混合气体，其主要成分为甲烷（占 60%~70%），其次为二氧化碳（占 25%~40%），此外含有少量的氧、氢、一氧化碳和硫化氢。沼气燃烧后可产生大量的热能，可作为生活、生产用燃料，也可用于发电。在沼气生产过程中，因厌氧发酵可杀灭病原微生物和寄生虫，发酵后的沼渣和沼液又是很好的肥料。通过这种方式可以将种植业和养殖业有机结合起来，形成一个多次利用、多次增值的生态系统。

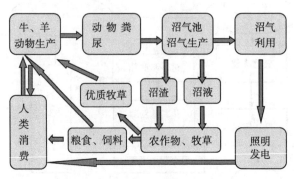

牛场粪便厌氧发酵利用生态

4. 饲养蚯蚓

利用蚯蚓的生命活动来处理牛粪是一条经济有效的途径。经过发酵的牛粪，通过蚯蚓的消化系统，在蛋白酶、脂肪分解酶、纤维酶、淀粉酶的作用下，能迅速分解、转化，成为自身或其他生物易于利用的营养物质，即利用蚯蚓处理牛粪，既可生产优良的动物蛋白，又可生产肥沃的复合有机肥。这项工艺简便、费用低廉，不与动植物争食、争场地，能获得优质有机肥料和高级蛋白饲料，且安全可靠。

二、有害气体控制技术

养牛生产的任何阶段和任何时间都要进行臭气控制。为此，饲养场的选址就是除臭方案的早期决策之一。饲养场本身设计和管理得当，就可大大减少臭气的产生和散发。所以，选择好并管理好粪肥清理与利用是控制臭气散发的重要途径。

1. 设施管理

① 科学设计牛舍地面，采用坚固地面，保持 1%~2% 坡度，便于粪便清扫和机械清粪。

② 细菌活动产生臭气，需要有水分的存在。所以，尽可能保持地面和粪便干燥，就可减少臭气的产生，阳光和通风有助于干燥。天然通风是很好的办法，但在有些情况下，须采用机械通风来促使地面和粪便干燥。圈内铺垫料有助于空气进入粪便，促使粪便干燥，从而减少臭气的产生。

③ 粪便管理良好，可使畜体保持清洁。若潮湿的粪便覆盖在温暖的畜体上，粪中的细菌活动会得到促进，加速了臭气的产生，也增加了臭气散发的面积。若能使粪便和牲畜分离，如及时清除地面粪便，则可使畜体保持清洁。

④ 粪便贮存区应设有围栏，以防牲畜进入、践踏。

⑤ 创造好的空气环境，如控制 pH、温度、保持干燥等，都是有效控制臭气的方法，但这些方法的运行费用都较高昂。

⑥ 粪便中产生臭气需要一定的湿度，并且需要一定的时间。粪便在畜舍或在贮粪池中停留时间越长，越会发生厌气发酵，产生的臭气也越多。经常彻底清理粪尿有助于使畜体保持清洁，也有助于保持粪尿中的养分。

⑦ 有序管理地表的水流，可保证畜舍排水正常，并且可管理好由牛舍排出的固体和液体。这样不但可控制臭气，还可防止地表水污染。

⑧ 在设计粪贮存的处理设施时，要将充分和良好的除臭设施融入设计标准中。

⑨ 要安排好粪便处理的时间，因为由粪便贮存设施中清除粪便会散发出大量臭气。

⑩ 处理死畜要有周密的计划，以防产生臭气和滋生苍蝇，从而影响人员健康。死畜要及时送往炼制厂或适当深埋、焚烧。

2. 还田管理

（1）天气与风向　日常天气预报，可为田间粪肥施用提供有用的信息。冷天施肥优于热天；有风的天气胜于无风天气。要在风向不朝向居民区时向田间施用粪肥。

（2）施肥时间　粪肥的施用最好在清晨。上午随着气温升高，气流上升，从而臭气也随着上升。如果晚间施用粪肥，气温下降，空气下沉，臭气也随之停在地表附近，不利于臭气消散。

（3）回避臭气敏感区　施用粪肥尽量避免在离公路、居民区、学校、机关或其他有人工作的区域附近的土地施肥。

（4）施肥方式　土壤会有效吸收畜粪中的臭气物质，同时，又可保留粪中宝贵的含氮物质。所以，施肥后必须尽快用土把粪肥覆盖好，如尽快对土地进行犁或耙。有些粪水施放机可在施肥时直接将粪水注入土中，或采用管道式施肥或施底肥的方式，效果更好。这些方法都可减少臭气的产生，同时又保存粪中的养分。

3. 构筑防护林

种植绿色植被是另一个有效防止气味扩散、减少气味的方法。在养殖场的周围构筑防护林，可以降低风速，防止气味传播到更远的距离，减少臭气污染的范围；防护林还可降低环境温度，减少气味的产生与挥发。树叶可直接吸收、过滤含有气味的气体和尘粒，从而减轻空气中的气味。树木通过光合作用吸收空气中的 CO_2，释放出 O_2，可明显降低空气中 CO_2 浓度，改善空气质量。构筑防护林需要考虑树的种类、树木栽植的方法、位置、栽植密度、林带的大小与形状等因素。一般来说，树的高度、树叶的大小与处理效果成正比，四季常青的树木有利于一年四季气味的控制；松树的除臭效果比山毛榉要高 4 倍，比橡树高 2 倍。栽植合理的防护林，可减少灰尘和污染物沉降 27%~30%。此外，构筑防护林还可收获林产资源。

三、肉牛营养调控

采用有效的肉牛营养调控技术，调控牛排泄物的数量和成分，对牛场环境的保护具有十分重要的意义。

1. 降低粪氮排泄量

氮（N）在空气中以 N_2 形式存在，占 79%，但牛排泄物中的 NH_3 会污染空气。牛饲料中蛋白质与粪、尿中的氮有直接的联系，降低氮排泄量的一种有效方法就是用更精确的蛋白质饲喂肉牛。采用营养调控技术降低过量氮排泄量，比通过改变处理粪肥贮存设备和粪肥施用技术来处理排泄的过量氮，其效率高 4 倍。研究表明，在一个典型肉牛场，以饲料、肥料和通过豆类氮固定形式输入牛场的氮数量超过以乳或肉方式输出的氮数量高达 62%~79%。在肉牛场，以购买饲料的形式输入的氮占过量氮的 62%~87%。因此，氮管理的显著改善，可通过科学的营养调控技术，只给肉牛提供生产和生长所必需的蛋白质，降低过量氮排泄，以减少污染。

（1）提高氮的利用率

① 根据生长速度和生产水平，以可代谢蛋白需要量（瘤胃降解+非降解可吸收蛋白）为基础设计牛的日粮，使日粮蛋白含量接近满足必需氨基酸的需要，较传统饲养可减少氮排泄量 15% 以上。

② 保障日粮适宜的能量蛋白比。为确保瘤胃发酵的有效性，必须有足够数量的瘤胃可利用蛋白质及必需的易于发酵的碳水化合物，使微生物的产量最大化。可生成较多的微生物蛋白质供牛利用，从而减少了日粮中加入外源蛋白质的数量，也就是减少了氮的输入，因此减少了氮的排泄。

蛋白质或能量不平衡，降低了瘤胃的消化效率。例如，从瘤胃中吸收过量的氨，在肝脏中产生尿素，排泄到尿中。过量日粮蛋白质主要引起较多尿中尿素的排泄。这是肉牛散发到环境中氨的最大来源。日粮营养平衡避免了因营养的不平衡而低效营养利用的影响。产生蛋白质低效利用的原因，多是因日粮蛋白质或可发酵碳水化合物的供给不足或过量引起的。

③ 定期采集饲草样品，分析其蛋白质和氨基酸实际含量，作为配方计算的依据。保障蛋白质和氨基酸相对真实需要量的准确供给，应避免盲目参照书本或

过时分析数据带来的计算值与实测值之间的误差。

（2）降低日粮粗蛋白水平 在满足牛对蛋白质和氨基酸需要的前提下，降低日粮氮含量是一种降低粪便中含氮挥发性气体的最佳途径。当牛日粮蛋白质含量从 18.3% 降低到 15.3% 和由 16.4% 降低到 12.3% 时，从粪便中挥发的 NH_3 分别降低了 32% 和 40%。当用低蛋白质（9.6%~11.0%）日粮饲喂后备牛时，粪便排泄物中挥发 NH_3 可降低 28%。测定表明，在牛戴有呼吸面罩的条件下，当粗蛋白含量分别从 19.8% 降低到 14.6% 和从 20.2% 降低到 15.9% 时，牛舍内通过挥发损失的 NH_3 分别降低了 39% 和 24%。降低牛日粮粗蛋白水平最重要的一个措施是应用小肠氨基酸平衡理论，通过蛋白质原料的合理搭配和添加过瘤胃保护性氨基酸使限制性氨基酸得以满足，减少非限制性氨基酸的过量排泄。

研究表明，以玉米蛋白为主要过瘤胃蛋白质的日粮，赖氨酸明显为第一限制性；而以豆粕为主要的过瘤胃蛋白质时，蛋氨酸是第一限制性。Fraser 等认为，组氨酸是第三限制性氨基酸。脯氨酸也是影响牛生产性能的重要氨基酸。据报道，通过添加必需氨基酸，降低粗蛋白水平，可减少牛粪氮排泄 40%~50%。

（3）使用 NPN 缓释技术 应用尿酶抑制剂（NPN）抑制瘤胃氨释放速度，使其与瘤胃内能量释放同步，提高瘤胃微生物蛋白合成效率，从而减少氨氮损失和排放量。

（4）监测牛日粮营养平衡状况 监测乳中尿素氮值（MUN），为监测牛日粮蛋白质效率提供了一个实用的方法。MUN 平均值为 13.9 毫克/分升，大约 15% 的牛高于 15 毫克/分升，这被认为是相对高的数值。牛与牛之间 MUN 值变化相当大。因此，MUN 值最好用于测定群体牛的效率。MUN 值也随一年四季而变化，夏季最高。为提供个体牛场日粮蛋白质利用率的准确信息，要定期监测 MUN 值。通常较高的 MUN 值与日粮中较高水平的 CP、瘤胃非降解蛋白质和瘤胃降解蛋白质相联系；较低的 MUN 值与日粮能量、非结构碳水化合物数量较多及蛋白质能量比率较低有关。这反映了遇到不寻常 MUN 值时，评价日粮中蛋白质和能量的重要性。

2. 降低粪磷排泄量

在养牛生产中，粪磷对环境的污染，主要因牛日粮中磷过量使用造成。美国最近调查表明，典型牛日粮配方含磷为 0.45%~0.50%（干基），超过 NRC（2001）需要量标准 20%~25%。补充过量磷所需费用每牛每年为 10~15 美元，全美洲为 1 亿美元。过量磷通过粪肥进入土壤，加重了土壤磷负荷。研究表明，分别饲喂含磷 0.31%、0.39% 和 0.47% 的日粮，每天排出粪磷分别为 43 克、66 克和 88 克。饲喂高磷日粮不仅提高了粪肥磷含量，还会污染地表径流。收集采食含磷 0.31% 和 0.49% 日粮奶牛的粪肥，用于地表面等额施肥。施用高磷日粮牛粪肥的地表面水流中溶解的磷是低磷日粮的10倍。

由此可见，设计牛日粮配方时，不仅要以营养需要量为依据，还应考虑个体牛的不同DMI而设计适宜的日粮磷浓度，达到降低磷排泄的目的。

3. 减少甲烷排放量

反刍动物瘤胃微生物发酵产生甲烷（CH_4）的过程，实际上是营养物质的浪费过程，会造成能量损失。人们发现，甲烷在地球变暖和臭氧层破坏方面发挥重要作用。甲烷在吸收红外线能量方面比CO_2更有效。据估计，每年进入大气层的甲烷总量为（400~600）×1 012克。家畜每年产生的甲烷总量为80×1 012克，其中，绝大部分来源于反刍动物。地球变暖效果的2%是由家畜产生的甲烷引起的。有效地抑制瘤胃甲烷菌的方法如下。

（1）添加微生物制剂（益生素）　试验表明，在反刍动物饲养中，益生素可影响甲烷的产量，但效果不一致，存在下降、增加或无效3种结果。目前，已清楚的是阳性菌阿伏霉素和离子载体，可抑制甲烷合成。离子载体能选择地影响瘤胃的某种微生物，而使微生物的种类组成发生变化，因而影响发酵场所的发酵产物组成。反刍动物饲粮添加离子载体，可降低甲烷产量0~25%。莫能霉素和拉沙里霉素不能长久地抑制产甲烷菌，添加2周后对照组甲烷产量恢复。莫能霉素能降低瘤胃内饲草残余物的外排速度，因此提高了细胞壁成分（CWC）的消化率。

（2）补充脂肪　反刍动物饲粮中添加脂肪，对甲烷产量的影响机理包括以下几种。

① 不饱和脂肪酸生物氢化作用；

② 丙酸产量增加；

③ 原虫的抑制作用。

脂肪和包括粗脂肪在内的部分化合物，大部分在瘤胃不被微生物发酵，特别是已知不饱和脂肪酸可抑制产甲烷菌微生物系统。因此，甲烷产量的降低可能是由于可发酵底物的下降，而非对产甲烷菌的直接影响。

（3）卤族化合物和衍生物　在体外试验中，发现添加美蓝、维生素B_2、NAD、硝酸盐、亚硫酸盐，可抑制产甲烷菌。此外，作为可选择的电子受体亚硫酸盐，对产甲烷菌有毒性作用。每天给绵羊瘤胃灌服10克Na_2SO_3，导致甲烷产量下降65%。然而，它的效果非常短暂，添加5小时之后，由于添加化合物被还原或吸收，甲烷产量几乎完全恢复。甲烷产量下降，伴随挥发性脂肪酸的改变。如乙酸量下降，丙酸和丁酸量增加。在实际应用上，大多数可供选择电子受体的影响还不是十分清楚。

（4）减少纤毛虫数量　研究表明，产甲烷菌大量吸附于纤毛虫上，它们之间是一种兼性关系。纤毛虫对产甲烷菌的产生有促进作用。当细菌的氢供应不足时，产甲烷菌就将自己吸附于几种纤毛虫上，以保证有足够的氢生成甲烷。给反刍动物饲粮补充适量 $ZnSO_4$ 的试验证明，可以减少瘤胃纤毛虫的数量，减少甲烷产量。例如，给瘤胃补充 $ZnSO_4$，可显著地降低甲烷产量，但纤维素在瘤胃的消化率也下降，这是不可取的。$ZnSO_4$ 的补给量必须控制在不影响纤毛虫消化纤维素效率为原则。因此，减少纤毛虫数量、甲烷产量的降低，与纤毛虫瘤胃发酵下降有关。像其他形式调控一样，减少纤毛虫数量有一系列的相互联系，影响整个瘤胃的发酵。纤毛虫在反刍动物营养代谢过程中，具有正、反两方面的作用。对体增重和饲料转化率而言，就存在增加、降低或无效 3 种结果。但在所有试验中，羊毛的生长得到改善。是否采用去原虫或保留原虫，应就不同日粮类型及寄主生理状况等进行综合评定，适当控制或减少某些产甲烷菌和吸附产甲烷菌的纤毛虫的数量，有利于减少甲烷的污染。但目前还没有一种满意的可控制去除瘤胃纤毛虫的方法。因此，减少纤毛虫数量的应用还有待进一步研究。

第三章 太行云牛养殖技术

第一节 太行云牛采食与消化特性

太行云牛采食与消化特性主要体现在采食、反刍与嗳气 3 个方面。

一、太行云牛的采食特点

口腔是牛的采食器官，口腔器官有唇、颊、舌、硬腭、软腭、齿等。牛没有上切齿、唇短厚、舌发达、口腔两侧颊乳头发达。牛没有上切齿，代之以角质化的齿垫，下切齿表面覆盖致密的齿釉质，采食时靠下切齿咬合到角质齿垫来切断牧草。唇短厚，对采食牧草的辅助作用很小，这一点与羊和马有很大差别，羊和马的唇灵活，是采食的重要器官，不足 10 厘米的野草，牛采食就很困难。牛的舌发达、肥厚，舌表面粗糙，是牛重要的采食器官；牛口腔两侧的颊黏膜上有发达的顶端向后的颊乳头，利于牛对牧草的快速采食。综合这些解剖特征，决定牛的采食生理特点是，当牧草茂盛、适口性好时，牛的采食速度快，咀嚼不充分，即快速咽下。进嘴的东西很难吐出，所以常见牛把不能吃的金属丝、钉、玻璃等咽入胃中，导致创伤性网胃炎、心包炎和腹膜炎等疾患。通常牛 1 天有 4 个采食高潮，总采食时间约 6 小时。所以饲养管理中牛的采食时间也应在 6 小时以上。日喂 3 次较日喂 2 次可提高采食量 18%。

二、太行云牛的反刍

太行云牛与其他品种类群牛一样，属于反刍动物。反刍是牛科动物草料消化的必备而重要的环节。牛采食草料时，通常未经充分咀嚼即咽下，经过一段时间后，瘤胃中未充分咀嚼的长草，重新返回到口腔，精细咀嚼，这一过程叫反刍，因而牛又称为反刍动物。太行云牛每天反刍 6~10 次，每次 30~50 分钟。牛每天要消耗大量能量进行反刍，对饲草进行适当加工，可加快牛的采食速度和增加牛的干物质进食量，同时节省牛反刍的能量消耗。

反刍是牛的重要消化过程，因而每天必须给牛留出充分的反刍时间，方可保证消化的正常进行。

三、太行云牛的嗳气

嗳气是反刍动物草料消化过程的正常现象。牛在瘤胃消化过程中，产生大量二氧化碳，并混有甲烷、氨、硫化氢等气体，必须及时通过口腔排出，这一现象称为“嗳气”。否则这些气体积聚，使瘤胃内压力上升，妨碍瘤胃壁的血液循环，引起瘤胃迟钝、嗳气困难，形成瘤胃臌胀，轻者干扰牛的消化，严重时可造成牛体死亡。

牛的胃有四个，即瘤胃、网胃、瓣胃、皱胃，其中皱胃相当于猪、狗、猫等的胃，瘤胃、网胃和瓣胃，主要起贮存、加工食物，参与反刍和进行微生物消化等功能。牛的瘤胃体积很大，成年牛瘤胃容积可达150~200升，甚至更大。瘤胃可看做是一个大发酵罐。瘤胃内环境非常适宜微生物繁殖和生长，瘤胃微生物包括纤毛虫和细菌等，分解纤维素、淀粉和蛋白质等营养物质，产生大量单糖、双糖、低级脂肪酸，合成B族维生素及维生素K等，同时这些微生物还可以利用饲料中的非蛋白氮合成微生物自身蛋白质，最后这些微生物随食团进入小肠被小肠消化、吸收利用，作为牛体蛋白质的来源。鉴于此，牛不宜经口服的方式服用抗生素，否则对瘤胃微生物不利，进而影响牛的消化机能。

太行云牛对粗饲料的消化利用率高，主要依赖于牛瘤胃中的微生物，因而要养好牛，首先是要保证瘤胃微生物的正常发酵。给瘤胃微生物创造适宜的发酵条件，这就要求日粮供给的均衡性，也就是说，草料供给要保持一致性。同时投喂要规律，在更换草料时要逐渐过渡，给瘤胃微生物一个适应过程。草料的突变或饲养程序（饲喂时间、次数）的改变等，都会影响到牛的消化机能。

第二节　太行云牛的饲养管理

太行云牛的饲养方式有3种，即放牧饲养、舍饲饲养和半放牧半舍饲管理。

一、太行云牛的放牧饲养

太行云牛培育于太行山区，所以具有爬坡牧食能力强的特点，适于放牧管理。在草原和农区的草山、草坡以及农作物收获后的茬子地放牧，只要牧草资源丰富，便能表现出良好的生产性能。

放牧饲养的优点：放牧牛采食牧草的群落（种类）较多，营养价值较为全面，能维持肉牛的基本需要，降低饲养成本，同时可以减少舍饲劳动力和设施的

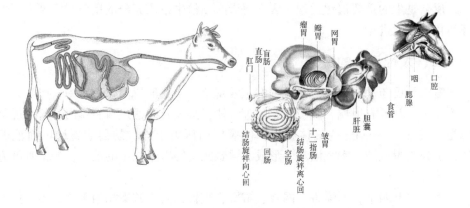

瘤胃　瓣胃　网胃

直肠　盲肠

肛门

口腔

咽　腮腺

食管

胆囊

肝脏

结肠旋祥向心回

回肠

空肠

结肠旋祥离心回

十二指肠

皱胃

牛消化系统示意图

开支，且放牧有利于牛增强体质、提高抗病力、降低繁殖母牛的难产率等。

放牧饲养的缺点：由于放牧践踏草地，对牧草的利用率较低，且放牧受气候因素的影响较大，尤其是冬季牧草干枯、气候寒冷等条件下，则不宜放牧。

放牧牛群的规模：山区坡地放牧，肉牛群体不宜过大，一般以 20~30 头为宜，草原地区可以 50~100 头为一群。

放牧牛群

每天放牧的时间与牧草的茂盛程度，也就是草场质量（牧草的密度、高度）以及所处的物候期密切相关，在产地太行地区通常每天放牧采食 7 个小时以上，冬季枯草季节或草地牧草稀缺的地域放牧应延长放牧时间乃至全天。太行地区四季分明，草场牧草的品质与丰盛度随季节性变化明显，因而必须采取相应的放牧管理措施。

1. 春季放牧

春季天气变暖，牧草开始返青。而放牧肉牛，牧草需要有一定的高度。一般在牧草长到 10 厘米左右时可开始放牧。华北地区多在晚春季节才能放牧牛群。

　　春季放牛，要严防"跑青"现象。由于牛在整个冬季枯草期长久没有吃到青草，一旦到了返青的牧草草地上，特别是在牧草稀疏的草场上，总是咬两口就向前跑吃前边的，然后再咬两口再吃前边的，结果就一直向前跑一直吃不饱，当地俗称"跑青"现象。所以，可以等待牧草高于 10 厘米时再开始放牧。

夏季炎热时牛群在林荫下放牧或休息

　　春季刚开始放牧时，肉牛易发因饲料骤变，采食过多青草而发生青草搐懒、臌胀或水泻等疾病。为减少这些负面情况的发生，在从牧食枯草转为牧食青草时应控制放牧时间，头 2~3 天，每天放牧 2~3 小时，回圈后补饲粗饲料，以后逐渐延长放牧时间。由舍饲转为放牧青草的过渡时间以 15 天左右为宜。

　　太行地区春季牧草稀缺，牛会采食一些幼嫩的树叶，需要强调的是避开栎属树较多的丛林地带，严防青冈叶中毒。青冈叶又称栎树，常见的有大叶栎、白栎、麻栎、柞栎、獬栎、栓皮栎等栎属树木，所以也叫栎树叶中毒，丘陵地区多见。青冈叶中毒一般发生在早春季节，北方地区以 4—5 月份，清明前后为发病高峰。栎树枝芽、花、叶、种子都含有毒成分栎单宁。不同季节含量不同，一般以春季新萌发的嫩枝毒性较大。此时正值栎树长叶之时，又是牧草缺乏时期，放牧牛群饥不择食，很容易食入大量栎树嫩叶而发病。中毒症状一般在食后 1 周左右出现。发病牛初期精神沉郁，被毛竖立，厌食青草，仅吃少量干草。鼻镜干燥，而后反刍减少，瘤胃臌气，大便干燥（秘结），并有黏液和血液，尿少或无尿，大多数患牛的下颌、肉垂、前胸、腹部等部位皮下水肿。后期腹泻，便腥臭。磨牙，呻吟，全身肌肉颤抖，体温 37℃，呼吸困难，卧地不起。

　　2. 夏季放牧

　　夏季牧草生长茂盛、营养丰富，是放牧的大好时期。采食充分时，各种不同生理状态的牛群都能从牧草中得到足够的营养。此时应到远离村庄的地方或远山放牧，距离牛场较远草场，可在放牧地设立临时牛圈，以便就地休息，减少出牧

炎热时节的早晚放牧

行走所消耗的营养。牛场周围和河谷地带不放牧，便于牧草充分生长，刈割制作青贮或晒制干草，贮存备冬，即在冬季牧草不足时使用。

夏季炎热的地区，当气温超过 30℃ 以上时，会严重影响牛的牧食和健康。放牧尽量安排在早晚进行，而炎热的中午可将牛赶到林荫下休息、反刍。放牧可安排在背阴草坡，避免牛群受到热害。

河谷放牧

为保护草场，可安排划区轮牧。即把可利用放牧地分成几个小区，每个小区放牧一定时间，其时间长短根据放牧牛群规模和小区面积、牧草产量而定。一般每个放牧小区，可放牧 10 天，休牧 20~30 天。划区轮牧可防止因过度放牧而导致草场退化，也利于提高牛的采食效率和草场质量。

夏季往往清晨牧草露水较大，牛采食带有露水的豆科牧草易发瘤胃臌胀，特别是牧食苗期幼嫩的紫花苜蓿，应注意加强防范。

牧草中缺乏食盐，可在放牧地设立补饲槽，放置食盐或营养舔砖，供牛自由采食，用以补充食盐和矿物质的不足。

放牧地要有足够的水源

3. 秋季放牧

秋季气温逐渐下降，秋高气爽，牧草开花结籽，茎叶开始老化。

一般牧草种子体积很小、壳坚硬，不易被牛消化利用，牧草品质总体不如夏季。但秋季气候凉爽，牛的食欲增加，消化能力改善，是增膘的良好时机。应充分利用这一时期的特点，让牛充分采食，抓好秋膘，以利过冬。秋季昼夜温差较大，当夜间温度接近于0℃时，应停止放牧。

远离牛场的牛群和在远山放牧的牛群逐渐向牛场方向回归。北方当年春夏季出生的犊牛，应在入冬前断奶。断奶犊牛从牛群分出，单独组群饲养，使其在入冬之前习惯独立生活。

太行云牛实行百日断奶。不足100日龄的犊牛，可待100日龄后再断奶。

4. 冬季放牧

南方地区冬季枯草期较短，且气候温和，适宜放牧。

北方地区冬季气温较低，野草枯萎、营养价值下降，可进行近距离放牧，减少放牧行走消耗。也可在庄稼收获后的茬子地放牧采食残留的作物茎叶及杂草。值得注意的是，严禁在残留地膜较多的农田地放牧牛群，以防太行云牛误食未风化的地膜，导致消化道疾病发生。牛在寒冷的气温下出牧，机体散热较多，同时单靠牧食难以满足所需营养，得不偿失。所以天气寒冷时最好不要放牧。

冬季放牧应在天气晴好，选择草多的干地、阳坡等背风暖和的地方放牧。并应迟出牧、早回圈，大风、雪天、严寒等天气停牧，留圈舍中补饲农作物秸秆及其他草料。冬季补饲要补充粗蛋白和维生素含量丰富的饲草料。

5. 放牧饲养应注意的问题

（1）在远距离草场搭建临时棚舍　不要让牛走太远的距离，以减少牛因行走而造成的能量消耗。在远离牛场的山上或草原放牧时应在放牧地搭建临时牛栏或棚舍，以备牛遮风挡雨和中午及夜晚休息之用。

（2）做好划区轮牧计划　做好分区轮牧规划，充分利用草地资源，防止草场因过度放牧而退化；有意留一些牧地禁牧，以便牧草有开花结籽的机会，有利于草场更新复壮。

（3）清除草场毒草　转移到新的生长茂盛的牧地之前，应把该牧地的有毒牧草清除，如瑞香狼毒、蕨菜、洋金花等。

（4）携带急救箱，做好应急措施　出牧时应携带蛇药及常用外伤止血药、急救药，带好防雨器具。雨季应避开易发山洪的地方放牧，做好防雷电的措施。

（5）缓慢行进，杜绝事故发生　出牧和回牧都不要赶牛过急，避开山崖、陡坡、险道，避免发生滚坡事件。

（6）及时进行发情母牛的人工授精　春末夏初是牛群发情较为集中的时期，牛群放牧地应与人工授精站或交通线靠近，以便对发情牛及时进行人工授精。不具备人工授精条件放牧地，可采用阶段性本交配种、自然繁殖。可按每 20～30 头母牛配备 1 头公牛的比例组群，繁殖季节过后将公牛分开饲养。太行云牛的本交公牛必须是经过选育的、在县级以上畜牧主管部门注册、有计划调拨的优秀个体公牛。

（7）补饲食盐及矿物质　放牧牛应补喂食盐，可在饮水处附近放置食盐或营养舔砖，让牛饮水前后自由舔食食盐或复合矿物质盐砖。

复合盐砖舔块

放牧地搭建临时休息栏，设置矿物质补饲槽

（8）预产牛的呵护　临近预产期的母牛，应留圈补饲，不宜放牧。带犊母牛必须母子同群放牧，切不可母牛放牧，犊牛留圈，否则母牛恋犊，不能集中精力吃草；且放牧时间长，乳房内压增大，会影响乳汁分泌，不利于犊牛生长。

二、太行云牛的舍饲圈养

舍饲是将肉牛在圈舍内饲养的一种饲养方式，主要见于缺乏放牧条件的地区。与放牧饲养相比，舍饲可根据肉牛的生理阶段和健康状况给予不同的饲养管理，减少饲草料的浪费，同时也不受气候等自然条件的影响，减少行走、气候变化的营养消耗，具有提高饲料利用率和快速肥育的优势。其缺点是舍饲需要大量饲草料、设施设备与人力等的开支，使饲养成本加大。

太行云牛舍饲饲养基本方式有以下两种。

一是传统的拴系饲养，每日定时上槽时拴系于槽前饲喂，饲喂后牵出拴系于户外休息。由于采食、饮水、活动都需要人工，投工较多。

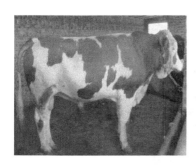

太行云牛拴系饲养　　　　　　　　太行云牛舍饲圈养

二是围栏饲养，采用散放方式，将牛散放于牛栏中，在宽阔的牛舍内用栏杆隔间散栏，同时设立饮水槽、采食槽，使牛自由采食饲草料，自由饮水、自由活动。在散栏内充分体现动物福利。圈中搭建简易牛棚、饲槽、草架、水槽等，粗饲料保持充分，让牛自由采食、饮水、运动。由于肉牛的采食时间充足，饮水充分，并充分利用了肉牛的竞食性，因此能提高饲料利用率，充分发挥其生长发育的潜力，同时节省人工，是目前广泛应用的饲养方式。

三、半放牧半舍饲饲养

半放牧半舍饲是将放牧与舍饲相结合，是肉牛生产中常见的经济有效的饲养方式。半放牧半舍饲分两种情况：一是放牧加补饲的形式，亦即在具备草场但草

太行云牛夏秋季节的草地放牧

场牧草稀疏或面积有限的地区，采取白天放牧，归牧后进行补饲草料，以满足牛的生长发育或囤肥的营养需要。二是在不同季节采取不同的饲养方式，多在北方地区，采取夏秋季节放牧，充分利用天然草场的青绿牧草，满足牛的营养需要，降低生产成本，而在牧草枯萎、天气寒冷的冬春季节进行舍饲管理，保证牛群的营养供给和生产性能的发挥。

太行云牛冬季茬子地放牧

　　而两者相结合是肉牛生产的最佳方式。即根据不同季节牧草生产的数量、品质以及肉牛群的生理阶段，确定每天放牧时间的长短和在舍内饲喂的数量。一般夏秋季节各种牧草生长茂盛，放牧可以满足其营养需要，可以不补饲或少补饲。冬春季节牧草枯萎，量少质差，放牧不能获得足够营养，必须进行补饲草料。而在冬季严寒的北方地区，放牧牛群体能消耗大，牧食牧草质量差、数量少，入不敷出，因而冬春季节舍内饲养才是最佳选择。

第三节　太行云牛分阶段饲养管理

一、饲养管理的一般要求

饲料品种要多样化，并合理搭配，以满足肉牛生长发育和繁殖、囤肥生产等的需要。肉牛日粮应相对稳定，进行饲料转换时要有1周左右的逐渐过渡期。根据季节变化和肉牛的营养体况及时调整饲料原料和供给量。饲养过程宜少喂勤添，做到既满足肉牛生长需要，又减少饲料浪费。做好肉牛群槽位的安排，做到既发挥肉牛竞争抢食的特性，又防止弱小吃不饱而影响生产性能的发挥。

二、妊娠母牛的饲养管理

妊娠母牛不仅本身生命活动需要营养，而且要满足胎儿生长发育的营养需要和为产后泌乳进行营养贮积。应加强妊娠母牛的饲养管理，使其能正常产犊和哺乳。妊娠的前6个月胎儿生长速度缓慢；胎儿重量的增加主要发生在妊娠的后3个月，需要从母体获得大量营养。如果母牛营养供给不足，会影响犊牛的初生重、哺乳犊牛的日增重及母牛的产后发情；营养过剩又会使母牛过胖，影响繁殖和健康甚至导致难产。因此，妊娠母牛要求保持健康体况，一般中等膘情即可。特别是头胎母牛尤其应该防止因胎儿过大，而诱发难产。

太行云牛繁育母牛群

1. 妊娠母牛的饲养

在整个妊娠期，应喂给母牛平衡的日粮，从妊娠第7个月起，应加强饲养，对中等体重的妊娠母牛，应补饲草料，但不可将母牛喂得过肥，以免影响分娩。

放牧饲养的牛群，在春季由于维生素 A 缺乏，导致分娩、胎衣排出和泌乳受到影响，应特别注意维生素 A 的补充，可补饲胡萝卜或直接喂以维生素 A 添加剂。同时注意微量元素和矿物质的补充。

体重 350~450 千克的妊娠母牛，根据放牧和舍饲营养状况，每天补充精料 1.0~2.0 千克。

精料参考配方：玉米 51%、饼粕类 21%、麸皮 24%、石粉 1%、食盐 1%、微量元素预混料 1%、维生素预混料 1%。

2. 妊娠母牛的管理

妊娠母牛应做好保胎工作，禁止饲喂发霉、变质和冰冻的饲草料，禁止饮用冰碴水，冬季饮水温度不低于 10℃。妊娠母牛应有适当的运动，牛舍、运动场不能太拥挤，防止顶撞、急跑等机械性刺激引起流产。

三、围产期母牛的饲养管理

牛的围产期指临产前 21 天到分娩后 21 天。临产前 21 天称围产前期，分娩后 21 天称围产后期，围产期的饲养管理直接关系到犊牛的正常分娩、母牛的健康以及产后的生产性能，除一般饲养管理外，应做好产前产后的护理工作。

1. 围产前期的饲养管理

注意观察临产症候的出现，做好接产准备；部分母牛临产前 1 周会发生乳房肿胀，应减少糟渣类饲料的供给，临产前 2~3 天日粮中增加麦麸的比例，以增加饲料的轻泻性，防止便秘；适当补充维生素 A、维生素 D、维生素 E 和微量元素，对产后子宫恢复，提高产后受胎率有良好的作用。

母牛的妊娠检查

2. 围产后期的饲养管理

由于母牛分娩过程体力消耗大、水分丢失多、体力差，分娩后母牛应喂给温热益母草麸皮盐水（益母草汁 250 克、麸皮 1.5 千克、食盐 0.1 千克、碳酸钙 0.05 千克、水 15 千克），以补充水分，促进体力恢复和胎衣排出，并给予优质干草。产后 1 周的母牛，不宜饮冷水，水温宜在 30℃ 左右，以后逐渐降至常温。注意母牛产后监护，注意胎衣是否完全排出，做好外阴部清洁和环境消毒工作。

四、哺乳母牛的饲养管理

哺乳期母牛的主要任务，一是多产奶，以保证犊牛的生长发育所需；二是产后及早发情、配种受孕。哺乳母牛应保持中等偏上水平的体况，提高日粮营养水平，特别注意选择优质粗饲料，并根据母牛体况和饲草品质，决定精料的补充量。

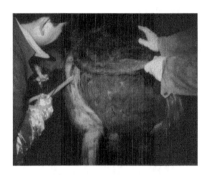

发情母牛的人工授精

哺乳母牛精料补充料参考配方：

玉米 50%、麸皮 20%、饼粕类 25、石粉 1%、磷酸氢钙 1%、微量元素预混料 1%、维生素预混料 1%、食盐 1%。

350~450 千克的哺乳母牛精料补充料每天的补充量为 2~3 千克。

哺乳母牛的管理应注意保证运动量，提高体质，促进产后发情。规模肉牛繁育场，应实行母、犊隔离，定时合群哺乳。产后 40 天以后，开始注意观察母牛发情状况，及时检出发情母牛，实施人工授精。

五、犊牛的饲养管理

犊牛指初生到断奶阶段的小牛，肉犊牛一般 5~6 月龄断奶。为提高母牛的繁殖产犊率，太行云牛生产中试行 100 日龄的早期断奶。而 6 月龄以前的小牛，仍然称作犊牛。

（一）初生犊牛的护理

初生期是犊牛由母体内寄生生活方式转变为独立生活方式的过渡时期。生活方式以及所处环境发生了巨大的变化。同时这一时期犊牛的消化器官尚未发育健全，瘤网胃只有雏形而无功能，缺乏黏液，消化道黏膜易受微生物入侵。犊牛的抗病力、对外界不良环境的抵抗力、适应性以及调节体温的能力均较差，所以新生犊牛易受各种病菌的侵袭而引起疾病甚至死亡。因而，犊牛初生期的护理工作相当重要。

1. 清除新生犊牛体表黏液

犊牛娩出后，要尽快擦除鼻腔及体表黏液，一般正常分娩，母牛会及时舔去犊牛身上的黏液，这一行为活动具有刺激犊牛呼吸和加强血液循环的作用。而特殊情况下，则需用清洁毛巾擦除黏液。避免犊牛受凉受冻，尤其要注意及时去除犊牛口鼻中的黏液，防止呼吸受阻。若已造成呼吸困难，要尽快使其倒挂，并拍打胸部，使黏液排出，呼吸畅通。

2. 断脐与脐带处理

通常情况下，随着犊牛的娩出，脐带会自然扯断。出现脐带未扯断时，要用消毒剪刀在距腹部6~8厘米处剪断脐带，将脐带中残留的血液和黏液挤净，采用5%~10%碘酊药液浸泡消毒2~3分钟。但不要将药液灌入脐带内，以免因脐孔周围组织充血、肿胀而继发脐炎。断脐不要结扎，以自然干燥脱落为好。

犊牛的定时哺乳管理

（二）及早哺食初乳

初乳是指母牛分娩后7日龄内分泌的乳汁。初乳的营养丰富，尤其是蛋白质、矿物质和维生素 A 的含量比常乳高。在蛋白质中含有大量的免疫球蛋白，对增强犊牛的抗病力具有重要作用。初乳中镁盐较多，有助于犊牛排出胎粪。初乳中还含有溶菌酶，具有杀灭各种病菌功能，同时初乳进入犊牛胃肠后，具有代替胃肠壁黏膜作用，可阻止细菌进入血液。初乳可促进胃肠机能的早期活动，分泌大量的消化酶。从犊牛本身来讲，初生犊牛胃肠道对母体原型抗体的通透性在生后很快开始下降，约在18小时就几乎丧失殆尽。在此期间如不能吃到足够的初乳，对犊牛的健康就会造成严重的威胁。犊牛出生后应在 0.5~2.0 小时内吃上初乳，方法是在犊牛能够自行站立时，让其接近母牛后躯，采食母乳。对个别体弱的犊牛可采取人工辅助，挤几滴母乳于洁净手指上，让犊牛吸吮其手指，而后引导到乳头助其吮奶。为保证犊牛哺乳充分，应给予母牛充分的营养。

犊牛哺食初乳

太行云牛多采用自然哺乳的方式。自然哺乳即犊牛随母吮乳。一般是在母牛分娩后，犊牛直接哺食母乳，同时进行必要的补饲。太行云牛泌乳性能相对较高，一般在生后3个月以内，母牛的泌乳量基本可满足犊牛生长发育的营养需要。而试行犊牛早期断奶，就必须及早补喂一些非乳日粮，以尽早适应断奶后的日粮。自然哺乳时应注意观察犊牛哺乳时的表现，当犊牛哺乳频繁地顶撞母牛乳房，而吞咽次数不多，说明母牛奶量减少，犊牛吃不饱，要加大补饲量。

（三）及早补饲草料

犊牛的消化与成年牛显著不同，初生时只有皱胃中的凝乳酶参与消化过程，胃蛋白酶作用很弱，也无微生物存在。到3~4月龄时，瘤胃内纤毛虫区系才完全建立。大约2月龄时开始反刍。传统的肉用犊牛的哺乳期一般为6个月。而最近研究证明，早期断奶可以显著缩短母牛的产后发情的间隔时间，使母牛早发情、早配种、早产犊，缩短产犊间隔，提高母牛的终生产犊量和降低生产成本。实行犊牛早期断奶，及早补饲至关重要。早期喂给优质干草和精料，促进瘤胃微生物的繁殖，可促使瘤胃的迅速发育以及消化机能的及早形成。

从1周龄开始，在犊牛栏的草架内添入优质干草（如豆科青干草等），训练犊牛自由采食，以促进瘤网胃发育。

青绿多汁饲料如胡萝卜、甜菜等，在20日龄时开始补喂，以促进消化器官的发育。每天先喂20克，逐渐增加补喂量，到2月龄时可增加到1~1.5千克，3月龄为2~3千克。

青贮料可在2月龄开始饲喂，每天100~150克，3月龄时1.5~2.0千克，4~6月龄时4~5千克。应保证青贮料品质优良，防止用酸败、变质及冰冻青贮料喂犊牛，以免下痢。

生后 10~15 天开始训练犊牛采食精料，初喂时可将少许牛奶洒在精料上，或与调味品一起做成粥状，或制成糖化料，涂擦犊牛口鼻，诱其舔食。开始时日喂犊牛颗粒料或干粉料 10~20 克，到 1 月龄时，每天可采食 150~300 克，2 月龄时可日采食到 500~700 克，3 月龄时可日采食到 750~1 000 克，犊牛料的营养成分对犊牛生长发育非常重要，可结合本地条件，确定配方和喂量。常用的犊牛料配方举例如下。

配方一：玉米 30%、燕麦 20%、小麦麸 10%、豆饼 20%、亚麻籽饼 10%、酵母粉 7%、维生素和矿物质 3%。

配方二：玉米 50%、豆饼 30%、小麦麸 12%、酵母粉 5%、碳酸钙 1%、食盐 1%、磷酸氢钙 1%（对于 90 日龄前的犊牛每吨料内加入 50 克多种维生素）。

配方三：玉米 50%、小麦麸 15%、豆饼 15%、棉粕 13%、酵母粉 3%、磷酸氢钙 2%、食盐 1%，微量元素、维生素、氨基酸复合添加剂 1%。

（四）犊牛的管理

犊牛管理必须做到"三勤""三净"和"四看"。

犊牛戴耳标

1. 犊牛管理要做到"三勤"

犊牛的管理要做到"三勤"，即勤打扫，勤换垫草，勤观察。并做到三观察，即哺乳时观察食欲、运动时观察精神、清理粪便时观察粪便。健康犊牛一般表现为机灵、眼睛明亮，耳朵竖立、被毛闪光，否则就有生病的可能。特别是患肠炎的犊牛常常表现为眼睛下陷、耳朵垂下、皮肤包紧、腹部卷缩、后躯粪便污染；患肺炎的犊牛常表现为耳朵垂下、伸颈张口、眼中有异样分泌物。其次注意观察粪便的颜色和黏稠度及肛门周围和后躯有无脱毛现象，脱毛可能是营养失调而导致腹泻。另外还应观察脐带，如果脐带发热肿胀，可能患有急性脐带感染，还可能引起败血症。

2. 犊牛管理要做到"三净"

犊牛管理的"三净"即饲料净、畜体净和工具净。

① 饲料净：是指牛饲料不能有发霉变质和冻结冰块现象，不能含有铁丝、铁钉、牛毛、粪便等杂质。商品配合料超过保存期禁用，自制混合料要现喂现配。夏天气温高时，饲料拌水后放置时间不宜过长。

② 畜体净：就是保证犊牛不被污泥浊水和粪便等污染，减少疾病发生。坚持每天 1~2 次刷拭牛体，促进牛体健康和皮肤发育，减少体内外寄生虫病。刷拭时可用软毛刷，必要时辅以硬质刷子，但用劲宜轻，以免损伤皮肤。冬天牛床和运动场上要铺放麦秸、稻（麦）壳或锯末等褥草垫物。夏季运动场宜干燥、遮荫，并且通风良好。

③ 工具净：是指饲喂犊牛的工具要讲究卫生。如果用具脏，极易引起犊牛下痢、消化不良、臌气等病症。所以每次用完的器具、补料槽、饮水槽等一定要洗刷干净，保持清洁。

3. 犊牛补料要做到"四看"

① 看食槽：牛犊没吃净食槽内的饲料就抬头慢慢走开，说明喂料量过多；如食槽底和壁上只留下像地图一样的料渣舔迹，说明喂料量适中；如果槽内被舔得干干净净，说明喂料量不足。

② 看粪便：牛犊排粪量日渐增多，粪条比吃纯奶时质粗稍稠，说明喂料量正常。随着喂料量的增加，牛犊排粪时间形成新的规律，多在每天早、晚两次喂料前排便。粪块呈无数团块融在一起的叠痕，像成年牛牛粪一样油光发亮但发软。如果牛犊排出的粪便形状如粥样，说明喂料过量，如果牛犊排出的粪便像泔水一样稀，并且臀部粘有湿粪，说明喂料量太大，或料水太凉。要及时调整，确保犊牛代谢正常。

③ 看食相：牛犊对固定的喂食时间 10 多天就可形成条件反射，每天一到喂食时间，牛犊就跑过来寻食，说明喂食正常。如果牛犊吃净食料后，向饲养员徘徊张望，不肯离去，说明喂料不足。喂料时，牛犊不愿到槽前来，饲养员呼唤也不理会，说明上次喂料过多，或有其他问题。

④ 看肚腹：喂食时如果牛犊腹陷很明显，不肯到槽前吃食，说明牛犊可能受凉感冒，或患了伤食症。如果牛犊腹陷很明显，食欲反应也强烈，但到食槽前只是闻闻，一会儿就走开，这说明饲料变换太大不适口，或料水温度过高过低。如果牛犊肚腹膨大，不吃食说明上次吃食过量，可停喂一次或限制采食量。

4. 早期断奶

肉牛业上实行早期断奶主要是为了缩短母牛产后发情间隔时间的需要。据李英等报道，犊牛产后 50~60 天强行断奶，母牛的产后发情时间平均为（69±7）天，比犊牛未早期断奶的哺乳母牛产后发情时间（98±24.6）天提前了 29 天。可见，对犊牛实行早期断奶是缩短母牛产后发情间隔时间简便而有效的手段。太行云牛生产中试行 100 天断奶，效果良好。

自然哺乳的母牛在断奶前 1 周即停喂精料，只给粗料和干草等，使其泌乳量减少。然后把母、犊分离到各自牛舍，不再哺乳。断奶第 1 周，母、犊可能互相呼叫，应进行分舍饲养管理或拴系饲养，避免互相接触。

5. 犊牛的一般管理

（1）防止舐癖　犊牛与母牛要分栏饲养，定时放出哺乳。犊牛最好单栏饲养，周龄后就在犊牛栏内放置优质青干草，让其自由咀嚼，预防舐癖的形成。对于已形成舐癖的犊牛，可在鼻梁前套一小木板或皮片来纠正。犊牛要有适度的运动，随母牛在牛舍附近牧场放牧，放牧时适当放慢行进速度，保证休息时间。

（2）做好定期消毒　冬季每月至少进行一次消毒，夏季每 10 天一次，用苛性钠、石灰水或来苏儿对地面、墙壁、栏杆、饲槽、草架全面彻底消毒。

（3）称重、编号和体尺测量　称重应按育种和实际生产的需要进行，一般在初生、6 月龄、周岁、第一次配种前应予以称重。在犊牛称重的同时，进行编号，体尺测量、注册登记，戴上耳标。

犊牛体尺测量

（4）调教　对犊牛从小调教，使之养成温顺的性格，无论对于育种工作，还是成年后的饲养管理与利用都很有利。对牛进行调教，首先要求管理人员要以温和的态度对待牛，经常抚摸牛，刷拭牛体，测量体温、脉搏，日子久了，就能养成犊牛温顺的性格。

（5）去角　为了方便管理，一般在生后的 5~7 天内进行去角。去角有两种方法。一是固体苛性钠法，二是电烙法。电烙器去角，便于操作，即将专用电烙器加热到一定温度后，牢牢地按压在角基部，直到其角周围下部组织为古铜色为止。一般烫烙时间 15~20 秒。烙烫后涂以青霉素软膏即可。

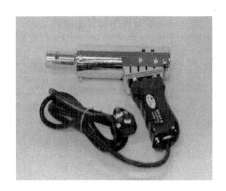

犊牛电烙去角器

（6）去势　如果是专门生产小白牛肉，公犊牛在没有出现性特征之前就可以达到市场收购体重。因此，就不需要对牛进行阉割。进行成牛育肥生产，一般小公牛 3~4 月龄去势。阉牛生长速度比公牛慢 15%~20%，而脂肪沉积增加，肉质量得到改善，适于生产高档牛肉。阉割的方法可采用手术法、去势钳、锤砸法和注射法等。

公犊牛去势后，性情温顺，便于管理，然生长速度明显低于公牛，生产中应根据实际需要进行。

六、后备母牛的饲养管理

母犊牛从出生到第一次产犊前统称为后备母牛。后备牛包括犊牛、育成牛和初孕青年牛，也可把后备牛分为犊牛和育成牛。育成牛又分为育成前期牛和育成后期牛，育成后期牛又称青年牛，即妊娠育成牛。

牛源紧张是肉牛产业发展的瓶颈之一，原因是生产中不重视能繁母牛的培育，造成能繁母牛数量少。要保证优质能繁母牛的数量，必须重视后备母牛的培育及其饲养管理。

后备母牛的选定一般在犊牛断奶后，选择生长发育良好、体质结实的母犊牛留作繁殖母牛培育。

1. 后备母牛的饲养

后备母牛的消化机能基本健全，可以大量利用山坡草地的牧草或农业生产的农作物秸秆等农副产品作为基本日粮，以节约培育成本，增加经济效益。然而后备母牛也需要一定的生长速度。在适配月龄时体重应达到成年体重的 70%，太行云牛为 300~350 千克。通常 15~18 月龄进入配种妊娠阶段，以此计算，育成阶段应保持日增重 0.6 千克以上。

后备母牛的每日营养需要量参照肉牛饲养标准（NY/T 815—2004），见表 3-1。

表 3-1　后备母牛每日的营养需要

体重 （千克）	日增重 （千克）	日粮 干物质 （千克）	粗蛋白 （克）	维持需要 （兆焦）	增重净能 （兆焦）	钙 （克）	磷 （克）	胡萝卜素 （毫克）
150	0	2.66	236	13.80	0.00	5	5	18.5
	0.6	3.91	507		3.03	22	11	22.0
	0.8	4.33	589		4.36	28	12	23.5
200	0	3.30	293	17.12	0.00	7	7	21.5
	0.6	4.66	555		4.04	22	12	26.5
	0.8	5.12	631		5.82	28	14	30.0
250	0	3.90	346	20.24	0.00	8	8	24.5
	0.6	5.37	599		5.05	23	13	31.5
	0.8	5.87	672		7.27	28	15	37.5
300	0	4.46	397	23.21	0.00	10	10	36.0
	0.4	5.53	565		3.77	18	13	34.5
	0.8	6.58	715		8.72	28	16	42.0
350	0	5.02	445	26.06	0.00	12	12	30.5
	0.4	6.15	607		4.39	19	14	37.0
	0.6	6.72	683		7.07	23	16	43.5
400	0	5.55	492	28.80	0.00	13	13	33.0
	0.4	6.76	651		5.02	20	16	38.0
	0.6	7.36	727		8.08	24	17	46.0

放牧后备母牛的饲养，在良好的草场上放牧，可完全满足后备牛的营养需要，后备牛可分群采取围栏放牧。而在牧草稀疏的草场放牧时，要根据放牧地牧草的质量和丰盛度，做好草料的补喂工作。必要时进行精料补充料的补饲。精料补充料的配制要根据后备母牛的营养需要和饲料原料的营养成分来进行。后备母牛精料补充料的参考配方列于表 3-2。后备母牛精料补充料的供给量参照表 3-3。

表 3-2　后备母牛的精料补充料参考配方　　　　　　　　　　　单位:%

玉米	饼粕	麸皮	石粉	食盐	微量元素 预混料	维生素 预混料	适用范围
71	15	15	1	2	0.5	0.5	放牧青草、野青草、氨化秸秆等
65	20	10	1.5	1.5	1	1	青贮日粮
60	25	10	1.5	1.5	1	1	放牧枯草，玉米秸等日粮

表3-3　后备母牛的精料补充料日补饲量　　　　　　单位：千克

饲养条件		日补饲量
放牧	春末夏初，放牧前期，牧草营养价值较低	0.5
	夏秋季放牧，牧草营养价值较高	0
	枯草季节	1
舍饲	粗料为青草或玉米整株青贮	0
	粗料为青贮饲料	0.5
	粗料为氨化秸秆、黄贮、玉米秸	1.0
	粗料为麦秸、稻草	1.5

后备牛瘤胃发育迅速。随着年龄的增长，瘤胃功能日趋完善，12月龄左右接近成年水平，正确的饲养方法有助于瘤胃功能的完善。此阶段是牛的骨骼、肌肉发育最快时期，体型变化大。6~9月龄时，卵巢上出现成熟卵泡，开始发情排卵，一般在15~18月龄进行配种。

为了增加消化器官的容量，促进其充分发育，后备母牛的饲料应以粗饲料和青贮料为主，精料只做蛋白质、钙、磷等的补充。

2. 后备母牛的管理

（1）分群　后备牛断奶后根据年龄、体重情况进行分群。组群中年龄和体格大小应该相近，月龄差异一般不应超过2个月，体重差异不大于30千克。

（2）穿鼻　犊牛断奶后，为便于生产中的管理，在7~12月龄时根据需要适时进行穿鼻，并带上鼻环。鼻环应以不易生锈且坚固耐用的金属制成，穿鼻时应胆大心细，先将一长40~50厘米的细钢筋一端磨尖，将牛保定好，一只手的两个手指摸在鼻中隔的最薄处，另一只手持铁丝用力穿透即可。

（3）加强运动　在舍饲条件下，青年牛每天应至少有5小时以上的运动。母牛一般采取自由运动；在放牧的条件下，运动时间一般足够。加强后备牛的户外运动，可使其体壮胸阔，心肺发达，食欲旺盛。如果精料过多而运动不足，容易发胖，导致体短肉厚个子小，早熟早衰，利用年限短。

（4）刷拭和调教　为了保持牛体清洁，促进皮肤代谢和养成温顺的气质，后备母牛每天应刷拭1~2次，每次5~10分钟，对后备母牛性情的培育是非常有益的。

（5）制定生长计划　根据肉牛不同品种和年龄的生长发育特点及饲草、饲料供应状况，确定不同日龄的日增重幅度，制订出生长计划，使其在适配月龄时体重达到其成年体重的70%左右。

（6）青年母牛的初次配种　青年母牛何时初次配种，应根据母牛的年龄和

后备牛的补饲管理

发育情况而定。太行云牛一般在15月龄后开始初配。

(7) 放牧管理　采用放牧饲养时,要严格把公牛分出单放,以避免偷配而影响牛群质量。对周岁内的小牛宜近牧或放牧于较好的草地上。冬、春季应采用舍饲。

第四章 太行云牛繁殖技术

太行云牛的繁殖是其种群不断繁衍壮大的基础。繁殖与生产效益密切相关，提高太行云牛的繁殖产犊率，提供较多的后备牛和育肥牛，是产业得以延续，不断壮大，生产更多优质牛肉的基本保障。

第一节 太行云牛生殖器官的构成与功能

一、生殖器官的解剖结构

了解和掌握母牛生殖器官的解剖结构特征对于太行云牛的发情鉴定、妊娠诊断和科学助产十分必要。母牛生殖器官包括：卵巢、输卵管、子宫、阴道、尿生殖道前庭和阴门等。

二、母牛生殖器官的构成与功能

母牛生殖器官包括卵巢、生殖道（包括输卵管、子宫、阴道，前两者称内生殖器官）、尿生殖前庭、阴唇、阴蒂（后三者称外生殖器官）。

（一）卵巢

卵巢的作用是产生卵子和分泌激素，称内分泌作用。

1. 卵巢的形态

卵巢的形状、大小及解剖组织结构随年龄、发情周期和妊娠而变化。成年母牛在未怀孕的情况下，卵巢为扁椭圆形，左、右各一，附着在卵巢系膜上，经输卵管与子宫相连。在附着缘上有卵巢门，血管、神经即由此出入。卵巢平均长2~3厘米，宽1.5~2厘米，厚为1.0~1.5厘米。由于生殖周期的不同，卵巢的体积有很大的变化。发情时卵巢上出现卵泡，间情期卵巢上存在周期黄体，卵泡和黄体的存在都会使卵巢体积明显增大。太行云牛的卵巢一般要比黄牛的卵巢略大，超数排卵处理的母牛，卵巢体积变得很大，有时可达到5.0厘米×4.0厘米×3.0厘米。

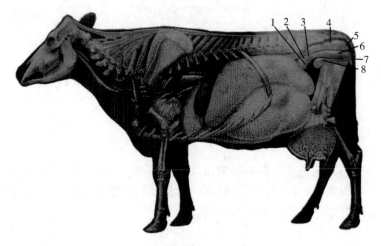

母牛生殖器官解剖结构

1. 卵巢；2. 输卵管；3. 子宫；4. 直肠；5. 肛门；6. 阴道；7. 阴门；
8. 膀胱

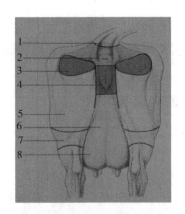

母牛生殖器官结构位置示意图

1. 尾；2. 肛门；3. 坐骨结节；4. 阴门；5. 股部；6. 乳房上部；7. 腘部；8. 乳房下部
（引自陈耀星，刘为民主译．家畜兽医解剖学教程与彩色图谱）

母牛子宫角尖端一般位于子宫外侧。卵巢由卵巢系膜悬在腹腔后部靠近体壁处。初产牛及经产胎次少的母牛，卵巢均在耻骨前缘的前下方，有时甚至在骨盆腔内，但胎次较多的母牛，卵巢的位置可向前下方腹腔深部移动。卵巢一般呈游离状态，如果和腹壁粘连，或同输卵管等组织粘连，则是由于炎症所造成的后果。

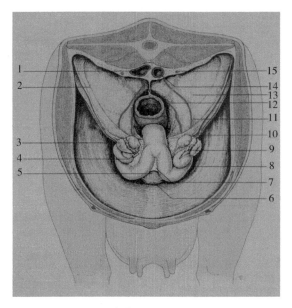

母牛盆腔生殖器官

1. 后腔静脉；2. 子宫阔韧带前缘；3. 输卵管伞；4. 卵巢韧带；5. 膀胱体；6. 膀胱顶；7. 子宫角间韧带；8. 子宫角；9. 输卵管；10. 卵巢；11. 卵巢动脉；12. 子宫动脉；13. 子宫阔韧带；14. 腹主动脉；15. 输尿管

（引自陈耀星，刘为民主译. 家畜兽医解剖学教程与彩色图谱）

卵巢的组织结构分皮质和髓质两部分，外周为皮质部，中间为髓质部。整个卵巢由结缔组织构成基质，这种结缔组织在皮质的外面形成一层膜，称白膜。白膜外面盖有一层生殖上皮，是生殖细胞发生的部位。皮质部内有发育到不同阶段的卵泡，卵子便在卵泡中发育。髓质部内有大量血管、淋巴管和神经。卵巢门部位只有髓质，没有白膜和皮质。

2. 卵巢的机能

（1）卵泡的发育与排卵　卵巢的皮质部有许多原始卵泡，原始卵泡由一个卵原细胞和周围一单层卵泡细胞构成。随卵泡的发育，卵原细胞经过初级、次级卵母细胞最后成熟排出卵子。排卵后卵泡腔皱缩，腔内形成凝血块称为血红体，以后随色素的增加形成黄体。不能发育成熟而退化的卵泡萎缩成闭锁卵泡，卵母细胞和卵泡细胞萎缩，卵泡液被吸收，最终失去卵泡的结构。

（2）分泌激素　卵泡的内膜和外膜细胞能合成雌激素，排卵后形成的黄体，由颗粒黄体细胞和内膜黄体细胞组成，这两种细胞都能分泌孕激素。

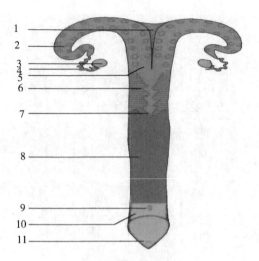

母牛生殖器官示意图

1. 子宫角间韧带；2. 子宫角与子宫肉阜；3. 卵巢；4. 输卵管；5. 子宫体；6. 子宫颈；

7. 子宫颈外口；8. 阴道；9. 尿道外口；10. 阴道前庭；11. 阴门

（引自陈耀星，刘为民主译．家畜兽医解剖学教程与彩色图谱）

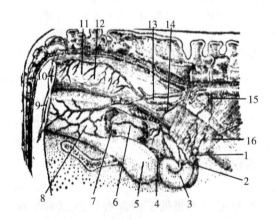

母牛生殖器官位置关系（右侧）

1. 卵巢；2. 输卵管；3. 子宫角；4. 子宫体；5. 膀胱；6. 子宫颈管；7. 子宫颈阴道部；

8. 阴道；9. 阴门；10. 肛门；11. 直肠；12. 荐中动脉；13. 尿生殖动脉；14. 子宫动脉；

15. 卵巢动脉；16. 子宫阔韧带

（二）输卵管

1. 输卵管的形态

输卵管是连接卵巢和子宫的一条弯曲管道，长20~30厘米。它是卵子排出以后进入子宫的通道。靠近卵巢的一端，呈喇叭口状，称输卵管伞。其边缘有很多不规则的突起和皱襞，好像包在卵巢外面，可以保证从卵巢排出来的卵子进入输卵管内。输卵管靠近子宫的外端，与子宫角尖端连接并相通。输卵管靠近卵巢的一端较粗，称壶腹部；靠近子宫角尖的一端较细，称峡部。输卵管的管壁由黏膜、肌层和浆膜组成。黏膜表面盖有一层柱状上皮细胞，一部分上皮细胞有纤毛。在发情时，上皮细胞分泌黏液的作用增强，纤毛运动加快。输卵管组织中间的一层为肌层，主要由环形肌组成。环形肌的运动、纤毛运动、黏液的分泌为配子的运行、受精作用的完成、受精卵向子宫内的转移创造了有利条件。输卵管也是精子和卵子结合的部位。精子从子宫上行，卵子从伞部下行，在输卵管靠近卵巢一侧（上1/3处）完成受精作用。受精卵在输卵管中一边发育，一边向子宫中转移，最后在子宫内发育成胎儿。

2. 输卵管的机能

（1）输送卵子和精子　借助输卵管纤毛的摆动，管壁的蠕动、黏膜和输卵管系膜的收缩，引起液体的流动，将卵巢排出的卵子，经过伞向壶腹部运送，将精子反向由峡部向壶腹部运送。

（2）精子获能　经子宫进入输卵管的精子到达输卵管壶腹部时，完成了获能，可与卵子发生受精。

（3）受精及受精卵的分裂　输卵管壶腹部为受精部位。受精后的受精卵在输卵管内卵裂并向峡部和子宫方向运行。

（4）分泌机能　输卵管分泌物是精子、卵子和受精卵的培养液，含有丰富的多糖和黏蛋白等营养成分。

（三）子宫

母牛的子宫是孕育胎儿的场所。包括子宫角、子宫体、子宫颈3部分。位于骨盆腔内，经产母牛子宫角往往垂入腹腔。子宫角先向前下方弯曲，后转向后上方，两个子宫角基部汇合在一起形成子宫体，子宫体后方为子宫颈。

1. 子宫的形态

母牛的子宫角长20~40厘米，角基部粗1.5~3厘米。子宫角存在两个弯曲，即大弯和小弯。大弯凸向前上方，距子宫体较近；小弯转向后上方，供子宫阔韧带附着。两个子宫角汇合的部位，有一个明显的纵沟状的缝隙，称角间沟。在子宫黏膜上有突出于表面的子宫肉阜，在没怀孕时很小，怀孕后便增大呈海绵状，形成母体胎盘，称子叶。

妊娠子宫由于在子宫壁中含有大量的血液和浆液，子宫的面积和厚度增加，因而子宫的总重量大大增加。与未妊娠的子宫相比，妊娠子宫的总重量可由500~600克增加到7千克。

母牛子宫颈长 5~10 厘米，粗 3~4 厘米。这是一个由肌肉壁形成的管道，比较坚硬，在不发情时封闭很紧，发情时稍有松弛。子宫颈阴道部突出于阴道内约 2 厘米，黏膜上有放射状皱褶，称子宫颈外口。子宫颈内有一个由子宫通往阴道的管道，称子宫颈管，它是子宫的门户，是精子进入子宫和胎儿产出的通道。在子宫颈管内，有 2~5 个横向的新月形皱褶，彼此嵌合，使子宫颈管成螺旋状。在子宫颈管靠近子宫的一端，有一段发达的括约肌，使子宫颈管关闭较紧，称子宫颈内口。

2. 子宫的机能

(1) 运送精液　发情配种后子宫肌纤维通过节律性收缩，起到运送精液的作用，保证有一定数量的精子达到输卵管。

(2) 分泌子宫液　子宫内膜的分泌和渗出物，为精子获能提供营养和环境，为受精卵和早期胚胎发育提供营养。

(3) 提供胎儿发育的场所　妊娠后的子宫内膜形成母体胎盘与胎儿胎盘的结合，为母体通过胎盘源源不断地向胎儿转送营养，保证胎儿的发育。

(4) 筛选精子　子宫颈黏膜的分泌细胞分泌黏液，将部分精子倒入子宫颈黏膜隐窝内，达到滤剔缺损和不活动精子的作用，是防止过多精子进入受精部位的第一个栏筛。

(5) 子宫的门户　在不同生理状态下，执行启闭作用。子宫颈在发情时开张，以利精子进入，同时宫颈分泌大量黏液，是交配的润滑剂。在不发情时，子宫颈关闭，可防止细菌、异物侵入子宫。妊娠后分泌黏稠分泌物，堵塞子宫颈管，防止感染物侵入，保证胎儿的安全发育。临近分娩时，子宫颈管扩张，可使胎儿通过。

(6) 帮助胎儿排出　分娩时，子宫强烈收缩，促使胎儿娩出。

(7) 影响卵巢机能　子宫分泌前列腺素（PG_{F2a}），对卵巢黄体起溶解作用，以致黄体分泌孕酮减少，垂体分泌促性腺激素增加，引起卵泡发育，导致发情。

子宫颈后端与阴道相通。

（四）阴道、尿生殖前庭及阴唇

1. 阴道

阴道的背侧为直肠，腹侧是膀胱和尿道，阴道腔为一扁平的缝隙，长 22~28 厘米，是母牛的交配器官，又是胎儿娩出的产道，也是子宫颈、子宫黏膜和输卵管分泌物的排泄管道。它前端腔隙扩大，在子宫颈阴道部周围形成阴道穹窿；后端止于与尿生殖前庭分界处，即阴瓣（亦称处女膜），分娩过的母牛阴瓣只留下一点残迹，只见到较矮的横行褶。阴道是个肌性管道，伸缩性很大，分娩时阴道扩大，便于胎儿产出。

2. 尿生殖前庭

尿生殖前庭是从阴瓣到阴门裂的短管，前高后低稍微倾斜，与阴道交界为阴瓣，其后为尿道口，长约 10 厘米。在前庭两侧壁黏膜下层有前庭小腺开口，背侧有前庭大腺开口，发情时分泌液增多。牛的尿生殖前庭腹侧有一黏膜形成的盲囊成为阴道下憩室。前庭大腺开口于侧壁小盲囊，前庭小腺开口于腹侧正中沟中。

3. 阴唇

阴唇为母牛生殖道的最末端部分，构成阴门的两侧壁，其上下端为阴唇的上下角，两阴唇间的开口为阴门裂。阴唇的外面是皮肤，内为黏膜。

尿生殖前庭、阴唇、阴蒂统称为外生殖器。尿生殖前庭是由阴瓣到阴门的部分，在腹侧壁阴瓣后方有尿道开口。在向阴道内插管、伸进手臂或插开膣器时，其方向要向前上方，否则插管会误入尿道。阴唇在母牛生殖道末端，由两片组成，上下联合在一起，中间形成一个缝，称阴门裂。阴蒂也叫阴核，位于阴门下角的阴蒂窝内。阴蒂黏膜有丰富的感觉神经末梢，因而非常敏感。它在母牛的自然交配活动中具有生理意义。

第二节　生殖激素与繁殖调控

激素是动物体内的化学信使，激素的主要作用是调节体内各种物质的代谢过程以及与代谢密切相关的生长、发育、生殖等基本的生理过程。其中调节生殖过程的激素，称为生殖激素。

一、生殖激素

生殖激素即是那些直接作用于生殖活动，并以调节生殖过程为主要生理功能的激素，其作用是调节母畜的发情、排卵、生殖细胞在生殖道内的运行、胚胎附植、怀孕、分娩、泌乳、副性腺分泌等生殖环节的某一方面，并与第二性征具有密切关系。这些激素包括：丘脑下部的释放激素（RH）；垂体前叶促性腺激素及促乳素（Pr）或促黄体分泌素（LTH），垂体后叶的催产素；母畜卵巢（以及胎盘或其他组织）所产生的雌激素、孕酮、松弛素、子宫内膜产生的前列腺素；马胎盘产生的孕马血清促性腺激素（PMSG）以及公畜睾丸产生的雄激素等。实际上，在哺乳类动物中，几乎所有的激素在一定程度上都与生殖活动有关，有的直接影响某些生殖生理活动，有的则是间接地维持整体的正常生理状态而保证正常繁殖机能。

根据生殖激素产生的部位、化学性质和对靶组织引起的反应，可将其分为促性腺激素释放激素、促性腺激素和性激素三大类。

1. 促性腺激素释放激素

促性腺激素释放激素（GnRH）是下丘脑神经细胞分泌的使垂体前叶释放 Gn 的激素。与生殖有关的有促卵泡素释放激素（FSH-RH，能使促卵泡素释出）和促黄体素释放激素（LH-RH，能使促黄体素释出）。

2. 促性腺激素

促性腺激素（Gn）分两类：垂体促性腺激素（垂体 Gn）和胎盘促性腺激素（胎盘 Gn）。

（1）垂体 Gn　是由垂体前叶嗜碱细胞产生的包括促卵泡激素（FSH）、促黄体激素（LH）及促黄体分泌素（LTH）。

LH 协同 FSH 发生作用，促进卵泡的生长成熟，使卵泡内鞘产生雌激素，并在与 FSH 达到一定比例时，导致排卵，对排卵起着主要作用。排卵之后，LH 使粒膜形成黄体，产生孕酮。

LTH 又称促乳素。它是由垂体前叶嗜酸细胞中的嗜卡红细胞分泌的。主要作用是刺激和维持黄体分泌孕酮，可能是由于提供了孕酮合成的原料；刺激阴道分泌黏液，并能使子宫颈松弛，排出子宫的分泌物；刺激乳腺发育，促进乳腺泌乳；在雄性，可能具有维持睾酮分泌的作用。

（2）胎盘 Gn　是由胎盘产生的，主要有两种：孕马血清促性腺激素（PMSG）和人绒毛膜促性腺激素（HCG）。

① PMSG，是母马在怀孕后 40~120 天，子宫内膜杯产生的一种促性腺激素。出现于血液中（以怀孕 60 天左右的血液含量最高）称为孕马血清促性腺激素或孕马血清（PMS）。其作用类似于马的垂体 FSH 和 LH。但主要类似于 FSH，LH 的作用很小。

② HCG，又称绒膜激素或普罗兰，是由早期孕妇绒毛膜滋养层的合胞体细胞所产生，由尿中排出。在胚胎附植的第一天（受孕第 8 天）即开始分泌 HCG，孕妇尿中的含量在怀孕 45 天时升高，到怀孕 60~70 天时达最高峰，121~122 天降到最低。其化学结构及生理特性均与 LH 类似，FSH 的作用很小。

3. 性腺激素

性腺激素有雌激素、孕激素和雄激素。

（1）雌激素　在母畜的产生部位主要是卵泡鞘内层及胎盘，卵巢的间质细胞也可产生。此外，肾上腺皮质以及黄体均能产生雌激素。主要的雌激素如雌二醇，人工合成的有己烯雌酚、苯甲酸雌二醇和戊酸雌二醇等。雌激素在生殖方面的主要作用如下。

① 刺激并维持母畜生殖道的发育。发情时，在雌激素增多的情况下，可以

使生殖道充血，黏膜层增厚，上皮增高或增生，子宫管状腺长度增加。分泌增多，肌肉层肥厚，蠕动增强，子宫颈松软，阴道上皮增生。

② 刺激性中枢，使母畜发生性欲及性兴奋。

③ 雌激素减少到一定量时，可以借正反馈作用，通过丘脑下部或垂体前叶，导致释放 FSH，FSH 与 LH 共同刺激卵泡发育。排卵前，雌激素大为增多，则反过来作用于丘脑下部或垂体前叶抑制 FSH 的分泌（负反馈），并在少量孕酮的协助下，促进 LH 释放，从而导致排卵。

④ 刺激垂体前叶分泌促乳素。

⑤ 使母畜发生并维持第二性特征。

⑥ 刺激乳腺管道系统的生长，与孕酮共同刺激并维持乳腺的发育。

（2）孕激素　包括孕酮、黄体酮、助孕素。主要是黄体及胎盘产生的，其主要作用如下。

① 协同雌激素，使生殖道发育得更充分。

② 在雌激素作用后，孕酮维持子宫黏膜上皮的增长，刺激并维持子宫腺的增长及分泌，孕酮还能使子宫颈收缩，抑制子宫肌的蠕动。这些都给胚胎附着及发育创造了有利条件，所以孕酮是维持怀孕所必需的激素。

③ 孕酮能够抑制 FSH 及 LH 的分泌，同时能抑制中枢，使母畜不表现发情。而且在少量孕酮的协助下，中枢神经才能接受雌激素的刺激，母畜才能发生性欲及性兴奋，否则卵巢中虽有卵泡排卵，但无发情的外表现象（安静发情）。

④ 在雌激素刺激乳腺腺管发育的基础上，孕酮刺激乳腺腺泡系统与雌激素共同刺激和维持乳腺的发育。

⑤ 大量孕酮可以对抗雌激素，从而抑制发情活动；少量孕酮却与雌激素有协同作用，促进发情表现。

4. 垂体后叶素

垂体后叶素是由脑下垂体后叶生成并释放的激素，包括催产素和血管加压素（抗利尿素）两种。催产素的主要作用如下。

① 刺激输卵管平滑肌收缩，因此对精子和卵子的运送是重要的。

② 能使子宫发生强烈收缩以排出胎儿。

③ 刺激乳腺腺泡的肌上皮细胞收缩，使乳汁从腺泡中通过腺管进入乳池，发生放乳。

④ 使乳腺大导管平滑肌松弛，在乳汁蓄积时能够扩张。

5. 前列腺素

前列腺素（PGs）是一类有生物活性的长链不饱和羟基脂肪酸。前列腺素对生殖系统的主要作用如下。

① 溶解黄体。

溶解黄体作用 F 型优于 E 型。对其机理有两种解释：一是直接作用于黄体，抑制孕酮合成；二是收缩血管平滑肌，显著降低子宫卵巢的血流，导致卵巢局部相对缺血，从而使合成孕酮所需要的原料供应减少，终止或抑制孕酮的合成。

② 影响排卵。

③ 影响输卵管、子宫平滑肌的收缩。

④ 促进睾酮的分泌。

⑤ 影响其他生殖激素。

二、生殖激素的种类、来源

生殖激素的种类、来源与主要作用列于表 4-1。

表 4-1　生殖激素的种类、来源与主要功能

种类		名称	缩写	来源	主要作用	化学结构
神经激素		促性腺激素释放激素	GnRH	丘脑下部	促进垂体前叶释放 LH、FSH	十肽
		促乳素释放因子	PRF	丘脑下部	促进垂体前叶释放 PRL	多肽
		促乳素抑制因子	PIF	丘脑下部	抑制垂体前叶释放 PRL	多肽
		促甲状腺素释放激素	TRH	丘脑下部	促进垂体前叶释放 TSH、PRL	三肽
		催产素	OXT	丘脑下部合成垂体后叶释放	促进子宫收缩、排乳	九肽
		松果腺激素		松果腺	抑制性腺发育，将光照刺激转为内分泌信息	色胺或多肽
促性腺素	垂体促性腺素	促卵泡素	FSH	垂体前叶	促进卵泡发育成熟	糖蛋白
		促黄体素	LH	垂体前叶	促卵泡排卵、形成黄体、促孕酮分泌	糖蛋白
		促乳素	PRL	垂体前叶	刺激乳腺发育及泌乳促黄体分泌孕酮	蛋白质
	胎盘促性腺激素	（人）绒毛膜促性腺激素	HCG	灵长类胎盘绒毛膜	以 LH 作用为主	糖蛋白
		孕马血清促性腺激素	PMSG	马胎盘	以 FSH 作用为主	糖蛋白

（续表）

种类	名称	缩写	来源	主要作用	化学结构
性腺激素	雌激素（雌二醇为主）		卵巢、胎盘	促进发情、维持第二性征。促进生殖管道发育、增强子宫收缩力	类固醇
	孕激素（孕酮为主）		黄体、胎盘	与雌激素协同调节发情、抑制子宫收缩、维持妊娠、促进子宫腺体及乳腺泡发育	类固醇
	雄激素（睾酮为主）		睾丸间质细胞	维持雄性第二性征及性欲，促进副性器官发育及精子的发生	类固醇
	松弛素		卵巢、胎盘	分娩时使子宫颈、耻骨联合、骨盆韧带松弛	多肽
	抑制素		睾丸、卵巢	参与性别分化、抑制 FSH、LH 分泌及作用等	糖蛋白
其他	前列腺素	PG_S	分布广泛、以精液中最多	溶解黄体、促进子宫平滑肌收缩等作用	不饱和脂肪酸

三、母牛生殖的激素调节

母牛的生殖生理特点是生殖活动有明显的周期性，卵巢呈现周期性的变化，因而出现发情周期，这种发情周期的变化主要是丘脑下部-垂体-卵巢轴的调节结果，同时太行云牛的其他生殖活动如妊娠、分娩、产后生殖机能的恢复及泌乳都受到激素的影响和调控。

1. 丘脑下部-垂体-卵巢轴

在内分泌功能上相互作用，丘脑下部通过释放 GnRH 作用于垂体前叶，引起促性腺激素的分泌增加，促性腺激素又作用于卵巢，促进卵巢上卵泡的生长发育和黄体的形成，并分泌相应的激素或因子。同时卵巢产生的激素或因子通过反馈作用于丘脑下部和垂体，调节丘脑下部 GnRH 和垂体促性腺激素的分泌和释放，使其保持合适的状态。这种相互促进和相互制约，使机体的生殖内分泌保持动态的平衡，这种复杂调节控制关系，形成了雌性丘脑下部-垂体-卵巢轴，并使母牛出现周期性生殖活动。

2. 发情周期的激素调节

牛的发情周期，实质上是卵泡期和黄体期的交替变化，发情周期的变化都是在一定的内分泌基础上产生的。当然这些变化也受神经系统的调节，外界环境的变化及雄性的刺激反应（嗅觉、视觉、听觉）经不同途径通过神经系统影响丘脑下部 GnRH 的合成和释放，并刺激垂体前叶促性腺激素的产生和释放，作用于卵巢产生性腺激素，从而调节母牛的发情。因此，母牛发情周期的循环，是通过丘脑下部-垂体-卵巢轴分泌的激素相互调节的结果。牛生长至初情期时，在外界环境的影响下，丘脑下部-垂体-卵巢轴的某些神经细胞分泌促性腺激素释放

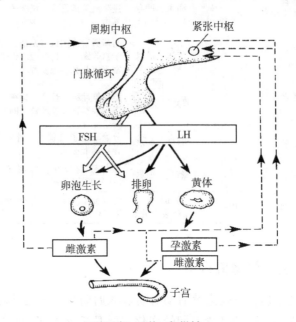

丘脑下部-垂体-卵巢轴

激素（GnRH），GnRH 经过垂体门脉循环到达垂体前叶，调节促性腺激素的分泌，垂体前叶分泌 FSH 经血液循环运送到卵巢，刺激卵泡的生长发育，同时垂体前叶分泌的 LH 也进入血液，与 FSH 协同作用，从而使颗粒细胞的 FSH 和 LH 的受体增加，因此卵巢对这两种促性腺激素的结合性更大，增加了卵泡的生长和雌激素的分泌量，并在少量孕激素的作用下刺激性中枢引起发情，从而刺激生殖道发生各种生理变化。当雌激素分泌到一定的量时作用于垂体前叶或丘脑下部，抑制 FSH 的分泌，同时刺激 LH 的释放。LH 释放的脉冲式频率增加而致出现排卵前 LH 峰，引起卵泡进一步发育、破裂排卵。排卵后颗粒细胞在少量 LH 的作用下形成黄体并分泌孕酮。此外，当雌激素分泌量升高时，降低了丘脑下部促乳素抑制激素的释放，而引起垂体前叶促乳素释放量增加。PRL 和 LH 协同作用促进和维持黄体分泌孕酮，当孕酮分泌到一定量时，对丘脑下部和垂体产生负反馈作用，抑制垂体前叶 FSH 的分泌，以致卵巢卵泡不再发育，抑制中枢神经系统的性中枢，使母牛不再表现发情，同时孕酮也作用于生殖道及子宫，使之发生有利于胚胎附植的生理变化。

如果配种受孕，囊胚刺激子宫内膜形成胎盘，使溶黄体的前列腺素产生受到抑制，此时黄体将转化成妊娠黄体，若排出的卵子未受精，则黄体维持一定的时间后，在子宫内膜产生的 PG_{F2a} 作用于黄体，使其逐渐退化，于是孕酮分泌量急剧下降。丘脑下部逐渐失去孕酮的抑制作用，垂体前叶又释放 FSH，使卵巢上新的卵泡重新开始生长发育。随着黄体的退化，垂体前叶释放的促性腺激素浓度逐渐增多，卵巢新的卵泡生长迅速，下一次发情又将开始。因此母牛的正常发情就这样周而复始进行着。

（1）激素与初情期　犊牛出生后一定时期内，卵巢产生雌二醇对丘脑下部产生负反馈作用，使其不能释放 GnRH，幼龄的母牛对这种负反馈的敏感性很高，但随着年龄的增加敏感性逐渐降低，到抑制解除时，GnRH 便发挥作用。在初情期前，垂体发育很快，对丘脑下部 GnRH 已有反应能力，初情期时 GnRH 分泌量增加，促使释放到血液中的 GnRH 量增加，从而引起卵泡的生长和成熟，卵巢的重量增加。同时卵泡分泌的雌激素进入血液中，刺激性行为的发生和生殖道的变化，初情期便开始了。

（2）卵泡发育与排卵的激素调节　卵泡在发生过程中，垂体分泌的促性腺激素 FSH 和 LH 起着重要的作用，它可以促进卵母细胞的生长、卵泡细胞的增殖、卵泡腔形成以及诱导卵泡排卵和黄体形成。

母牛在发情周期中，卵巢上有大量卵泡发育，但最终只有少量，甚至只有 1 个卵泡发育成熟排卵，多数卵泡发育到一定阶段则发生闭锁。由此可见，不同卵泡对促性腺激素的反应不同，这与卵泡细胞的受体种类和数量有关，而卵泡的受体种类和数量又与卵泡生长和卵母细胞分化发育阶段有关，这说明生殖内分泌对卵泡的生长发育的调节作用，是通过相应激素的受体来实现的。FSH 受体位于颗粒细胞膜上，在发育阶段的卵泡颗粒细胞膜上都有 FSH 受体，而 LH 受体存在于卵泡早期阶段的卵泡被膜细胞和间隙细胞及排卵前成熟卵泡的颗粒细胞上。同时卵泡颗粒细胞也具有雌二醇受体。

FSH 和 LH、雌二醇 3 种激素，通过相应的受体对卵泡生长发育进行调节，首先是 FSH 与卵泡颗粒细胞上的 FSH 受体结合。一方面促进颗粒细胞增生，激活颗粒细胞芳香化酶活性，使雄激素转为雌激素；另一方面可诱导卵泡内膜细胞形成 LH 受体。在促进内膜细胞分化的同时，还刺激内膜细胞产生雄激素，通过卵泡基膜被转运到颗粒细胞后，在芳香化酶的作用下，转变为雌激素。随着卵泡的发育，颗粒细胞中芳香化酶活性增加，雌激素进一步增强卵泡对激素的敏感性，使卵泡迅速增长。当卵泡发育到一定阶段，在 FSH、雌激素协同作用下，刺激大卵泡颗粒细胞 LH 受体形成和增加，使卵泡具备了排卵前的特征，同时血浆中雌激素的增多，可引起 LH 浓度的升高，因而出现排卵前的 LH 峰，最后在 LH

的作用下，成熟卵泡排卵。

GnRH 在决定是否排卵与何时排卵方面也起着极为重要的作用，因为 LH 的分泌是由 GnRH 分泌特定诱导的。所以，GnRH 是神经内分泌系统的开关，它的大量释放成为排卵的神经内分泌信号。另外雌激素在 LH 波出现前升高，对排卵的出现有直接作用，黄体期孕酮的增加给中枢神经系统一个负反馈的信号。前列腺素使卵泡细胞平滑肌收缩加强，促进充满卵泡液的卵泡内压升高，使上皮脱落形成排卵点等，也起着调节排卵的作用。

3. 妊娠的激素调节

受精后孕体发出信号，通过子宫内膜 PG_{F2a} 的合成或转运的改变，抑制黄体的溶解，从而保证早期胚胎的生长发育和附植，以维持妊娠。

(1) 胚泡的附植 在发情时，由于高水平的雌激素作用引起子宫内膜增生，而排卵日不久形成的新黄体有少量孕酮分泌，使子宫内膜分泌活动增强，发生脱敏作用和脱膜变化，准备接受胚胎附植。孕酮还使牛的子宫内膜产生胚激肽，激活胚胎，促进卵裂，产生绒毛，使绒毛内含有重碳酸离子，促进附植。

卵巢激素对附植的调节，是在丘脑下部释放的促性腺激素释放激素和垂体促性腺激素的调节下实现的。

(2) 妊娠的维持 附植以后的妊娠维持则是一个漫长的过程，一旦条件不适宜就会造成胚胎早期死亡或流产。妊娠的维持主要依赖于各种激素之间动态平衡。

妊娠后垂体分泌促性腺激素的机能因孕酮的作用而逐渐降低，雌激素维持低水平。母牛主要是 17-β 雌二醇和雌酮，在妊娠早期比在性周期中水平低。罗炳逊等测定母牛颈静脉血液中雌激素的浓度，在分娩前 16~14 周以后逐渐增加，到分娩前第 5 天达到最高水平。母牛在妊娠期间不仅黄体分泌孕酮，肾上腺和胎盘组织也分泌，因而足以制止妊娠期再发情，并直接有助于妊娠生殖器官的生理机能，直到将近分娩前数天内孕酮水平才急剧下降。

4. 分娩的激素调节

内分泌对分娩的发动、胎儿的产出起着重要作用，只有多种激素的协调才能使分娩顺利进行。

(1) 孕酮与雌激素 母牛在妊娠期间，黄体和胎盘产生的孕酮对维持妊娠起主导作用，孕酮能抑制子宫肌的收缩，这种作用一旦被解除就会成为发动分娩的重要诱因。

到妊娠末期胎盘产生的雌激素逐渐增加，使子宫、阴道和骨盆的韧带变为松弛。在分娩时雌激素能增强子宫肌肉的自发性收缩，这可能是由于雌激素克服了孕酮的抑制作用，或者促使平滑肌对催产素增强敏感性所致，或者是刺激前列腺素（PG_{F2a}）合成和释放的结果。

（2）催产素　在妊娠最后阶段，由于孕酮分泌下降，雌激素分泌增加，可刺激垂体后叶释放催产素以启动分娩，并促进子宫颈扩张。与此同时，胎囊和胎儿的前置部分对子宫和阴道产生刺激，能反射性地使后叶释放大量催产素，以导致胎儿的产出。

（3）前列腺素　在妊娠末期，母体胎盘产生的前列腺素，出现在子宫-卵巢静脉中，它起到溶解黄体、刺激子宫肌收缩的作用。

（4）肾上腺皮质激素　在分娩前胎儿皮质素分泌突然增加，并通过胎儿血液循环到达胎盘。皮质素进入胎盘后，改变胎盘相应酶的活性，使胎盘合成的孕酮进一步转化为雌激素。在牛分娩前 2~3 天，胎盘和血液的孕酮水平急速下降，而雌激素水平急剧上升，诱发胎盘与子宫大量合成前列腺素，并在催产素的协同作用下启动分娩。

（5）松弛素　卵巢和胎盘分泌的松弛素能使母牛在分娩末期的骨盆结构及子宫颈发生松弛现象，以利于胎儿的顺利产出。

5. 产后生殖活动的激素调节

母牛产后机体各系统或器官及其机能活动发生一系列的变化，其中最主要的是生殖内分泌调节系统以及卵巢和子宫机能的变化，因为这些变化直接关系到母牛生殖机能的恢复和繁殖能力。

（1）生殖激素对产后卵巢活动的调节　卵巢活动的恢复是一个渐进的过程。丘脑下部-垂体-卵巢轴对卵巢机能的恢复起调节作用。太行云牛，一般分娩后 5~10 天 GnRH 的释放脉冲才逐渐增加，产后 2 周恢复正常水平，但垂体 FSH 和 LH 对 GnRH 促分泌的反应不同。内源性 GnRH 起初以低频率释放，作用于垂体前叶并先引起 FSH 的合成和释放增加，GnRH 的释放脉冲达到的频率和血液中 LH 的水平是启动卵巢周期的决定因素。

亦即，在产后一定阶段卵巢受到 FSH 和 LH 脉冲作用的刺激，出现卵泡发育并分泌雌激素。雌激素反馈作用于垂体，对 GnRH 的反应和诱导 LH 释放，当 LH 达到一定峰值时，就可引起排卵，使产后出现发情周期。

（2）生殖激素对产后子宫复原的调节　分娩后母牛体内的孕酮、雌激素、前列腺素和催产素水平发生了明显的变化，并对子宫复原产生影响。

雌激素对子宫产生兴奋作用，增强子宫的血液循环和免疫机能，促进子宫的复原。

较高水平的雌激素还增强子宫肌对催产素的敏感性，子宫肌在催产素的作用下产生收缩作用，使子宫逐渐恢复到正常状态。

产后孕酮水平的急剧下降，而雌激素仍保持一段时间的较高水平，有利于子宫的复原。

此外，子宫本身产生的前列腺素也是促进子宫复原的重要原因之一。

总之，太行云牛产后卵巢活动的恢复和子宫复原是一个十分复杂的问题，动物机体是一个统一的整体，而且生殖过程十分复杂，全身各个器官和组织都可能参加生殖过程的调节。由于各地的环境不同，影响生殖过程的因素也十分复杂，尚待于进一步研究、探索。

6. 泌乳的激素调节

在性成熟后，乳腺已在生长发育，尤其是妊娠后期，乳房容积逐渐增大，这些生理的变化主要原于垂体前叶、性腺和肾上腺激素的作用。

（1）卵巢激素的作用　雌激素能刺激乳腺导管的生长，而且与孕酮一起作用促使腺泡的发育。若仅单独使用雌激素则能引起腺泡发育的异常。当雌激素和孕酮并用时，乳腺的生长可与妊娠时正常的乳腺生长相等，以后的泌乳也能增加，但这两种激素配合的比例及它们的绝对剂量对乳腺的发育很重要。按一定比例给予母牛注射雌激素和孕激素后，注射利血平可以促进促乳素的分泌，结果能诱导母牛的泌乳，其最高泌乳量可以达到前一胎次泌乳量的70%~80%。对非经产牛也可以成功地诱导其泌乳。

（2）促乳素　仅有性腺激素而无垂体前叶促乳素的作用，卵巢激素对乳腺的生长效力不足，两者必须结合起来，才能促使乳腺的生长。促乳素在雌激素和孕酮的影响下，使乳腺更好地生长发育，而且尚有发动和维持泌乳的作用。但在分娩以前没有雌激素对垂体前叶的影响，并不能使促乳素分泌，待乳腺有了泌乳的机能，雌激素对乳腺的作用居于次要地位。

（3）促肾上腺皮质激素（ACTH）　对发动和维持泌乳有一定作用，还能使促肾上腺皮质激素的分泌活动在产后增强，并能分泌孕酮等激素，间接有助于乳腺的生长，但对乳腺生长的作用不及卵巢激素。反之，促肾上腺皮质激素对雌激素引起乳腺的生长还起着抑制作用。

（4）生长激素（GH）　对乳腺的生长和泌乳有促进作用，对乳腺实质具有促进生长的功效，对乳的形成也起作用，并有助于泌乳量的提高。

（5）甲状腺素　对乳腺的作用可能是间接的，其主要作用于有关乳腺生长的其他内分泌腺。当母牛的甲状腺机能降低时，能使乳腺发育异常。

甲状腺素能增加动物的代谢功能，提高采食量，而且同化率增强，增进血液循环，刺激腺泡上皮细胞的活性，并以此使动物的垂体增加LTH的分泌，有助于乳量的提高。

第三节　太行云牛的生殖生理

一、太行云牛的性机能发育

1. 初情期与性成熟

犊牛生殖器官的生长发育与体躯的生长同步进行，到 6 月龄前后，生殖器官的生长速度明显加快，逐渐进入性成熟阶段。此时，各生殖器官的结构与功能日趋成熟完善，性腺能分泌生殖激素，母牛卵巢基本上发育完全，开始产生具有受精能力的卵子，并出现发情。这种现象称为性成熟，此时牛的年龄即为性成熟期。动物的性成熟有一个发展过程，小母牛出现第一次发情的现象叫做初情期，性成熟是这个过程的开始。

影响牛性成熟的因素较多，而母牛的体重是影响性成熟迟早的主要因素。良好的饲养可大大促进牛的生长和增重。有研究表明，喂高能量水平的育成牛在 7~10 月龄达到初情期，而长期饲喂低能量日粮的牛初情期相对滞后。小型品种牛达到初情期的年龄较大型者为早。一般说来，在影响因素相同的条件下，母牛较公牛提前 2~4 个月性成熟。

2. 体成熟与适配年龄

所谓体成熟是指公母牛骨骼、肌肉以及内脏各器官已基本发育完成，而且具备了成年时固有的形态和结构。因此，公母牛性成熟并不意味着配种适龄。因为在整个个体的生长发育过程中，体成熟期要比性成熟期晚得多；如果育成公牛过早地交配，会妨碍它的健康和发育；育成母牛交配过早，不仅会影响其本身的正常发育和生产性能，并且还会影响到幼犊的健康。因此，育成母牛到达 6 月龄时，就应与育成公牛分群饲养，以免过早交配。

育成牛的生长发育速度因受品种、饲养管理、气候和营养等因素的影响很不一致，其初配年龄应当根据其体重来确定。试验证明，育成母牛的体重要达到成年母牛体重的 70% 左右才可进行第一次配种，对于太行云牛，体重应达到 350 千克左右。达到这样体重的年龄，饲养条件好的养殖场为 14~16 月龄；饲养条件较差的在 18 月龄左右。

为了育种工作的需要，后裔测定的育成公牛可从 12~14 月龄开始采精。育成母牛也有提前交配产犊的趋势，一般多在 14~16 个月配种，23~25 个月产犊。这是加快遗传进展，节省劳力和降低成本，以充分发挥生产潜力的措施之一。但是，育成母牛能否提前配种，应根据其生长发育和健康状况而定，只有发育良好的育成母牛，才可提前配种。

3. 繁殖机能停止期

太行云牛的繁殖年龄是有一定年限的，当然与饲养管理有一定的关系，饲养管理科学，使用年限就长，反之则短。一般情况下，牛的繁殖机能停止期为13~15岁，此时母牛卵巢机能逐渐停止，不再出现发情与排卵，公牛性欲和精子质量则显著下降。在实际生产中，绝大多数牛在此年龄已因失去饲养价值而被淘汰。

二、发情与排卵

1. 发情的征状

发情是母牛性活动的表现，是性腺内分泌的刺激和生殖器官形态变化的结果。在垂体促性腺激素的作用下，当母牛卵巢上的卵泡发育与成熟时所分泌的雌二醇在血液中浓度增加到一定量时，就引起母牛生殖生理的一系列变化，表现为性冲动，愿意接近公牛，并接受爬跨与交配。

牛是四季发情的家畜，发情母牛在生理、行为上发生一系列的性活动变化，正常发情具备下列变化。

（1）接受其他母牛爬跨　发情母牛在运动场或放牧时，爬跨其他母牛或被其他牛爬跨，在发情旺盛期接受其他母牛爬跨，即被其他牛爬跨时，静立不动。

（2）行为变化　发情母牛眼睛充血，眼神锐利，常表现出兴奋、不安，有时哞叫，食欲减退，排粪排尿次数增多等。

（3）生殖道的变化　由于雌激素的作用，发情母牛外阴部充血、肿胀，子宫颈松弛、充血，颈口开放，腺体分泌增多，阴门流出透明的黏液。输卵管上皮细胞增长，管腔扩大，分泌物增多，输卵管伞张开、包裹卵巢。

（4）卵巢的变化　在发情前2~3天卵巢内卵泡发育很快，卵泡液不断增多，卵泡体积逐渐增大，卵泡壁变薄，突出于卵巢的表面，最后成熟排卵，排卵后逐渐形成黄体。

2. 异常发情

因营养不良、饲养管理不善、激素分泌失调、疾病等原因引起发情异常，常见的有如下几种。

（1）安静发情　发情时缺乏发情表现，但卵巢上卵泡能发育成熟而排卵。其主要原因是雌激素分泌不足。

（2）短促发情　发情持续时间短，不易观察到，以致错过配种机会。其主要原因是卵泡发育快、排卵快，性行为表现不充分。

（3）断续发情　发情时断时续，发情时间延长，这是卵巢上滤泡交替发育所致。

（4）持续发情　发情持续时间长，一般为卵泡囊肿。严重的卵泡囊肿表现出强烈的发情行为、哞叫、不安，食欲减退。排粪、排尿次数增加，追爬其他母牛，阴户红肿，经常从阴户流出透明的黏液。有些母牛坐骨韧带松弛，常举尾根，处于极度的兴奋状态，最后精神疲乏、消瘦。其原因是雌激素分泌过多，促黄体素分泌不足，以致卵泡不破裂，雌激素反馈作用于大脑皮层，使中枢神经系统引起强烈的性兴奋。

（5）孕后发情　在妊娠期间出现的发情现象称为孕后发情。在妊娠前 3 个月出现较多，占妊娠牛总数的 3%~5%。其原因是妊娠黄体分泌孕酮不足，而胎盘或卵巢上较大的卵泡分泌的雌激素过多。

（6）乏情　母牛产后长期不发情，卵巢处于静止状态。大多是由于营养不足或不平衡，特别是维生素、微量元素缺乏以及衰老等原因引起。

3. 发情周期

母牛性成熟后，其生殖器官及整个机体的生理状态发生一系列的周期性变化，周而复始（妊娠期除外），一直到停止繁殖年龄为止，这种周期性的性活动称为发情周期或性周期。其计算一般从这一次开始发情到下一次开始发情为一个发情周期，一般成母牛平均为 21 天（18~25 天），育成母牛为 20 天（18~24 天）。

（1）发情周期的分期　母牛的发情周期，根据精神状态、卵巢的变化及生殖道的生理变化分为 4 个时期。

① 发情前期，是发情期的准备阶段，随着上一个发情周期黄体的逐渐萎缩退化，新的卵泡开始发育，并稍增大，雌性激素在血液中的浓度也开始增加，生殖器官开始充血，黏膜增生，子宫颈口稍有开放，但尚无性欲表现，此期持续 1~3 天。

② 发情期，是指母牛从发情开始到发情结束所延续的时间，也就是发情持续期。母牛性欲表现明显，外阴部充血肿胀，子宫颈和子宫呈充血状态，腺体分泌活动增强，阴户流出黏液，子宫颈管松弛，卵巢上卵泡发育很快。母牛发情持续时间比较短，成母牛为 18 小时（12~30 小时），育成牛为 15 小时（10~21 小时）。这段时间的长短除受品种因素影响外，还受气候、营养状况等因素的影响。气温高的季节，母牛发情持续期要比其他季节短。在炎热的夏季，除卵巢黄体正常地分泌孕酮外，还从母牛的肾上腺皮质部分泌孕酮，以缩短发情持续期。放牧牛群在营养不足时发情持续期要比农区饲养的母牛短。

③ 发情后期。此期母牛从性兴奋状态转变为安静，发情表现减弱或消失。雌激素数量降低，子宫颈管逐渐收缩，腺体分泌活动逐渐减弱，子宫内膜逐渐增厚，排卵后的卵巢上形成血红体，后转变为黄体，孕酮的分泌逐渐增加。在该时期内约有 90% 育成母牛和 50% 成年母牛从阴道流出少量的血，说明母牛在 2~4

天前发情。如果失配，可在 16~19 天后注意观察其发情，这段时间为 3~4 天。

④ 间情期（休情期）。母牛发情结束后的相对生理静止时期。主要特点是黄体由逐渐发育而转为略有萎缩，孕酮的分泌也由增长到逐渐下降。性欲完全消失，精神状态恢复正常，子宫内膜增厚，腺体高度发育、大而变曲，分支多，分泌活动旺盛。在间情期后期，子宫内膜回缩，腺体变小，分泌活动停止，卵巢上黄体发育完全到开始消退。休情期的长短，常常决定发情周期的长短。此期为 12~15 天。

（2）发情周期的特点　太行云牛的发情周期平均为 21.7 天，变动范围为 18~25 天。

① 发情持续时间。

太行云牛发情持续的时间较短，平均为 18 小时，变动范围为 12~30 小时。

② 排卵时间。

排卵出现在发情结束后，太行云牛的排卵时间出现在发情结束后 10~15 小时。

③ 排卵位置。单侧卵巢排卵约占发情牛总数的 90%，右侧排卵率高于左侧。太行云牛右侧排卵率占 53.4%，左侧占 36.6%，两侧同时排卵占 10% 左右。

④ 发情后期流血。母牛发情后期流血是一种正常的生理现象，在发情期卵泡迅速成熟，雌激素分泌量增多，促进了子宫内毛细血管血流量增加，并充满血液；在发情后期部分毛细血管收缩而破裂，血液通过子宫颈从阴道流出体外。母牛出血的比例约为 50%，与受胎率无关。出血的时间一般在母牛接受爬跨后 1~4 天，在输精后第 2 天出现流血的太行云牛受胎比例相对较高。

（3）排卵　在多种激素的作用下，卵子由卵泡释放而进入输卵管的过程叫作排卵。母牛排卵时间在发情结束后 10~12 小时。不同个体间，排卵时间略有差异，即是在同一天中，母牛群发情结束到排卵的时间分布并不均匀。

太行云牛为自发性排卵动物，母牛一次发情一般只排 1 个卵，也有少数排 2 个卵的。卵巢上的卵泡成熟后便自发排卵，卵子随卵泡液排出，卵泡腔内产生负内压。因此，卵泡膜有血管破裂流血，并积于卵泡腔内形成凝块，称为血红体，并吸取类脂质而变成黄体细胞。同时，卵泡内膜分出的血管布满发育中的黄体，随着这些血管的分布，仿脂质的卵泡内膜细胞移至黄体细胞之间参与形成黄体。黄体逐渐长大，到性周期 8~9 天时达到最大体积，性周期 12~17 天开始退化，最后为结缔组织所取代，形成斑痂（白体），即为黄体的前身。

三、适时配种

适时配种是提高母牛受胎率的一项重要技术措施，包括产后第一次配种适宜时机和情期中配种的适宜时间两个方面。配种时机选择的合理与否，将直接或间接影响到牛群的繁殖率、生产性能与产品量以及个体的正常生长发育和健康。因此，掌握适时配种，是防止漏配、提高母牛受胎率的一项重要技术措施。适时配种应根据母牛发情、排卵的特点来决定。

1. 情期中配种的适宜时机

精子和卵子在受精前都要经过生理上的准备，在输卵管壶腹部相遇才能受精。过早或过晚输精，都会造成到达受精部位的精子或卵子某一方出现衰老而影响到受精能力。所以，母牛发情后应适时配种，输精的时间约在排卵前数小时，待卵子运行到输卵管膨大部时，有活力充沛的获能精子与其受精，可以节省人力、物力和精液，并提高受胎率。一般在发情开始后 9~24 小时配种，受胎率可达 60%~70%；在发情开始后 6~9 小时、24~28 小时也可配种，但受胎率要低；刚开始发情时配种太早，排卵后配种又太迟。在实际生产中，母牛的发情高潮容易观察到，可以根据发情高潮的出现，再等待 6~8 小时后输精，能获得较高的情期受胎率。输精过早或过迟，受胎率往往不高，特别在使用冷冻精液时，更应掌握好输精的适宜时机，即应在停止发情时输精。一般上午发现发情的母牛，下午 4—5 时进行第一次输精，次日上午复配。如果下午发现发情的母牛，则在次日上午 8 时进行第一次输精，下午复配。少数发情期较长的牛，可把第一次输精时间往后延迟，待发情征状不明显时输精一次，隔 8~10 小时再输精一次，直至发情结束。如果直肠检查技术熟练，最好通过直肠检查，根据卵泡发育情况来确定适宜的输精时机，在卵泡体积增大接近成熟、壁薄、波动比较明显、触之有即破感时，输精最为适宜，可进行一次输精。如果经 8~12 小时，卵泡仍没有破裂排卵可再输精一次。为了做到适时配种，应仔细观察牛群，及时检出发情牛，掌握每头牛的发情规律，使输精时机更合适，受胎率更高。

2. 产后第一次配种的适宜时机

母牛产后需要有一段生理恢复过程，主要是要让子宫恢复到受孕前的大小、位置和生理功能，需 24~56 天时间。难产母牛或有产科疾病的母牛，其子宫的复原时间则更长。产后卵泡开始生长发育的时间与丘脑下部和脑垂体前叶所分泌的激素有关。产后第一次发情的间隔时间变化范围较大，太行云牛为 30~72 天。间隔时间的长短除与品种、个体、气候环境等有关外，还受生产水平、哺乳、营养状况以及产犊前后饲养水平等影响。营养差、体质弱的母牛，其间隔时间较长。母牛产前、产后分别饲喂低能量及高能量饲料可影响产后第一次发情的间隔时间，如产前喂以高能量而产后喂以低能量，则第一次发情间隔延长。

四、受精与妊娠

1. 受精

受精是精子与卵子在输卵管壶腹部结合形成合子（受精卵）的过程。受精的生理生化机制复杂，其主要过程包括精子获能，进入卵子；精子形成雄性原核，卵子形成雌性原核；原核继续发育而被染色体组替代并联合形成合子，开始正常的细胞生长发育与生命过程。

2. 妊娠

从卵子受精开始，经过卵裂、囊胚的形成，胚胎的着床、胎儿的分化与生长，一直到胎儿发育成熟后与胎盘及附属膜共同排出前，母体复杂的生理过程称作妊娠。它是母体特有的一种生理现象。

（1）妊娠期 妊娠期由受精卵开始，经过发育，一直到成熟胎儿产出为止，所经历的这段时间称为妊娠期。太行云牛的妊娠期一般为 270~285 天，平均 280 天。母牛的妊娠期有较稳定的遗传性，但妊娠期的长短，依品种、个体、年龄、季节以及饲养管理条件的不同有一定差异。一般早熟品种比晚熟品种短，公犊比母犊多 1 天左右，双胎比单胎少 3~7 天，育成母牛比成年母牛短 1 天左右，冬春分娩的牛比夏秋分娩的长，平均差异约 3 天，饲养管理条件较差的牛妊娠期较长。

（2）胚胎的发育与附植 受精卵形成合子后，卵裂球不断进行分裂增殖，先后经过桑葚胚、囊胚、扩张囊胚等阶段，最后从透明带中孵出，形成了泡状透明的胚泡。初期的胚泡在子宫内的活动受到限制，在子宫中的位置逐渐固定下来并开始与子宫内膜发生组织上的联系，逐渐附植着床在子宫黏膜上。牛受精后一般 20~30 天开始着床，着床紧密的时间为受精后 60~75 天。胚泡由两部分细胞组成，一部分在胚泡的顶端集聚成团，将发育成为胚体；另一部分构成胚泡壁，覆盖上述部分，成为胚泡的外膜，将形成胎膜和胎儿胎盘。

（3）胎膜、胎盘和脐带 胎膜是胎儿本身以外包被着胎儿的几层膜的总称，是胎儿在母体子宫内发育过程中的临时性器官，其主要作用是与母体间进行物质交换，并保护胎儿的正常生长发育。

胎盘通常是指由尿膜绒毛膜与子宫黏膜发生联系所形成的特殊构造，其中尿膜绒毛膜部分为胎儿胎盘，子宫黏膜部分为母体胎盘。胎盘上有丰富的血管，是一个极其复杂的多功能器官，具有物质转运、合成、分解、代谢、分泌激素等功能，以维持胎儿在子宫内的正常发育。牛的胎盘为子叶型胎盘，胎儿子叶上的绒毛与母体子叶上的腺窝紧密契合，胎儿子叶包着母体子叶。

胎儿与胎膜相联系的带状物称为脐带。牛的脐带长 30~40 厘米，内有 1 条脐尿管、2 条脐动脉和 2 条脐静脉等。动、静脉快到达尿膜绒毛膜时，各分为 2 支，再分成一些小支进入绒毛膜，又分成许多小支密布在尿膜绒毛膜上。

3. 妊娠期间母牛的生理变化

妊娠期间，母牛的内分泌、生殖器官系统发生明显的变化，以维持母体和胎儿之间的平衡。

（1）内分泌　妊娠期间，内分泌系统发生明显改变，各种激素协调平衡以维持妊娠。

（2）生殖器官的变化　由于生殖激素的作用，胎儿在母体内不断发育，促使生殖系统也发生明显的变化。

卵巢：如果配种没有妊娠则黄体消退，若配种妊娠后则黄体成为妊娠黄体，继续存在，并以最大的体积维持存在于整个妊娠期，持续不断地分泌孕酮，直到妊娠后期黄体才逐渐消退。

子宫：在妊娠期间，随着胎儿的增长，子宫的容积和重量不断增加，子宫壁变薄，子宫腺体增长、弯曲。

子宫颈：妊娠后子宫括约肌收缩、紧张，子宫颈分泌的化学物质发生变化，分泌的黏液稠度增加，形成子宫颈栓，把子宫颈口封闭起来。

阴道和外阴部：阴道黏膜变成苍白，黏膜上覆盖有从子宫颈分泌出来的浓稠黏液。阴唇收缩，阴门紧闭，直到临分娩前变为水肿而柔软。

子宫韧带：妊娠后子宫韧带中平滑肌纤维及结缔组织增生变厚，由于子宫重量增加，子宫下垂，子宫韧带伸长。

子宫动脉：子宫动脉变粗，血流量增加，在妊娠中、后期出现妊娠脉搏。

（3）体况的变化　初次妊娠的青年母牛，在妊娠期仍能正常生长。妊娠后新陈代谢旺盛，食欲增加，消化能力提高，所以母畜的营养状况改善，体重增加，毛色光润。血液循环系统加强，脉搏、血流量增加，供给子宫的血流量明显增大。

妊娠合成代谢为哺乳动物所共有，然而太行云牛表现更为明显，妊娠后太行云牛的草料转化利用率进一步提高。

4. 预产期的推算

母牛经检查判定妊娠后，为了合理安排生产，正确养好、管理好不同妊娠阶段的母牛，做好分娩前的各项准备工作，必须精确地推算出母牛的预产期，以便编制产犊计划。计算母牛的预产期可采用配种月份减 3、配种日期加 6 的方法，如若配种月份在 1 月、2 月时，可加上 12 个月后再减去 3。

例如，某头母牛最后一次配种日期为 2019 年 6 月 4 日，预产期则为：

6-3＝3（即为 2020 年 3 月）

4+6＝10（即为 3 月 10 日）

因此，该头母牛的预产日期为 2020 年 3 月 10 日。

五、分娩与助产

经过一定时间的妊娠后，胎儿发育成熟，母体和胎儿之间的关系，由于各种因素的作用而失去平衡，导致母牛将胎儿及附属膜从子宫排出体外，这一生理过程称为分娩。

在妊娠末期，一方面由于胎儿增大，胎水增多，子宫内压增高，当达到一定程度时引起子宫恢复正常容积的收缩反应。另一方面，胎儿在母体子宫内增大时，它使子宫肌伸长，并刺激子宫和子宫颈的感觉神经，引起垂体后叶催产素分泌增加。催产素和临产前分泌增加的雌激素协同作用，使孕酮水平降低，从而消失了对子宫肌收缩的抑制作用。由于子宫扩张时，血管里的血流量减少，而引起组织缺氧现象，使接近产前的胎儿增加了活动性，这种胎儿的活动又进一步刺激子宫的收缩能力，直到这种收缩能力达到一种驱出力。此外，由于松弛素的作用，使子宫颈、骨盆腔和阴道松弛，再加上阵痛时子宫和母体腹壁肌肉的收缩使胎儿排出。

1. 分娩预兆

在分娩前约半个月，乳房迅速发育膨大，腺体充实，乳头膨胀，临产前 1 周有的滴出初乳。临产前阴唇逐渐松弛变软、水肿，皮肤上的皱褶展平。阴道黏膜潮红，子宫颈肿胀、松软，子宫颈栓溶化变成半透明状黏液排出阴门。骨盆韧带柔软、松弛，耻骨缝隙扩大，尾根两侧凹陷，以适于胎儿通过。在行动上母牛表现为活动困难，起立不安，尾高举，回顾腹部，常做排粪尿状，食欲减少或停止。此时应有专人看护，做好接产和助产的准备。

2. 分娩过程

正常的分娩过程一般可分为下列 3 个阶段。

（1）开口期　子宫颈扩大，子宫壁纵形肌和环形肌有节律性地收缩，并从孕角尖端开始收缩，向子宫颈方向进行驱出运动，使子宫颈完全开放，与阴道的界限消失。随着子宫这种间歇性收缩（阵缩）力量的加大，收缩持续时间延长，间歇缩短，压迫羊水及部分胎膜，使胎儿的前置部分进入子宫颈。此时，母牛表现为稍有不安，时起时卧，进食和反刍不规则，尾巴抬起常做排粪姿势，哞叫。这一阶段一般为 6 小时左右，经产母牛一般短于初产母牛。

（2）胎儿产出期　以完成子宫颈的扩大和胎儿进入子宫颈及阴道为特征。该时期的子宫肌收缩期延长，松弛期缩短，弓背努责，胎囊由阴门露出。一般先露出尿膜囊，破裂后流出黄褐色尿水，然后继续努责和阵缩，包囊蹄子的羊膜囊部分露出阴门口。胎头和肩胛骨宽度大，娩出最费力，努责和阵缩最强烈，每阵缩一次使胎头排出若干，而阵缩停止，胎儿又回缩。经若干次反复，羊膜破裂流出白色混浊的羊水以湿润产道，母牛稍作休息后继续努责和阵缩将整个胎儿排出体外。这一阶段一般持续 0.5~2 小时。如若羊膜破裂后半小时以上胎儿不能自动产出，必须进行人工助产。

（3）胎衣排出期　胎儿排出后，母牛稍作休息，子宫又继续收缩将胎衣排出。但由于牛属于子叶型胎盘，母子之间联系紧密，收缩时不易脱落，因此胎衣排出时间较长，为 2~8 小时。如果超过 12 小时胎衣不下，则应采取措施，进行产科处理。

3. 助产及助产原则

分娩是母畜正常的生理过程，太行云牛顺产率高，一般情况下，不需要助产而任其自然产出。但牛的骨盆构造与其他动物相比更易发生难产，在胎位不正、胎儿过大、母牛分娩无力等情况下，母牛自然分娩有一定的困难，必须进行必要的助产。助产的目的是尽可能做到母子安全，同时还必须力求保持母牛的繁殖能力。如果助产不当则极易引发一系列的产科疾病，因此在操作过程中必须按助产原则进行。

（1）做好产前准备　产房要求宽大、平坦、干净、温暖；器械与药品的准备包括催产药、止血药、消毒灭菌药、强心补液药以及助产手术器械等。

① 人员与消毒。

做好牛体后部的消毒及人员的消毒工作，助产人员要固定专人，产房内昼夜均应有人值班，如发现母牛有分娩征状，助产者用 0.1%~0.2% 的高锰酸钾温水或 1%~2% 煤酚皂溶液，洗涤外阴部及臀部附近，并用毛巾擦干，铺好清洁的垫草，给牛一个安静的环境。助产者要穿工作服、剪指甲、准备好酒精、碘酒、剪刀、镊子、药棉以及助产绳等。助产人员的手、工具和产科器械都要严格消毒，以防病菌带入子宫内，造成生殖系统的疾病。

② 胎位检查。

充分利用动物的自行分娩能力，在牛进行分娩时以密切观察为主，必要时才加以干预。当胎膜已经露出而不能及时产出时，应将手臂消毒后伸入产道，注意检查胎儿的方向、位置和姿势及死活的判别与宫颈的开放程度。

（2）助产技术　若"足胞"未破，母体体力尚可，可稍加等待，当胎儿前肢和头部露出阴门时，而羊膜仍未破裂，可将羊膜扯破，并将胎儿口腔、鼻周围的黏膜擦净，以便胎儿呼吸。遇有后产式时，由于脐带受耻骨压迫，应尽快拉出胎儿。要切忌见到肢体就盲目外拉，那样可能产生难产或加大生产难度，必须在形成头和两前肢并拢伸直进入产道或单纯两后肢进入产道才可配合努责用力牵引外拉。

若"足胞"已破（即已破水），母体体力不佳时应尽快助产；当破水过早，产道干燥或狭窄而胎儿过大时，可向阴道内灌入肥皂水或植物油润滑产道，便于拉出。

若母牛努责无力等需要拉出胎儿时，应将助产绳拴在胎儿两肢的球节部之上，交助手随母牛的努责用力牵引，把胎儿拉出体外。在拉出过程中要注意胎儿与产道之间的关系，应有人用双手护住阴门，保护阴门及会阴部以防撑破。如矫正胎儿异常部位时，须将胎儿推回子宫内进行，推时要待母牛努责间歇期间进行。在具体牵引时要注意与母畜努责相一致，同时注意做到以下几点。

① 沿骨盆轴方向拉；

② 均衡持久用力；

③ 切忌蛮干，服从术者（即手入产道者）的指挥；

④ 注意保护会阴；

⑤ 在胎儿最后一个膨大部出阴门时要减速，以防腹压急剧下降导致母体休克或形成子宫外翻。

4. 犊牛生后的处理

（1）防止窒息　犊牛生出后，立即抠除口鼻黏液，拍打刺激，促使呼吸，如若发现呼吸有障碍或无呼吸尚有心跳（称为窒息）时，应进行人工呼吸。在呼吸正常后将蹄端的软蹄除去，擦拭全身，或让母牛自己舔干。

（2）脐带处理　在距脐口 8～10 厘米处用消毒后的手术剪剪断，并浸泡碘酊消毒。

（3）注意保温　特别是寒冷的冬季，在运动场上分娩的牛只。

（4）哺食初乳　扶持好犊牛吮乳，一般在生后 1～2 小时内，应诱引犊牛哺食初乳。

（5）犊牛隔离　太行云牛多为随母哺乳，但群内犊牛较多时，应互相隔离，以防止互舔脐带而发生脐部炎症或脓肿。

5. 母牛产后护理

① 产出犊牛后可用温热的麸皮粥（加红糖或带点姜）饲喂母牛，对母牛恢复体力有利；

② 清洗消毒后躯及尾部；

③ 密切注意母牛排出胎衣情况，随后几天应注意恶露排出情况。

第四节　太行云牛的繁殖技术

一、母牛发情鉴定

母牛发情时，其精神状态和生殖器官等都有一定的变化，但牛的发情持续时间比较短，而且安静发情也较其他家畜为多。因此，必须细心观察牛群以免漏配。鉴定母牛发情的方法有以下几种。

1. 外表观察法

外表观察法为生产中最常用的方法。发情母牛表现兴奋不安，哞叫，两眼充血，反应敏感，拉开后腿，频频排尿，在牛舍内及运动场常站立不卧，食欲减退，反刍的时间减少或停止；外阴部红肿，排出大量透明的牵缕性黏液，发情初期清亮如水，末期混而黏稠，在尾巴等处能看到分泌黏液的结痂物。在运动场或放牧时，发情母牛四处游荡，常常表现爬跨和接受其他牛的爬跨。两者的区别：被爬跨的牛如发情，则站着不动，并举尾，如未发情牛则往往拱背逃走；发情牛爬跨其他牛时，阴门搐动并滴尿，具有公牛交配的动作；其他牛常嗅发情牛的阴唇，发情母牛的背、腰和尻部有被爬跨所留下的泥土、唾液等印迹，有时被毛弄得蓬松不整。

2. 阴道检查法

发情母牛阴道黏膜充血潮红，表面光滑湿润。子宫颈外口充血、松弛、柔软开张，并流出黏液。不发情的牛阴道苍白、干燥，子宫颈口紧闭。

阴道检查法只能作为辅助诊断，而且检查时应严格消毒，防止粗暴。

3. 试情法

利用切断输精管或切除阴茎的公牛进行试情，可观察到公牛紧随发情母牛，或者在试情公牛胸前涂以颜色或安装带有颜料的标记装置，放在母牛群中，凡经爬跨过的发情母牛，都可在尻部留下标记，效果较好。

4. 直肠检查法

通过直肠，用手指检查子宫的形状、粗细、大小、反应以及卵巢上卵泡的情况来判断母牛的发情。发情母牛子宫颈稍大、较软，子宫角体积略增大，子宫收缩反应比较明显，子宫角坚实。卵巢中的卵泡突出，圆而光滑，触摸时略有波动。卵泡直径发育初期为 1.2~1.5 厘米，发育最大时为 2.0~2.5 厘米。在排卵前 6~12 小时，随着卵泡液的增加，卵泡紧张度与卵巢体积均有所增大。到卵泡破裂前，其质地柔软，波动明显，排卵后，原卵泡处有不光滑的小凹陷，以后就形成黄体。

准确掌握发情时间是提高母牛受胎率的关键。一般正常发情的母牛其外部表现都比较明显，利用外部观察辅以阴道检查就可以判断牛的发情。但由于母牛发情持续期较短，平均为 17 小时（范围为 4~28 小时），处女牛 15 小时。此外，因气候因素，舍饲牛的发情不易被发现，特别是分娩后的第一、第二次发情，部分母牛只排卵而无发情征状，称为安静发情。所以，对这种牛要加强观察，不注意观察则容易漏配，在生产实践中，可以发动值班员、饲养员共同观察。建立母牛发情预报制度，根据前次发情日期，预报下次发情日期（按发情周期计算）。但有些母牛营养不良，常出现安静发情或假发情，或生殖器官机能衰退，卵泡发育缓慢，排卵时间延迟或提前，对这些母牛则需要通过直肠检查来判断其排卵时间。

同时，必须注意将母牛妊娠发情爬跨现象、卵泡囊肿爬跨现象与真正发情母牛加以区别。

二、输精技术

适时而准确地把一定量的优质精液输到发情母牛生殖道的适当部位，对提高母牛受胎率极为重要。

1. 输精前的准备

将待配母牛的阴门、会阴部用温水清洗并消毒；同时做好输精器材和精液的准备，输精枪应经过消毒，枪的塑料外套为一次性使用，精液必须进行活力检查，合乎输精标准才能应用。

2. 输精方法

目前多采用直肠把握输精法。首先按母牛发情直肠检查法，将手插入直肠，检查其内生殖器官的一般情况，以辨别是否处于适宜输精的时机。然后把子宫颈后端轻轻固定在手内，手臂往下按压（或助手协助）使阴门开张，另一只手把输精枪自阴门向斜上方插入 5~10 厘米，以避开尿道口，再改为平插或向斜下方插，把输精枪送到子宫颈口，然后两手互相配合，调整输精枪和子宫颈管的相对方向，使输精枪缓慢通过子宫颈管中的皱襞轮。技术熟练时，可以把输精枪送至子宫体或排卵侧子宫角注入精液；如果不太熟练，则宜送到子宫颈的 2/3~3/4 处注入精液。输精技术的熟练程度，对母牛的配种受胎率有很大关系。通常在输精时应注意以下几个方面。

（1）输精部位　输精部位一般要求将输精枪插入子宫颈深部输精，约在子宫颈的 5~8 厘米。

（2）输精量与有效精子数　母牛的输精量和输入的有效精子数，依所用精液的类型不同而异。液态精液，输精量一般为 1~2 毫升，有效精子数应在 3 000 万~5 000 万个。冷冻精液，则输精量只有 0.25 毫升，有效精子数执行国家牛冷冻精液标准，为 1 000 万~2 000 万个。

（3）输精时间　输精时间应该依据母牛发情后的排卵时间而定，母牛的排卵时间一般在发情结束后 10~12 小时。在生产实际中，主要结合母牛的发情表现、流出黏液的性质以及卵泡发育的状况来确定配种时间。当发情母牛接受其他牛爬跨而站立不动时，再向后推迟 6~12 小时。此时实际为发情末期，黏液已由稀薄透明转为黏稠微混浊状，母牛拒绝爬跨，卵泡大而波动明显，可视为输精适期。

（4）输精次数 一次发情的输精次数要视输精母牛发情当时的状态而定。若对母牛的发情、排卵及配种时机掌握很好，则输精一次即可。否则，就需按常规输精2次，亦即上午发现发情，下午输精，次日上午再输第二次；下午发现发情，次日上午和下午各输1次的配种方法。两次输精时间间隔以8～10小时为宜。

在输精实践中，往往会遇到许多问题。现将这些问题及其应对措施归纳如表4-2所示，以供生产中参考。

表4-2 输精实践中容易发生的问题及其应对措施

问题	原因	应对措施
手伸不进直肠	1. 母牛特别暴躁	助手一手牵鼻中隔，另一手保定头部
	2. 母牛抵抗	一手用劲上抬尾根，助手紧捏牛腰部
	3. 直肠努责	手指拢呈锥形，助手紧捏牛腰部，稍停让过努责
输精器不能顺利通过阴道	4. 排粪污染	排粪时以左手遮掩，不让粪便流落外阴部
	5. 阴门闭合	用直肠内左手下压会阴，使阴门张开
	6. 插入方向不对	先由斜上方插入10厘米左右，再平向或向下插入，因母牛阴道多向腹腔下沉
	7. 输精器干涩	将输精器前端平贴阴裂捻转，用黏液沾湿
	8. 阴道弯曲阻遏	用直肠内左手向前拉直阴道，输精器转动前进
	9. 母牛过于敏感	抽动直肠内手，按摩肠壁，以分散母牛对阴部的注意力
	10. 误入尿道	重插，输精器先端沿阴道上壁前进，可以避免
	11. 折断输精器	预防：输精器插入后，右手要灵活轻握，并随牛移动，可免折
找不到子宫颈	12. 青年母牛	子宫颈往往细如小棍，可在直肠近处找
	13. 老年母牛	子宫颈粗大，往往随子宫下垂入腹腔，须提前
	14. 生殖道团缩	骨盆腔前查无索状组织（生殖道），则必团缩于阴门附近处，用左手按摩伸展之
输精器对不住子宫颈口	15. 直肠把握过前	直肠把握宫颈进口处，否则颈口游离下垂
	16. 有皱褶阻隔	把颈管往前推，以便拉直皱褶
	17. 偏入子宫颈外围	退回输精器，在直肠内用拇指定位引导
	18. 被颈口内褶阻拦	用直肠内手持宫颈上下扭动、捻转校对即可
	19. 宫颈过粗难握	把宫颈压定在骨盆侧壁或下壁上

(续表)

问题	原因	应对措施
注不出精液	20. 输精器口被阻	因输精器口紧贴宫颈黏膜，稍后拉同时注出精液
	21. 输精器不严	输后须查看精液是否仍残留，必要时重输

三、妊娠诊断

在太行云牛饲养管理中，妊娠诊断具有重要经济意义。母牛配种后，应能尽早进行妊娠诊断，可以防止母牛空怀。对未受胎的母牛，及时补配，对已受胎的母牛，做好保胎工作，是提高母牛繁殖力的重要技术措施。常用的妊娠诊断方法主要有外部观察法、直肠检查法、激素测定法和超声波诊断法等。

1. 外部观察法

母牛怀孕后，表现为周期性发情停止，食欲和饮水量增加，营养状况改善，毛色润泽，膘情变好。性情变得安静、温顺，行动迟缓，常躲避角斗或追逐，放牧或驱赶运动时，常落在牛群之后。怀孕中后期腹围增大，腹壁的一侧突出，可触到或看到胎动。育成牛在妊娠 4~5 个月后乳房发育加快，体积明显地增大，而经产牛乳房常常在妊娠的最后 1~4 周才明显肿胀。外部观察法的最大优点是不须用器械设备，可在饲养过程中随时观察；而缺点是不能早期确定母牛是否妊娠。通常只能作为一种辅助的诊断方法。

2. 直肠检查法

直肠检查法是判断是否妊娠和妊娠时间的最常用也是最可靠的方法。

母牛妊娠 21~24 天，卵巢有无黄体是主要的判断依据。在孕角（排卵）侧卵巢上，存在有发育良好、直径为 2.5~3.0 厘米的黄体，90%是怀孕了。配种后没有怀孕的母牛，子宫角间沟明显，通常在第 18 天黄体就消退。因此，不会有发育完整的黄体。但胚胎早期死亡或子宫内有异物也会出现黄体。另外，当母牛患有子宫内膜炎时，卵巢也常有类似的黄体存在，应注意鉴别。

妊娠 30 天后，两子宫角大小不对称，孕角及子宫体略为变粗，孕角质地柔软，内有波动感，子宫壁变薄，而空角仍维持原有状态。用于轻握孕角，从一端滑向另一端，有胎膜囊从指间滑过的感觉。若用拇指与食指轻轻捏起子宫角，然后放松，可感到子宫壁内有一层薄膜滑过。

妊娠 60 天后，孕角及子宫体变得更加粗大，两子宫角的大小显然不同。孕角明显增粗，相当于空角的 2 倍左右，壁变得软、薄，而且内波动感明显。角间沟变得宽平。子宫开始向腹腔下垂，但依然能摸到整个子宫。

妊娠 90 天，孕角的直径为 12~16 厘米，波动极明显；空角也增大了 1 倍，角间沟消失，子宫开始沉向腹腔，初产牛下沉要晚一些。子宫颈前移至耻骨前缘，有时能摸到胎儿。孕侧的子宫中动脉根部有微弱的震颤感（妊娠特异脉搏）。

妊娠120天，子宫全部沉入腹腔，子宫颈已越过耻骨前缘，一般只能摸到子宫的背侧及该处的子叶（如蚕豆大小）。为了摸清子叶，可将手左右滑动，抚摸子宫表面，而不必用手指去捏子叶。在喂饱时，子宫被挤回至骨盆腔入口前下方。如果同时子宫收缩，整个子宫摸起来大如排球。这时，可以摸到孕角侧卵巢，偶尔可摸到胎儿漂浮于羊水中（这时，羊水约为3 000毫升）。孕侧子宫中动脉的妊娠脉搏明显。

再往后直至分娩，子宫进一步增大，沉入腹腔甚至抵达胸骨区；子叶逐渐长大如胡桃、鸡蛋；子宫中动脉越发变粗，粗如拇指，怀孕脉搏显著。空怀侧子宫中动脉也相继变粗、出现妊娠特异脉搏。寻找子宫动脉的方法是，将手伸入直肠，手心向上，贴着骨盆顶部向前滑动。在岬部的前方可以摸到腹主动脉的最后一个分支，即髂内动脉，在左、右髂内动脉的根部各分出一支动脉即为子宫动脉。用双指轻轻捏住子宫中动脉，压紧一半就可感觉到典型的颤动。

妊娠诊断中要注意区分以下问题。

（1）膀胱与怀孕子宫角　应注意膀胱为一圆形器官，而不是管状器官，没有子宫颈，也没有分叉。分叉是子宫分成两个角的地方。正常时，在膀胱顶部中右侧可摸到子宫。膀胱不会有滑落感。

（2）瘤胃与怀孕子宫　因为有时瘤胃压着骨盆，这样非怀孕子宫完全在右侧盆腔的上部。如摸到瘤胃，其内容像面团，容易区别。同时，也没有胎膜滑落感。

（3）肾脏与怀孕子宫角　如仔细触诊就可识别出叶状结构。此时，应找到子宫颈，看所触诊器官是否与此相连。若摸到肾叶，那就既无波动感，也无滑落感。

（4）阴道积气与怀孕子宫角　由于阴道内积气，阴道就膨胀，犹如一个气球，不细心检查会误认为是子宫。按压这个"气球"，并将"气球"后推，就会从阴户放出空气。排气可以听得见，并同时可感觉到气球在缩小。

（5）子宫积脓与怀孕子宫角　检查时，可触摸到膨大的子宫，且有波动感，有时也不对称，可摸到黄体。仔细检查会发现子宫紧而肿大，无胎膜滑落感，并且子宫内容物可从一个角移到另一个角。阴道往往有黏液排出。

3. 阴道检查法

牛怀孕后阴道的变化较为明显，阴道检查法主要根据阴道黏膜色泽、黏液、子宫颈等来确定母牛是否妊娠。母牛怀孕3周后，阴道黏膜由未孕时的淡粉红色变为苍白色，没有光泽，表面干燥，同时阴道收缩变紧，插入开张器时有阻力感。怀孕 1.5~2 个月，子宫颈口附近有黏稠液体，量很少。3~4 个月后量增多变为浓稠，灰白或灰黄，形如浆糊。妊娠牛的子宫颈紧缩关闭，有浆糊状的黏液块堵塞于子宫颈口，称为子宫颈塞（栓），它是在妊娠后形成的，主要起保护胎儿免遭外界病菌的侵袭。在分娩或流产前，子宫颈扩张，子宫颈塞溶解，并呈线状流出。所以阴道检查对即将流产或分娩的牛是很有必要的。而对于检查妊娠，虽然也有一定参考价值，但不如直肠检查准确。

4. 激素测定法

（1）血中孕酮含量　根据妊娠后血中孕酮含量明显增高的现象，用放射免疫和酶免疫法测定孕酮的含量，判断母牛是否妊娠。

（2）激素反应法　妊娠后的母体内占主导地位的激素是孕酮，它可以对抗适量的外源性雌激素，使之不产生反应。因此，依据母牛对外源性雌激素的反应作为是否妊娠的判断标准。牛配种后 18~20 天，肌内注射合成雌激素（己烯雌酚等）2~3 毫克或三合激素，未孕者能促进发情，怀孕者不发情。注射后 5 天内不发情即可判为妊娠，此法简单，准确率在 80% 以上。

5. 超声波诊断法

超声波诊断法是利用超声波的物理特性和不同组织结构的声学特性相结合的物理学妊娠诊断方法。国内外研制的超声波诊断仪有多种，是简单而有效的检测仪器。目前，国内试制的有两种：一种是用探头通过直肠探测母牛子宫动脉的妊娠脉搏，由信号显示装置发出不同的声音信号来判断妊娠与否；另一种探头自阴道伸入，显示的方法有声音、符号、文字等形式。重复测定的结果表明，妊娠 30 天内探测子宫动脉反应，40 天以上探测胎儿心音可达到较高的准确率。但有时也会因子宫炎症、发情所引起的类似反应干扰测定结果而出现误诊。

在有条件的大型养牛场也可采用较精密的 B 型超声波诊断仪。其探头放置在右侧乳房上方的腹壁上，探头方向应朝向妊娠子宫角。通过显示屏可清楚地观察胎泡的位置、大小，并且可以定位照相。通过探头的方向和位置的移动，可见到胎儿各部的轮廓、心脏的位置及跳动情况、单胎或双胎等。

在具体操作时，探头接触的部位应剪毛，并在探头上涂以接触剂（凡士林或石蜡油）。

第五节　提高太行云牛繁殖力的措施

繁殖问题在太行云牛生产中占有非常重要的地位，太行云牛只有通过繁殖，才能获得更多的后备牛，加快育种的进度，获得更高的经济效益。若母牛繁殖力低，则无经济效益可言。

一、繁殖力的计算方法

母牛繁殖性能的高低，是养牛场最重要的经济性状之一。太行云牛多为单胎，双犊率小于 5%，所以群体的繁殖效率就显得更为重要。有关繁殖率的指标和计算方法，大体有以下几项。

1. 受胎率

年终实有受胎母牛数与本年度参加配种母牛实有数之比。

受胎率（%）＝本年度实有受胎母牛数/本年度参配母牛实有数×100

2. 情期受胎率

母牛的一个发情期中输精后，受胎母牛占输精母牛的百分比。

情期受胎率（%）＝妊娠母牛数/配种情期数×100

3. 不返情率

不返情率即受配后一定期限内不再发情的母牛数占该期限内配种母牛总数的百分率。通常以 60 天不返情率衡量人工授精效果。

60 天不返情率（%）＝输精后 60 天未发情母牛数/同期内输精母牛总数×100

4. 配种指数

即参配母牛每次妊娠的平均配种情期数，亦即平均获取一个妊娠的配种次数。

配种指数＝年配种情期数/年妊娠母牛数

5. 产犊率

即本年度出生犊牛总数占上年末适繁母牛总头数的百分率

产犊率（%）＝本年度出生犊牛总数/上年末能繁母牛总数×100

6. 繁殖率

年度内出生的犊牛数占年度能繁殖母牛数的百分比。

繁殖率（%）＝本年度出生犊牛数/上年度终能繁母牛数×100

7. 成活率

本年度年终成活犊牛数占本年度内出生犊牛数的百分比。

成活率（%）＝本年度终成活犊牛数/本年度内出生犊牛数×100

8. 产犊间隔

表示繁殖母牛的连产性。

产犊间隔＝∑胎间距/n

或：产犊间隔（天）＝年饲养适繁母牛头日数/年产犊母牛数

对于太行云牛繁殖性能的主要指标要求：年度繁殖率达到 75%~80%；情期

受胎率达到 60% 以上；产犊间隔要求在 15 个月以内；配种指数要求为 1.5~2.0。

二、影响繁殖力的主要因素

影响牛繁殖力的因素主要有以下几个方面。

1. 遗传因素

繁殖力受遗传的影响，牛品种之间有差异，就是同一品种中也存在个体差异。

2. 环境因素

在影响牛繁殖力的环境因素中，温度是主要的。夏季高温时，母牛发情出现率低，受胎率差。

3. 营养因素

营养是影响牛繁殖力的重要因素。青年母牛营养不足，会延迟初情期和性成熟。成年母牛的营养不足时，发情会受到抑制或导致发情不规则，甚至胚胎早期死亡率增加。而营养过高对牛的繁殖力也会有不良影响。如日粮能量水平过高，则体内脂肪沉积过多，使卵巢周围形成脂肪浸润，卵泡发育受阻。母牛即使排卵、受精，也因输卵管和子宫周围脂肪过多，阻碍了胚胎进入子宫以及影响妊娠子宫的扩张机能。

总之，必须科学饲养，日粮的营养水平要适当，提供的营养能满足青年牛生长发育和成年牛繁殖的需要。要保证母牛有良好的繁殖体况，繁殖力方可得到保证。

在营养中要保证蛋白质、能量、维生素、矿物质和微量元素的平衡供应。

4. 输精时间

卵子排出后要及时与精子结合，若不能及时与精子相遇而完成受精过程，则会因时间的延长，受精能力会逐渐减弱，甚至失去受精能力。反之，精子过早到达受精部位而排卵过迟，不能及时与卵子相遇，精子的受精能力同样减弱，同样影响精子和卵子的结合。

牛在发情期内最好的配种时间应在排卵前的 6~7 小时。

5. 管理的因素

人是控制牛繁殖的主要因素，要求对整个牛群及个体的繁殖能力全面了解，做到心中有数。要加强人工授精员的责任心，提高输精技术水平，注意输精中的消毒等技术环节。

三、提高繁殖力的措施

繁殖力就是生产力，母牛的不育就是对繁殖力的破坏，也就意味着生产力的丧失。为使母牛尽可能维持较高的繁殖能力，必须从各个环节加以注意。

1. 做好母牛的发情观察

母牛发情的持续时间短，约 18 小时，而且部分母牛发情爬跨的时间多集中在晚上 20 时到凌晨 3 时之间。因此，常规观察漏情的母牛可达 20%左右。为尽可能提高发情母牛的检出率，每天至少在早、中、晚分 3 次进行定时观察，分别安排在早晨 7 时、下午 1 时、晚上 11 时，每次观察时间不少于 30 分钟。按上述时间安排观察牛群，发情检出率一般可达 90%以上。

2. 适时输精

适时而准确地把一定量的优质精液输到发情母牛子宫内的适当部位，对提高母牛受胎率是非常重要的。牛一般在发情表现终止后 7~14 小时排卵，考虑到卵子的寿命以及精子的运行时间等因素，牛适宜的输精时间应在排卵前的 6~7 小时。因此，当母牛发情表现开始减弱，由神态不安转向安定、外阴部肿胀开始消失、子宫颈稍有收缩、黏膜由潮红变为粉红或带有紫青色、黏液量由多到少且成混浊状、卵泡体积不再增大、泡液波动明显等变化出现时进行人工授精。

3. 提高输精效果

提高人工授精员的业务技术水平，做到直检技术熟练、输精时间适宜、部位准确。必要时可对子宫进行净化处理：在母牛配种前后用红霉素 1.0×10^6 国际单位，蒸馏水 40 毫升，稀释后用于子宫净化。也可用硫酸新斯的明注射液，在输精前 8~12 小时子宫注射 10 毫克或子宫灌注青霉素 8.0×10^5 国际单位与生理盐水 30~50 毫升的混合液。

4. 严格消毒制度

配种前要对输精器械以及牛的外阴部进行严格清洗消毒，避免因输精而造成新的污染。

5. 增加粗饲料的饲喂量

粗饲料喂量与牛繁殖有一定的关系，因为粗饲料的必需养分与体质有关。繁育母牛必须给予足量的优质粗饲料，精饲料仅作为粗饲料中不足养分的补充，仅用于平衡日粮营养。

肉牛日粮中粗饲料干物质的重量应大于母牛体重的 1.5%。

6. 加强母牛分娩前后的卫生管理

分娩前后的卫生工作，可大大减少母牛产后的胎衣不下，同时对母牛产后的子宫复旧有一定效果。

7. 加强牛群管理

管理好牛群，尤其是抓好基础母牛群，这也是提高繁殖力的重要因素。管理工作牵涉面很广，主要包括组织合理的牛群结构，合理的生产利用，母牛发情规律和繁殖情况调查，空怀、流产母牛的检查和治疗，配种组织工作，保胎育幼等方面。对于凡失去繁殖能力的母牛及牛群中其他的不良个体应及时淘汰。对于配种后的母牛，及时检查受胎情况，以便及时补配和做好保胎及加强饲养管理等工作。

8. 做好繁殖机能障碍及不孕症的防治

对异常发情、屡配不孕以及产后 100 天未见发情的牛只，及时进行生殖系统检查和对症治疗。导致临时性不孕症的因素很多，必须分门别类，采取综合防治措施。

第六节　太行云牛繁殖新技术

在牛的繁殖领域，继人工授精、冷冻精液之后，同期发情、胚胎移植、体外受精和性别控制等繁殖新技术的研究与应用，对畜牧业生产的发展将起到不可估量的推进作用和产生极其深远的影响。

一、同期发情

同期发情又称同步发情，即通过利用某些外源激素处理，人为地控制并调整一群母牛在预定的一定时间内集中发情，以便有计划地组织配种。它有利于人工授精的推广，集中分娩，组织生产管理。同时，同期发情有可能使处于乏情的母牛出现正常的发情周期，提高繁殖率。此外，同期发情可以使供体母牛和受体母牛的生殖器官处于相同的生理状态，为胚胎移植技术的研究与应用创造条件。

1. 同期发情的机理

母牛的发情周期根据卵巢的形态和机能大体可分为卵泡期和黄体期两个阶段。卵泡期是在周期性黄体退化继而血液中孕酮水平显著下降之后，卵巢中的卵泡迅速生长发育、成熟，进入排卵时期。而在黄体期内，由于在黄体分泌的孕酮作用下，卵泡的发育成熟受到抑制，但在未受精的情况下，黄体维持一定的时间（一般是 10 余天）之后即行退化，随后出现另一个卵泡期。由此可见，黄体期的结束是卵泡期到来的前提条件。相对高的孕酮水平，可抑制发情。一旦孕酮的水平降到很低，卵泡便开始迅速生长发育。卵泡期和黄体期的更替和反复出现构成了母牛发情周期的循环。

同期发情就是基于上述原理，通过激素或其类似物的处理，有意识地干预母牛的发情过程，使母牛发情周期的进程调整到相同阶段，达到发情同期化。

2. 同期发情的途径

同期发情通常有两种途径：一是延长黄体期，通过孕激素药物延长母牛的黄体作用而抑制卵泡的生长发育和发情表现，经过一定时间后，同时停药，由于卵巢同时失去外源性孕激素的控制，则可使卵泡同时发育，母牛同时发情；二是缩短黄体期，是通过前列腺素药物溶解黄体，使黄体提前摆脱体内孕激素的控制，从而使卵泡同时发育，达到同期发情排卵。

3. 同期发情的激素

目前常用的同期发情激素，根据其性质大体可分为以下3类。

（1）抑制卵泡发育的制剂 包括孕酮、甲孕酮、甲地孕酮、氯地孕酮、氟孕酮、18-甲基炔诺酮、16-次甲基甲地孕酮等。

（2）促进黄体退化的制剂 主要是前列腺素 F2α 及其类似物。

（3）促进卵泡发育、排卵的制剂 包括孕马血清促性腺激素、人绒毛膜促性腺激素、促卵泡素、促黄体素、促性腺激素释放激素等。

前两类是在两种不同情况下（两种途径）分别使用，第三类是为了使母牛发情有较好的准确性和同期性，是配合前两类使用的激素。

4. 同期发情的方法

（1）孕激素及其类似物处理法 目前，进行母牛同期发情较常用的孕激素及其类似物处理方法主要有阴道栓塞法、埋植法、口服法和注射法。

① 阴道栓塞法。

阴道栓塞法的优点是药效能持续地发挥作用，投药简单；缺点是容易发生药塞脱落。具体的做法：将一块清洁柔软的塑料或海绵泡沫切成直径约10厘米、厚2厘米的圆饼形，拴上细线，线的一端引至阴门以外，以便处理结束时取出。经严格消毒后，浸吸一定量溶于植物油中的孕激素，以长柄钳塞入母牛阴道内深部子宫颈口处，使药液不断被阴道黏膜所吸收，一般放置9~12天取出。在取塞的当天，肌内注射孕马血清促性腺激素（PMSG）800~1 000国际单位，用药后2~4天内多数母牛出现发情症状。但第一次发情配种的受胎率很低，至第二次自然发情时，受胎率明显提高。

参考剂量：孕酮400~1 000毫克，甲孕酮120~200 毫克，甲地孕酮150~200毫克，氯地孕酮60~100 毫克，氟孕酮180~240 毫克，18-甲基炔诺酮100~150毫克。

孕激素的处理时间，期限有短期（9~12 天）和长期（16~18 天）两种。长期处理后，发情同期率较高，但受胎率较低；短期处理的同期发情率偏低，而受胎率接近或相当正常水平。如在短期处理开始时，肌内注射3~5 毫克雌二醇和50~250 毫克的孕酮或其他孕激素制剂，可提高发情同期化的程度。当使用硅橡胶环时，可在环内附一胶囊，内含上述量的雌二醇和孕酮，以代替注射，胶囊融化快，激素很快被组织吸收。经孕激素处理结束后，3~4 天内大多数母牛可以发情排卵。

② 埋植法。

目前，较常用的方法是 18-甲基炔诺酮埋植法。其方法为：将一定量的药物（20 毫克 18-甲基快诺酮）装入直径为 2 毫米、长 15~18 毫米管壁有孔的细塑料管中，也可吸附于硅橡胶棒中，或制成专用的埋植复合物。利用特制的套管针或埋植器（与埋植物相配套）将药物埋于母牛耳背皮下，经一定的时间（通常为 12 天）取出。埋植时，同时皮下注射 3~5 国际单位雌二醇。取管时，肌内注射孕马血清促性腺激素 800~1 000 国际单位，2~4 天母牛出现发情。

③ 口服法。

每天将一定量的孕激素均匀地拌在饲料内，连续喂一定天数后，同时停喂，可在几天内使大多数母牛发情。但要求最好单个饲喂比较准确，可用于精细管理的舍饲母牛。

④ 注射法。

每日将一定量的孕激素作肌内或皮下注射，经一定时期后停药，母牛即可在几天后发情，如注射孕马血清促性腺激素；也可采用前列腺素子宫注入或肌内注射。此方法剂量准确，但操作繁琐。

（2）前列腺素及其类似物处理法　使用前列腺素 F2α 或其他类似物，溶解黄体，人为缩短黄体期，使孕酮水平下降，从而达到同期发情。投药方式有肌内注射和用输精器注入子宫内两种方法。多数母牛在处理后的 2~5 天发情。该方法适用于母牛发情的第 5~18 天、卵巢上有黄体存在的母牛，无黄体者不起作用。

前列腺素 F2α（PG_{F2a}）的用量：

国产 15-甲基前列腺素 F2α，子宫注入 3~5 毫克，肌内注射 10~20 毫克；

国产氯前列烯醇，子宫注入 0.2 毫克，肌内注射 0.5 毫克。

在前列腺素处理的同时，与孕激素处理一样，配合使用孕马血清促性腺激素或促性腺激素释放激素（GnRH）或其他类似物，可使发情提前或集中，提高发情率和受胎率。

用前列腺素处理，可能有部分母牛没有反应。对于这些母牛可采用两次处理法，即在第一次处理后间隔 11~13 天进行第二次处理。第二次处理时，所有处理母牛均处于黄体期，从而在第二次处理后的 2~5 天内所有能正常发情的母牛都出现发情。由于二次处理增加了用药量和操作次数。因此，一般养牛场对第一次处理反应者即行配种，无反应者再作第二次处理。由于前列腺素有溶黄体作用，已怀孕母牛注射后会发生流产，故使用前列腺素处理时，必须检查确认为空怀牛方可进行。

　　无论是采用哪种方法，在处理结束后，均要注意观察母牛的发情表现，并及时输精。实践表明，处理后的第二个发情周期是自然发情，配种受胎率较高。

　　同期发情的效果与两个方面的因素有关。一方面，与所用激素的种类、质量及投药方式有关；另一方面，也决定于母牛的体况、繁殖机能及季节。有周期性发情的母牛，同期发情处理后的发情率和受胎率高于无发情周期的乏情牛。

　　太行云牛对激素类药物的敏感性高，必须严格控制投药途径和用药剂量。研究表明，采用前列腺素类似物，一次注射，同期发情率平均为 50%～60%，间隔 8～10 天，二次注射，同期率可达 80% 以上。

二、胚胎移植

　　俗称借腹怀胎，是提高良种母牛繁殖潜力、加快品种更新的一项实用高新技术。主要包括供体、受体的准备，供体的超数排卵与输精，胚胎的收集、检查、冷冻保存和移植等几个基本环节。

　　1. 供体、受体的准备

　　供体牛系指在胚胎移植过程中，生产提供胚胎的母牛，要求品种特征明显，外貌等级为特一级；

　　受体牛系指在胚胎移植过程中，接受胚胎移植的个体母牛。要求体格高大健壮。

　　供体、受体均要求为青壮年牛，膘情体况中等偏上，繁殖机能正常，一般应有 2 个以上正常的发情周期。此外，供体应是良种，鲜胚移植时，供、受体发情要同步，数量比例要适当，一般为 1∶（5～8）为宜。

　　2. 供体的超数排卵与输精

　　牛每次发情后一般只排 1 个卵，利用外源性促性腺激素处理能使卵巢一次排出多个卵子，即为超数排卵技术。

　　通常在母牛发情周期的第 9～14 天肌内注射 FSH 进行超排处理，连续注射 4 天，每日早晚各 1 次，总量为 40～50 毫克，剂量均等或递减。第三天的第五次注射时，同时注射 PG_{F2a}，一般在注射 48 小时后，母牛即发情排卵。

　　超排处理以后的发情供体母牛，采用活率高、密度大的优良公牛精液配种，适当增加人工授精的次数，两次输精间隔 8～10 小时。

　　3. 胚胎的收集

　　在供体牛受精后第 7～8 天，采用非手术法，利用双通式或三通式导管冲卵器多次向子宫角注入并回收冲卵液，反复冲洗，力求回收所有胚胎。

　　对回收的冲胚液，采用胚胎过滤器，滤去多余的液体，将少量的含胚液置于体视显微镜下检出胚胎，集中于胚胎培养液中。

4. 胚胎质量鉴定

在体视显微镜下，主要依据胚胎形态学进行分类，首先将胚胎分为有效胚和无效胚两大类。选发育阶段正常，外形匀称，卵裂球比较紧密的 A、B 级胚胎可供移植或冷冻保存。目前，每头供体牛一般可获得 6~8 枚可用胚。可用胚胎通常又称为有效胚胎，有效胚胎再分为 A 级（优秀胚）、B 级（良好胚）、C 级（一般胚）3 个级别。

A 级：发育形态正常，卵裂球致密、整齐、清晰，发育速度与胚龄一致。

B 级：卵裂球稍微不匀，比较致密、整齐，有极个别卵裂球游离。

C 级：卵裂球不十分匀称、发育较慢，与胚龄不尽一致，游离细胞团较多，但透明带完整，尚可用于鲜胚移植。

D 级：卵裂球多数变形、异常，发育缓慢，与胚龄差异悬殊，以及无受精卵等，为不可移植胚胎，又称为无效胚胎。

一般认为，A、B 级胚胎为优质胚胎，既可用于鲜胚移植，又可用于冷冻保存后，根据受体牛的发情期进行适时解冻移植。C 级胚胎，只可用于新鲜胚胎移植，经不起冷冻刺激。而 D 级胚胎，则为无效胚，不能使用。

5. 胚胎的冷冻保存

胚胎冷冻保存可以克服鲜胚移植受时间、地点以及供、受体牛发情同期化等因素的限制，为胚胎移植技术推广应用和充分发挥其优势提供了保证。冷冻方法有缓慢降温法、快速冷冻法和一步冷冻法等多种。快速冷冻法因胚胎解冻后存活率及移植成功率较高，为目前生产中最常用的方法。简要介绍如下：室温条件下，先将胚胎加入 1.4 摩尔甘油冷冻液中脱水、平衡 20 分钟，再装入 0.25 毫升细管，然后将装有胚胎的细管放入程控冷冻仪中，0℃平衡 10 分钟，以 1℃/分的速度降至-7~-6℃，进行人工植冰或机械自动植冰，平衡 10 分钟，然后以 0.3℃/分的速度降温至-38~-35℃，投入液氮保存。解冻时从液氮中取出装胚胎的细管，立即投入 37℃水中水浴解冻，并轻轻摆动，1 分钟后取出即完成解冻过程。然后用 0.2~0.5 摩尔蔗糖 PBS 液分一步或多步法脱除冷冻保护剂，使胚胎复水，最后移入 PBS+20%犊牛血清的培养液中，装管移植。目前，先进的技术是在 0.25 毫升细管中，分段分别装入少量冷冻保护液和胚胎，而另一端装入较多的 PBS 移植液，解冻后轻弹细管，使两端液体混合，然后直接移植。

6. 胚胎的移植

将胚胎吸入 0.25 毫升细管中，两端吸入小气泡固定保护胚胎。采用直肠把握法，利用特制胚胎移植器（卡苏枪）将胚胎移植入黄体侧子宫角大弯的前端。

胚胎移植入受体牛子宫后，要加强护理，移植后不要频繁地进行直肠检查，以防影响胚胎着床或流产。注意观察受体牛的返情情况，对于未返情的受体牛，应在移植 2 个月后通过直肠检查来判断是否怀孕。

太行云牛胚胎移植成功率较高。群体试验表明，鲜胚移植成功率平均在 45%~60%，冷冻胚胎移植成功率多在 35%~45%。而在受体牛选择概率较大的条件下，成功率可达 60% 以上。

三、胚胎分割

目前胚胎分割的方式有两种：一种是对 2~8 细胞胚胎操作，用显微操作仪上的玻璃针（或刀片），插入胚胎透明带，将胚团细胞分离。然后把每个完整的卵裂球分别放入一空的透明袋中，在特定的培养条件下，使之发育成一整胚，进行移植；另一种方法是用显微操作仪上的玻璃针（或刀片）或徒手持玻璃针将桑葚胚或囊胚一分为二或一分为四，并把每块细胞团都培养发育成一个整体，进行移植。太行云牛直接采用裸半胚进行移植，也已获得成功。

胚胎分割技术可在牛胚胎数有限的情况下，通过分割获得较多的后代，有助于提高优秀母牛的后代数量。目前，太行云牛胚胎分割与移植试验，不仅已获得同卵双生，还获得了同卵三生。经分割后的半胚或 1/4 胚的移植成功率可达 40% 以上。同时，胚胎分割也是半胚冷冻、冻胚分割、胚胎性别鉴定和基因导入等研究的基本操作技术。

四、胚胎嵌合

胚胎嵌合是将不同种源的胚胎或卵裂球整合成一个完整胚胎的生物技术。合成的新胚胎称作嵌合体。1990 年 Picard 等将内细胞团注入囊胚产生了牛的嵌合体，1998 年铃木达行等成功地用四品种嵌合公牛（父本为日本黑牛和利木赞牛，母本是荷斯坦牛和日本红牛）的精子生产体外受精胚胎。目前，胚胎嵌合技术还处于实验研究阶段，所用的嵌合方法主要有早期胚胎卵裂球嵌合法、卵裂球聚合法两种。

五、胚胎性别鉴定

经胚胎性别鉴定可以将已知性别的胚胎移植给受体，生产所需性别的犊牛，这对于养牛业来说，具有极其重要的经济意义。多生母犊，不仅减少怀公犊的生产成本，而且可以迅速扩大牛群的生产规模。

胚胎性别鉴定的研究已有几十年的历史，前期的研究主要是采用分子生物学方法，如细胞学方法、免疫法和 x-相关酶法。20 世纪 80 年代末，随着 DNA 体外重组技术的发展，目前的研究大多采用分子生物学的方法。

分子生物学方法有 DNA 探针法和聚合酶链反应法（PCR）两种。前者将胚胎 Y 染色体上的特异 DNA 片段标记成探针，做鉴别工具。此法十分准确，但检测时间长，需 30 小时左右，在生产上尚未推广。后者用雄性特异性片段 DNA 序列两端合成的引物，以胚胎 DNA 序列为膜板，在 TaqDNA 聚合酶的存在下进行合成，扩增靶序列到 $1.0 \times 10^6 \sim 1.0 \times 10^{10}$ 倍以上。扩增产物经电泳，观察是否出现雄性带，此法准确率在 95% 以上。由于 PCR 技术具有灵敏、特异、准确、快速等特点，目前已成为胚胎性别鉴定最有前途的一种方法。

六、体外受精

体外受精就是使精子和卵子在母体外实现受精而结合成为有生命的合子的一种技术。1982 年在美国成功产下世界上第一头体外受精犊牛。目前，该项技术已在多种家畜和人类中获得成功。

在自然状况下，母牛一个情期仅排卵一个，一生也不过利用 10 多个卵子，而一头母牛卵巢内有数十万个卵母细胞存在。就公牛而言，一次射精所含的精子数量可以使 3.6×10^4 个卵子受精，即使制成细管冷冻精液也只能生产 500~600 头份（支）。而采用体外受精，可克服生理屏障，极大地提高公、母牛的繁殖潜力。其次，体外受精是克服由于输卵管不通造成牛不孕的有效手段。同时，体外受精卵还是胚胎的核移植、基因导入及胚胎性别鉴定等技术研究的素材。因此，体外受精对牛的胚胎生产、改良育种和提高生产力均具有重要意义。

体外受精技术的主要操作程序包括精子的采集、精子的获能、卵子的采集和卵子的成熟、受精、受精卵培养和移植等。受精的成功与否，主要在于精子的获能和卵子的成熟这两个环节。

目前，体外受精的卵母细胞体外培养成熟率达 90%，受精率达 70%~85%，囊胚率为 25%~35%；体外受精冷冻胚胎的妊娠率为 30%~40%；活体采卵的采集率为 60%~70%，可用卵母细胞可达 90% 以上，体外受精后的细胞分裂率为 40%~50%，发育成可用胚近 20%。加拿大、澳大利亚、新西兰等国，已大量利用屠宰场取的卵巢，进行商业化生产体外受精胚胎，每枚售价约 50 美元。

七、克隆技术

克隆（Clone）又称无性繁殖，是一个生物体或细胞通过无性繁殖而产生的一个群体，组成这种群体的每一个个体在基因型上应该都是相同的。动物克隆包括孤雌激活生殖、同卵双生、胚胎分割以及核移植等。通常所指的克隆大多为核克隆，它是通过显微操作、电融合等一系列特殊的人工手段，将供体核（胚胎分裂球或体细胞）植入成熟去核的卵母细胞（受体细胞）中，构成一个重组胚胎的过程。

由于动物克隆具有能使遗传性状优秀的个体大量增殖，加快动物育种进展等优点，其技术得到了迅速发展和广泛利用。牛的胚胎克隆最早获得成功的是 Prathen 于 1987 年获得 2 头核移植牛犊，成功率为 1%；Bondiolil 等 1990 年用 16~64 细胞胚胎作核供体，获得了 8 头来自同一核供体胚胎表现型的犊牛，移植成功率为 20%。我国克隆牛于 1995 年首获成功。此项技术目前虽然尚处在试验阶段，但有广阔的发展前景。

无性繁殖这套技术还可用于保存濒危动物和复制具有巨大经济价值的转基因动物（如在乳汁中分泌有重要医疗价值的贵重蛋白质、多肽药物）。因此，即使需要投入大量的人力、财力，使之实用化、规模化也是值得的。

八、XY 精子分离

哺乳动物含 Y 染色体的精子与卵子受精，形成 XY 型合子，发育成为雄性个体。含 X 染色体的精子与卵子受精形成 XX 合子，发育成为雌性个体。根据这一基本原理，人们在控制后代性别比例方面，进行了一系列研究。

近代研究证明，X 精子与 Y 精子在许多方面存在着一定差异。如 X 精子比 Y 精子头部大而圆，体及核也较大，Y 精子头部小而尖；X 精子与 Y 精子的 DNA 有含量差异，在牛方面差异为 3%~9%；精子膜的分布也有差异，Y 精子尾部膜电荷量较高，X 精子头部膜电荷量较高；Y 精子带有 H-Y 抗原，X 精子则无；Y 精子对 H-Y 抗原的抗力有反应，X 精子则无。X 精子与 Y 精子的运动能力也不相同，Y 精子运动能力较强，在含血清蛋白的稀释液中呈直线前进运动。Y 精子较耐弱碱而不耐酸性，X 精子则较耐弱酸性而不耐碱性等。基于以上情况，人们进行了大量分离 X 精子、Y 精子的研究。

近年来美国 XY 公司所开发了 XY 精子分离技术，推进了性别控制技术的实用化。

1. XY 精子分离技术

1989 年美国 XY 公司首次应用流式细胞仪成功将 XY 精子分离，并达到一定的精确度。以后，又经过 11 年的不断技术更新和开发，该项技术从 2000 年开始从实验室成功进入商业化生产应用，至今已利用分离 X 精子对 10 787 头青年母牛进行了人工授精，受孕率达到 53%。

2. XY 精子分离技术的原理

X 和 Y 精子 DNA 含量存在差异，X 含量大于 Y 含量，因而荧光染料着色会出现差异。

其技术原理如下图所示：精子经荧光染料染色后，通过流式细胞仪时液流与激光交截，精子上的荧光染料被氩离子紫外激光激发，产生蓝色激发光。由于 X 精子所含有 DNA 比 Y 精子多，其结合上的荧光染料就相对比较多，所激发出的荧光会比 Y 更强。

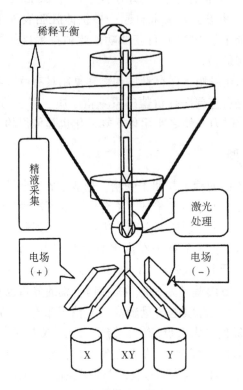

XY 精子分离工艺流程图

荧光信号通过光电倍增管探测并转变成电信号，传递给流式细胞仪的信息处理芯片，由它迅速根据 DNA 含量的差别分辨出 X 精子和 Y 精子，处理得到的信息又迅速反馈回到液流上，使之充上正电荷或者负电荷。

同时由于喷嘴产生高频率的震动，喷射出的液柱也就形成一滴滴包含有 X 精子或者 Y 精子且带有正电荷或者负电荷的液滴，液滴的两旁放置有电极，产生高压电场。这样，携带不同电荷的液滴在电场作用力的引导下，落入左右两旁的收集容器中，X 精子和 Y 精子得以分离。

3. 精子分离技术的研究发展

首次成功：　　　1989 年　　　初期研究：1989—1998 年
中期研究：　　　1999—2001 年　生产应用：2000 年英国
分离精子速度：1992—1997 年　200~300 个/秒　1998—2000 年　　1 000~2 000/秒

2001—　　　　　　　3 000~5 000/秒

分离精子准确度：>90%

人工授精青年母牛受孕率：>50%

4. XY 精子分离技术在国外的应用

XY 精子分离技术在国外已进入商业化应用阶段，由于母牛犊的经济效益及国际乳业发展需求，国际上都将该技术应用重点放在荷斯坦牛精子分离上。

英国科肯特公司是世界上第一家利用分离精子技术投入生产的公司。目前，科肯特公司拥有 10 台流式细胞仪，每天 24 小时运转，由 4 名技术员操作。如按每台仪器每小时分离 X 精子和 Y 精子各 1 080 万个，每天 20 小时分离精子计算，每天每台仪器可分离 X 精子和 Y 精子各 2.16 亿个。那么该公司分离 X 精子和 Y 精子的日产量各为 21.6 亿个（每个输精剂量为 200 万精子计，则 1 080 支 X 精子细管）。

目前美国德克萨斯州拥有流式细胞仪 8 台，阿根廷 3 台、日本 2 台、巴西 1 台、墨西哥 4 台。效益最好的是墨西哥 XY 公司，经过一年的现场试验，该公司于 2004 年正式大量向市场提供良种牛 XY 冻精。目前，每台仪器每天可分离出 150 支细管 X 精液，4 台分离仪每月可提供 18 000 支细管 X 精液，分离精确度都在 90%以上，人工授精青年母牛的受孕率保持在 60%以上。

5. XY 精子分离技术在我国的应用

由中国种畜进出口有限公司、新疆金牛生物股份有限公司和美国亚达国际出口公司共同投资的 XY 种畜有限公司，从美国 XY 公司和 DC 公司引进 XY 精子分离技术和设备，首批 7 套设备已正式投产。中美合资的 XY 种畜公司第一期工程引进安装 40 台 XY 精子分离仪，同时拥有 50 头从美国和加拿大进口的良种荷斯坦种公牛，可以保证所有分离的 X 精子都具有优良的遗传品质，由其繁殖的母牛犊都能达到北美优良荷斯坦牛的性能指标。同时天津 XY 公司、内蒙古、黑龙江、山东等地业已先后批量引进世界先进的流式细胞仪，进行精子分离。开始向全国批量提供性控冻精和性控胚胎。

目前，我国 XY 精子分离的准确率达 90%以上，在太行云牛生产中，性控冷冻精液应用于太行云牛育成母牛的情期配种受胎率可达 60%以上。

第五章 太行云牛育肥技术

第一节 太行云牛育肥生产

一、太行云牛育肥的原理

太行云牛育肥生产的目标是获得较高的日增重、生产更多的优质牛肉以及取得最大的经济效益。随着对反刍动物营养研究的不断深入和饲料工业化的不断发展，太行云牛育肥的日增重、饲料转化率不断提高，出栏年龄也已逐渐提前，牛肉品质也不断提高。特别是国民经济收入迅猛增长、健康营养消费意识日益增强，中高端牛肉的市场需求与日俱增，使肉牛育肥成为太行云牛生产的关键环节。太行云牛育肥的实质，就是通过给肉牛创造适宜的管理条件、提供丰富的日粮营养，以期在较短的时间内获取较大的日增重和更多的优质牛肉，在繁荣市场供给的基础上，获取太行云牛产业巨大的经济效益。

1. 育肥牛营养需要

太行云牛育肥的营养需要可概略为 3 个部分。

基础代谢需要：即在不增重、不生产、不失重的条件下维持其生命特征（包括体温、新陈代谢、逍遥运动等）的营养需要，又称为基础需要或维持需要；

生长发育需要：即在维持需要的基础上增加机体正常增长的营养需要，如由幼龄到成年机体不断增加的营养需要；

生产需要：即在维持和生长发育营养需要的基础上，再增加繁殖、泌乳、育肥等产犊、产奶、产肉，形成产品的需要。

太行云牛的育肥是其生产的重要组成部分，其营养需要是在正常生长发育需要的基础上，再增加囤肥、增重的营养需要。

可见，所谓肉牛育肥，就是必须使日粮中的营养成分含量高于牛本身维持和正常生长发育所需的营养，使多余的营养以体组织的形式沉积于体内，获得高于正常生长发育的日增重，以缩短生产周期，及早达到肥牛出栏的目的。对于幼牛，其日粮营养应高于维持营养需要和正常生长发育所需营养；对于成年牛，则要大于维持营养需要。

由于维持需要没有直接产品，仅是维持生命活动所必需。所以在育肥过程中，日增重愈高，维持需要所占的比重愈小，饲料的转化效率就愈高。各种牛只要体重一致，其维持需要量相差不大，仅仅是沉积的体组织成分的差别，所以降低维持需要量的比例是肉牛育肥的核心问题，或者说，提高日增重是太行云牛育肥核心。

2. 育肥牛的增重

太行云牛的肥育增重受不同年龄、不同营养水平以及不同饲养管理方式的直接影响，同时确定日增重大小也必须考虑经济效益和牛的健康状况。过高的日增重，需要较高的营养水平和相对较高的管理条件。为经济高效，在太行云牛现有生产条件下，育肥后期的日增重以 1.5 千克比较经济。

不同年龄的育肥牛，其增重的内涵不同，如幼龄牛肥育增重的体组织主要是肌肉、骨骼，脂肪的比例很小；而成年牛肥育，增重的主要成分是脂肪和肌肉，骨骼基本不变。而饲料转化为肌肉的效率远高于转化为脂肪的效率。因而太行云牛的育肥生产，建议以肥育幼龄牛为主体，出栏肥牛月龄应控制在 30 月龄之前、体重在 600 千克左右比较经济，效益较高。

不同的营养供给方式会影响牛肉品质。养殖户可根据市场，生产适销对路的牛肉。一般肥育太行云牛，可分为前中后 3 个阶段或育肥期别。生产高脂肪牛肉，出口日本、韩国时，应采取低-高、中-高、高-高的营养供给方式；生产低脂肪牛肉，宜采取中-中，即持续的中等营养供给方式。

二、太行云牛的育肥方式

太行云牛在出栏或屠宰前的一定时期内，喂以充足营养的饲料，以提高牛肉的产量和品质，这一过程称之为肉牛育肥。太行云牛的育肥分直线育肥或持续育肥、强度育肥、架子牛育肥或异地育肥、成年牛育肥等多种育肥方式。

1. 直线育肥

直线育肥或持续育肥：即从犊牛哺乳后期开始，持续供给充足营养的日粮，保持相对较高的增重水平。

2. 强度育肥

系指对断奶后的幼龄牛，供给高营养水平的日粮，促进其快速生长发育和囤肥，及早达到一定体重出栏销售。

3. 架子牛育肥及异地育肥

即犊牛断奶后，经过一定时段（一般半年左右）较低营养水平舍饲或放牧的育成牛，进行集中肥育或异地到草料资源丰盛的地域进行高营养水平的肥育生产，以充分利用太行云牛补偿生长的特性，获取较大经济效益。

4. 成年牛或老龄牛育肥

系指失去繁殖能力的成年母牛或失去种用价值的种公牛等，采用高营养水平进行短期饲养，用以提高出栏重和产肉量，增大残值收入的饲养措施。

犊牛和幼龄牛正处于生长发育的阶段，饲料营养充足时，体重的增加主要是骨骼和肌肉的生长，成年牛的育肥则是以脂肪的沉积为主。因而，在育肥幼龄牛时应供应充足的蛋白质和适当的热能，成年牛育肥则要供应充足的能量。任何年龄段的肉牛，当脂肪沉积到一定程度后，都会因过肥而生活力下降，饲料转化率降低，日增重减少。如果再持续较长时间进行育肥则不经济。一般来讲，年龄越小，育肥期越长，犊牛育肥即直线育肥需 1 年以上；架子牛育肥，育肥期应控制在 1 年以内。年龄越大，则育肥期越短，成年牛育肥一般以 3~4 个月比较经济。

三、影响太行云牛育肥效果的因素

1. 育肥牛年龄

太行云牛 1 周岁左右生长发育最快，1~2 岁增重次之，2 岁以后生长速度明显减慢。最常见的育肥年龄是选择 1~1.5 岁牛，经 3~5 个月的育肥。最经济的出栏、屠宰年龄一般是 1.5~2.0 岁，最迟不超过 3 岁。

饲料利用率随年龄的增长和体重的增大而呈下降趋势，一般年龄越大，每千克增重消耗的饲料也越多。对于太行云牛而言，牛肉品质和出栏体重有非常密切的关系，出栏体重小，往往不如体重大的牛。但变化不如年龄的影响大。按年龄，大理石花纹形成的规律是：12 月龄以前花纹很少，12~24 月龄，花纹迅速增加，30 月龄以后花纹虽有增加趋势，但幅度很小。由此看出要获得经济效益高的优质牛肉，可在 18~24 月龄时出栏。此阶段增重快，日粮转化率高，经济效益大。只有在以生产大理石花纹极为明显的高档牛肉为目标时，才有必要延长育肥期，增大出栏体重和年龄。

2. 育肥牛性别

太行云牛的性别是影响育肥速度显著因素，在同样的饲养条件下，以公牛生长最快，阉牛次之，母牛最慢。一般情况下，育肥太行云牛，公牛比阉牛的增重速度高 10%，阉牛比母牛的增重速度高 10%。这是因为公牛体内性激素——睾酮含量高的缘故。因此如果在 24 月龄以内肥育出栏的公牛，以不去势为好。

牛的性别同时影响牛肉的质量。通常情况下，对两岁以前出栏的太行云牛而言，公牛比阉牛、母牛具有较多的瘦肉，肉色鲜艳，风味醇厚，具有较高的屠宰率和较大的眼肌面积，经济效益高；母牛肌纤维细，结缔组织较少，肉味亦好，也容易育肥；而阉牛胴体则有较多的脂肪。

3. 育肥季节

太行云牛育肥以春、秋两季较好。太行地区春秋季节，气候温和，蚊蝇少，适宜肉牛生长，牛采食量大，饲料报酬高。夏季天气炎热，肉牛食欲下降，不利于肉牛的增重育肥。必要的夏季肉牛育肥，要做好防暑降温工作，在室外搭凉棚，防止暴晒。冬季由于气温低，牛体用于维持需要的能量消耗增加，饲料消耗增加，饲料报酬下降，增重减慢。因而，可调节配种产犊季节，尽量避免冬季育肥。调整的方法是在4、5月份配种，来年2、3月份产犊，第三年春夏秋季育肥，入冬前出栏。

4. 环境、营养与管理

环境因素包括饲养水平和营养状况、管理水平、外界气温等。尽管遗传是基础，环境是条件，而对太行云牛的肥育成绩而言，遗传因素的影响仅占30%，而环境因素对太行云牛生产能力的影响占到70%。

（1）营养因素

① 饲养水平和营养状况。

饲料是改善牛肉品质、提高牛肉产量的最重要因素。日粮营养是转化牛肉的物质基础，恰当的营养水平与牛体生长发育规律的有机结合，能使育肥肉牛提高产肉量，并获得品质优良的牛肉。另外肉牛在不同的生长育肥阶段，对营养水平要求不同，幼龄牛处于生长发育阶段，增重以肌肉为主，所以需要较多的蛋白质饲料；而成年牛和育肥后期增重以脂肪为主，所以需要较高的能量饲料。饲料转化为肌肉的效率远远高于饲料转化为脂肪的效率。

② 精、粗饲料比例。

在太行云牛的育肥阶段，精饲料可以提高牛胴体脂肪含量，提高牛肉的等级，改善牛肉风味。粗饲料在育肥前期可锻炼胃肠机能，预防疾病的发生，这主要是由于牛在采食粗料时，能增加唾液分泌并使牛的瘤胃微生物大量繁殖，使肉牛处于正常的生理状态。另外由于粗饲料可消化养分含量低，可有效防止血糖过高，低血糖可刺激牛分泌生长激素，从而促进生长发育。

一般肉牛育肥阶段日粮的精、粗饲料比例建议为：前期粗料为55%~65%，精料为45%~35%；中期粗料为45%，精料为55%；后期粗料为15%~25%，精料为75%~85%。换言之，通常情况下，育肥前期，以粗饲料为主，一方面可以刺激瘤胃健全和发育，提升草料消化利用率，另一方面可以降低饲养成本，日粮精粗比例可设置为3∶7到4∶6；肥育中期日粮一般设置为5∶5，使瘤胃逐步适应于高精料日粮；肥育后期，从增加日增重、改善牛肉品质等方面考虑，必须提供高营养浓度日粮，因而日粮精粗比例可提升为6∶4到7∶3。

③ 营养水平。

采用不同的营养水平，增重效果不同。实践证明，育肥前期采用高营养水平时，虽然前期日增重提高，但持续时间不会很长。当继续高营养水平饲养时，增重反而降低；相反，育肥前期采用低营养水平，前期虽增重较低，但当采用高营养水平日粮时，增重明显提高。从育肥全程的日增重和饲养天数综合比较，育肥前期，营养水平不宜过高，太行云牛肥育期的营养类型以中高型较为理想。

④ 饲料添加剂。

使用适当的饲料添加剂可使太行云牛增重速度提高，如脲酶抑制剂、瘤胃调控剂、瘤胃素等。见肉牛饲料添加剂部分。

⑤ 饲料形状。

饲料的不同形状，育肥肉牛的效果不同。一般来说颗粒料的效果优于粉状料，使日增重明显增加。所以精料粉碎不宜过细，粗饲料以切短利用效果较好。

（2）环境温度、湿度　环境温度对太行云牛育肥增重效果具有明显的影响。研究表明，太行云牛生产的最适气温为 10~21℃，气温低于 7℃，牛体产热量增加，维持需要增加，要消耗较多的饲料，太行云牛的采食量增加 2%~25%；环境温度高于 27℃，牛的采食量降低 3%~35%，日增重明显降低。在温暖环境中反刍动物利用粗饲料能力增强，而在较低温度时消化能力下降。在低温环境下，犊牛比成年牛更易受温度影响。

空气湿度也会影响牛的育肥，因为湿度会影响牛对温度的感受性，尤其是低温和高温条件下，高湿会加剧低温和高温对牛的危害。

总之，不适合牛生长的恶劣环境和气候对太行云牛肥育效果有较大影响。所以，在冬、夏季节要注意保暖和降温，为太行云牛创造良好的生活和生产环境。

（3）饲养管理因素　饲养管理的好坏直接影响太行云牛的肥育速度。除营养供给外，尽量使肥育牛减少运动消耗。圈舍应保持良好的卫生状况和环境条件，育肥前进行驱虫和疫病防治，经常刷拭牛体，保持体表干净等，对太行云牛肥育期的增重具有积极的促进作用。

① 放牧育肥。

牛群放牧是最经济的饲养管理方式。然而太行山区，冬长夏短，牧草的丰盛程度季节性变化明显。太行地区夏秋季牧草茂盛，可充分利用牧草资源进行放牧管理，以降低饲养成本，提高养殖生产效益。然为保障牛群的营养需要，早春、晚冬应采用放牧加补饲的育肥生产方案。即放牧牛群补饲精料、粗料、矿物质盐、石粉和磷酸氢钙等，具有较大的经济效益。

② 舍饲育肥。

舍饲育肥是肉牛集中育肥最常用的方式。舍饲育肥一般有 3 种方式：一是每天定时饲喂 2~3 次，饲喂后放于运动场自由活动；二是小围栏自由饲养，每个小围栏放若干头牛，自由采食、饮水、运动；三是全天拴系饲养，自由采食饮水，定时补饲精料，这种方式是当前规模化肉牛集中育肥最常用方式。

四、太行云牛育肥生产模式

1. 犊牛育肥

犊牛育肥是指用较多量的牛乳及精料饲喂犊牛，至 5~6 月龄，体重达 200 千克左右即直接屠宰。其肉质柔嫩、营养价值极高，是一种优质高档牛。

太行云牛的犊牛均可用于犊牛育肥，且是犊牛育肥的优秀资源。一般选择出生体重 35 千克以上的公犊牛进行犊牛育肥，效果更好。

按初生重 35 千克计，第一次哺喂初乳量为 1~1.5 千克，其后随母哺乳，从 5 周训练采食草料，10 周龄起，犊牛精补料日喂量达到 0.5~0.6 千克。随后精料量逐渐增加，到出栏时每天精料的日饲喂量增加到 3~4 千克。

2. 幼龄牛育肥

幼龄牛强度育肥是指犊牛断奶后直接转入育肥舍进行育肥，采用全舍饲、高营养集中育肥的方法，使牛日增重保持在 1.2 千克以上。至周岁，体重达 400 千克左右，结束育肥，出栏屠宰。具体饲养方法是供应充足青粗饲料、青贮饲料，定量供给精饲料，全天候自由饮水。

肉牛育肥生产

幼龄牛强度育肥的精料参考配方：

玉米 70%、豆粕 15%、麦麸 10%、石粉 2%、食盐 1%、微量元素预混料 1%、维生素预混料 1%。精料预混料的日饲喂量 3~5 千克。

3. 架子牛育肥

（1）架子牛的概念　多在冬季产犊，犊牛随母哺乳，放牧青草，等到 6 月龄断奶时，正好赶上冬季，在严寒气候和枯草饲养条件下，导致牛生长速度下降，骨骼、内脏和部分肌肉发育，架子长成，具有一定骨架，但不够屠宰体况的1.0~1.5 岁龄牛，习惯上称这些牛为架子牛。

(2) 架子牛育肥　太行云牛的繁育母牛多饲养于千家万户，饲养方式多为半舍饲半放牧，犊牛随母哺乳。母牛带犊繁育，生产犊牛。肉牛育肥场则收购犊牛和架子牛集中进行育肥生产。在农户饲养阶段堪称吊架子饲养。架子牛的营养需要由维持需要和生长发育需要两方面决定。在吊架子牛饲养阶段，虽有一定的日增重，但由于农户饲养投入有限，一般日增重多在 0.50 千克左右。而架子牛营养贫乏时间不宜过长，以免形成小老头牛。当架子牛体重达 250~300 千克时，应开始育肥。架子牛阶段越长，用于维持营养需要的比例越大，经济效益越低。所以实施架子牛育肥也应选择年龄在 1.5~2 岁的架子牛，年龄偏大的育肥效果和牛肉品质会下降。选择架子牛进行育肥时还应注意，一般架子公牛的生长速度及饲料利用率高于阉牛 10%，阉牛高于母牛 10% 左右，所以应选择架子公牛为好，同时要求体躯长、胸宽深、背宽平、体格扩张，呈长方体型的个体为好。

架子牛育肥一般在第二个冬季到来前出栏，以提高饲养回报率。

架子牛育肥又称为异地育肥。亦即从偏远山区饲养集中到育肥场管理。架子牛的运输，天气炎热时应在傍晚装车，夜间运输，次日到场；寒冷天气应避开雨雪天气，白天运输；途中过宿的，应将车辆停放在避风处，防止冻伤。为减少运输过程应激的发生，可在运输前 30 分钟，肌内注射镇静药物氯丙嗪、静松灵，或运输前 2~3 天开始口服维生素 A。

架子牛运输到场后，先进行 1 周左右的过渡期饲养。对新运回的架子牛，第一天实行限饮限食。饮水中加麦麸 300~400 克，人工盐 100~150 克。第二天开始给予充足饮水，饲喂优质干草及少量青贮饲料。1~3 天内不宜饲喂精料。从 4 天起，开始加喂精饲料，每天 1.5~2.0 千克，以后逐渐增加精饲料的饲喂量。

架子牛育肥日粮精料所占比例为日粮的 50%~80%。

架子牛育肥精料参考配方：

玉米 65%、麸皮 10%、饼粕类 20%、磷酸氢钙 2%、微量元素预混料 1%、维生素预混料 1%、食盐 1%。精料日喂量大体按肉牛每 80 千克体重，饲喂 1 千克精料计算。

架子牛育肥应单槽饲喂，日喂 3 次。粗饲料可根据实际情况，供给青贮玉米、黄贮玉米秸、氨化秸秆、优质青干草或自然干燥的秸秆等，自由采食，不限量。

4. 成年牛育肥

用于育肥的成年牛一般是指失去特定用途诸如繁殖、种用等生产功能后的公母牛或淘汰牛，这类牛一般年龄大、产肉率低、肉质差。但经过 2~4 个月的短期育肥，可以增加牛的产肉量和肌肉纤维之间脂肪的沉积量，牛肉的味道和嫩度得到改善，使最终经济价值提高。

进行 2~4 个月的短期育肥，成年牛育肥精料参考配方：

玉米 72%、麸皮 8%、饼粕类 15%、磷酸氢钙 2%、微量元素预混料 1%、维生素预混料 1%、食盐 1%。

精料日喂量大体按肉牛 100 千克体重，饲喂 1 千克精料计算。粗饲料有青贮玉米、黄贮玉米秸、氨化秸秆、优质青干草或自然干燥的秸秆等，自由采食，不限量。

五、育肥牛营养供给参考

太行云牛育肥期营养供给参照表 5-1。

表 5-1　育成牛育肥期每日营养需要

体重（千克）	日增重（千克）	干物质（千克）	粗蛋白（克）	钙（克）	磷（克）	代谢能（兆焦/千克）	胡萝卜素（毫克）
150	0.9	4.53	540	29.5	13.0	10.7	25
	1.2	4.90	645	37.5	15.5	10.9	27
200	0.9	5.34	600	30.5	14.5	10.5	29.5
	1.2	6.0	700	38.5	17.0	10.7	33
250	0.9	6.11	650	31.5	16.0	10.3	33.5
	1.2	6.85	755	39.5	18.5	10.5	37.5
300	0.9	6.85	700	32.5	17.5	10.0	37.5
	1.2	7.82	805	40.0	20.0	10.3	43
350	0.9	7.56	750	33.5	19.0	10.0	41.5
	1.2	8.71	855	41.0	21.5	10.3	48.0
400	0.8	7.96	765	32.0	19.5	10.0	44.0
	1.0	8.55	830	37.0	21.0	10.3	47.0
450	0.7	8.30	775	31.0	20.5	9.8	45.5
	0.9	8.94	845	35.5	22.0	10.0	49.17

第二节　育肥牛饲养管理

一、育肥牛的饲养

育肥牛的饲养，可采取放牧和舍饲两种方法，放牧育肥可降低成本，即节省青粗饲料的开支，但只适于一般普通牛肉的生产，因为放牧行走耗费能量，使牛难以获得较大的日增重，日增重小则沉积脂肪也少，导致肉的口感和风味均较差。牛运动量大，肌肉的颜色变深，结缔组织交联紧密，使肉质变硬（即不够嫩）。在同样营养水平下放牧的饲料转化效率（增重）也相对较低。

1. 放牧育肥饲养

放牧育肥必须选择牧草丰盛与水源、牛圈相近的天然草场，人工草场更佳。进入育肥前给牛驱虫。条件许可，以全天放牧自由采食为好，但要获得500克以上的日增重，则必须补饲配合料。最佳补饲方法是在牛归牧后夜间定时把配合料投于牛圈的饲槽中让其舔食，配合料应按当地牧草情况调配，使营养元素搭配恰当。对于从外地购入或从未喂过精料的牛，补料时必须从少到多，最少经7~10天过渡期才能补到最大量。因为放牧牛每天补料一次，难以适应大量补料，若每天一次大量补料，未能与粗料配合，极易造成牛消化失调。牛每天饮水不少于3次。枯草期不宜放牧育肥。此外，还要注意牧地应地势平整，无各种污染和蛇害、兽害。

肉牛放牧育肥

2. 舍饲育肥饲养

舍饲育肥可获优质牛肉，饲料转化效率也高，饲养方式有：小围栏自由采食，小围栏定时饲喂，定时上槽、下槽、运动场休息和全天拴系定时饲喂等。

（1）小围栏饲喂　按牛大小每栏6~12头牛，充分利用牛的竞食特性，可获最大的采食量，因而牛的日增重较高。采取自由采食时牛的增重均匀，但草料浪费较大，因草料长时间在槽中被牛唾液沾和后，牛便不爱采食。小围栏定时上槽虽然可以避免上述缺点，但由于牛的竞争特性，造成少数牛吃食不足，育肥增重效果不均匀，少数牛拖后出栏。另外，小围栏设施的投资也较大。

（2）定时上槽拴系饲喂，下槽运动场休息、饮水　此法由于每头牛固定槽位，竞食性发挥差些，使干物质采食量达不到最高，但草料浪费少，牛的育肥增重均匀。缺点是费工（上槽拴牛、下槽放牛耗时），牛群大，牛在运动场中奔跑和抵架的概率大于小围栏。由于运动场面积占用大，所以土地投入成本加大。

（3）全天拴系饲养　这种方法节省劳动力，而且牛的运动量受到限制，因而饲料效率最高，可获得品质优良的牛肉，可按个体的情况作饲料量调整，且土地与牛舍投入均节省。但由于牛在育肥期间缺少活动而抗病力较差，随体膘增加而食欲下降较其他饲养方式明显，全育肥期可能获得的平均日增重略逊于小围栏，但综合效益较好。全天拴系时必须给牛饲槽安装自动饮水器或饲喂后饲槽中添水，让牛随时能饮到清洁的水。因为牛长期缺乏阳光直接照射，所以日粮中必须配足维生素D。牛舍的清洁卫生、牛的防疫检疫及健康观察要更细心严格。公牛育肥还要注意缰绳的松紧适度，避免牛互相爬跨造成摔、跌、伤残的严重损失。

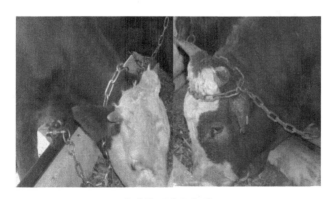

肉牛拴系育肥饲养

3. 饲喂方法

（1）日喂次数　以自由采食最好，以日喂2次最差。日喂2次相当于人为限制了牛的采食，因为牛的瘤胃容积所限，两次饲喂平均瘤胃充满的时间少，而自由采食则全天充满时间最长，达到充分采食。若延长饲喂时间，则往往造成牛连续长时站立，增加能量消耗，降低饲喂效果。在高精料日粮下，自由采食明显地降低消化道疾病的发病率（例如瘤胃酸中毒）。日喂 2 次时，由于精料集中 2 次食入，瘤胃中峰值精料量高，短时激烈发酵，产生有机酸量大，使瘤胃 pH 降到 5 以下造成酸中毒。而全天自由采食则不会出现发酵的明显峰值，使牛耐受日精料量高，效果较好。日喂 3 次远较日喂 2 次好（精料发酵造成有机酸量峰值几乎下降 1/3。日喂 4 次较日喂 3 次好，但日喂 4 次饲养员劳动强度大，必须采用两班制（即饲养工增加 1 倍），使所得饲养效果的经济效益为零或负。全天自由采食则常造成草料浪费，使成本增加。以采取 3 次不均衡上槽：6: 30—8: 30、13: 30—15: 30、20: 00—21: 30，每天总上槽时间为 5 个半小时到 6 个小时为宜。

（2）饲喂方法　目前饲喂方法有几种，其一是先喂青粗饲料，即过去我国农村饲喂役牛的方法。此法是在精料少的时候效果好。但日喂精料量大时，牛的食欲降低，牛等待吃副料和精料，并不好好吃粗料，使总采食量下降，下槽后剩料多，造成浪费。先喂精料和副料后喂粗料，则可避免上述缺点，但是又存在新的问题，当牛食欲欠佳时，吃光了精料和副料不再吃青粗料，造成精粗比例严重失调，导致消化失调、紊乱和酸中毒等，经济损失大。最好的方法是把精料和青粗料、副料混合成"全日粮"饲喂，这种处置可减轻牛挑食、待食和牛采食速度过快，采食量大，由于各种饲料混合和食入，不会产生精粗饲料比例失调，每顿食入日粮性质、种类、比例均一致，瘤胃微生物能保持最佳的发酵（消化）区系，使饲料转化率达到最佳水平。但全日粮要现拌现喂，不要拌得过多，以免造成冬天时冰冻、夏天发酵的损失。

4. 饲喂效果

首先提高粗饲料的质量，例如调制玉米全株青贮、氨化秸秆、人工优质牧草等。青粗饲料质量提高，则减少精料比例，也可获得同样日增重，而避免牛消化器官疾病发生。氨化秸秆除提高营养价值外，还增加了对酸的缓冲能力，把它与青贮混合饲喂，可降减青贮低 pH 的负面影响，使采食量增大，对高精料日粮，则可降低精料驻瘤胃发酵快生成酸量大的负面影响。

牛育肥要求沉积脂肪，所以要求日粮为高热能类。配合饲料谷实类比例大。谷实类含淀粉多，生淀粉主要在瘤胃中被细菌分解为有机酸（丙酸比例大），被吸收后丙酸等转化为脂肪。谷类粉碎后随细度的增加，牛不爱吃，过粗则未完全消化即排出体外，造成浪费，而且牛的小肠淀粉酶分泌量不足，活性低，消化生淀粉的能力有限。所以在高谷物的精料喂量大时，牛会少吃和拒吃。对谷实采取蒸气压扁和膨化可提高适口性，因淀粉已被糊精化，在小肠中麦芽糖酶的量与活性优于淀粉酶，使到达小肠的谷实残余得到较充分消化，减免结肠反应，并由于小肠消化获得较多葡萄糖，使瘤胃产生的乙酸转化为脂肪的效率提高。综合效果，这两种加工方式使谷实的转化效率提高10%~15%。

采取制作高温颗粒饲料也是极有效的提高采食量和饲料效果的方法，但成本也会相应增加。

没有条件对谷实作蒸气压扁、膨化或制粒时，可将谷实粗粉（2毫米）用常压蒸气处理20~30分钟，凉至适温饲喂，也可得到相似效果。在相同育肥期下，牛的日增重、胴体背膘厚、大理石纹、胴体重、净肉率等，熟化组均明显优于生料组。

也可减少谷类，增加蛋白质饲料的比例（例如减少玉米20%，用饼粕代替），则牛也会食欲旺盛，不存在剩料。因为减少谷实粉的比例，未消化淀粉残渣到小肠的量减少，不易超过消化生淀粉的能力。过量的蛋白质转化为氨基酸被牛消化吸收，在肝脏脱氨基转化为葡萄糖，这个过程能量会损失18%左右，但由于葡萄糖来源增加使乙酸沉积效率提高，也弥补了大部分脱氨基的能量损失，所以效果也颇佳。用饼粕代替部分谷实，在炎热的夏季具有积极意义，因为蛋白质在瘤胃降解一般有半数左右，增加饼粕可减少在瘤胃被发酵的物质，使发酵热减少。而且淀粉是易发酵物，食入后瘤胃发酵短时产生大量热，外界气温偏高时，发酵热散发不畅，瘤胃内温度上升，若超过40℃时，则使瘤胃微生物的繁殖与活性下降，消化能力降低。所以增加饼粕比例可起到降低发酵热作用，使瘤胃功能维持正常。因此，这方法也是提高肥牛夏天抗热应激的措施之一。冬天则可维持日粮谷实的正常比例。在减少谷实比例的同时，可在配合料中喷入油脂，或用整粒棉籽和膨化大豆代替部分配合料，都能明显提高育肥效果。喷入油脂以肉牛油脂效果好。但必须经过高于135℃加热灭菌，以免导致疯牛病。油脂喷入量以不使日粮脂肪含量超过6%为佳，一般在精料中按6%~8%喷入为佳。采用"钙皂"（脂肪酸钙）加入效果更好，可在精料中加入12%~14%，但"钙皂"成本较高。

利用各种糟渣类副料代替部分精料，可降低日粮成本，提高经济效益。一般糟渣类虽然纤维素含量不低，但其物理性酷似精料，因此喂量过大同样造成消化紊乱。一般喂量达到日粮的20%（按干物质计算）效果最佳，极限用量不要超过50%，否则会出现负面效应。按喂量适当减少精料量，注意补充充足的矿物质、维生素、微量元素和缓冲剂。

育肥期日粮均为高精料类型，必须适量使用缓冲剂，以减免瘤胃酸中毒，提高饲料消化率。缓冲剂可采用3~5份小苏打与1份氧化镁组成，占精料的0.5%~1%。

日粮稳定十分重要，往往被农户和育肥场所忽视，使饲料效果达不到最佳。

二、育肥牛管理

① 认真完善生产记录，如出入牛场的牛均称重记录、日粮监测和消耗记录、疾病防治记录、气候和小气候噪音（牛舍内）监测记录等，作为改善经营管理、出现意外时弄清原因的依据和及时解决突发事件的依据。

② 认真执行疾病防治、环境、草料等检测工作。

③ 牛群必须按性别分开，若用激素法处理育肥牛类似妊娠状态，则出栏前10天必须终止处理，以免牛肉中残留激素，危害消费者健康。

④ 新购进牛，要在隔离牛舍观察10~15天，才能进入育肥牛舍。在隔离牛舍中驱虫和消除应激。经长途运输或驱赶的牛，当天和第二天可使用镇静剂来加快应激消除。按牛的应激程度和恢复情况，酌情控制副料和精料投喂，一般头几天以不喂副料和精料为宜，待牛适应了新环境和新粗料以后，逐日增加副料和精料喂量，以便取得最优效果以及避免应激和消化紊乱双重作用对生产造成的严重损失。

⑤ 育肥牛舍每天饲喂后清理打扫一次，保持良好的清洁状态，牛体每天刷拭1~2次，夏天饲槽每周用碱液刷洗消毒一次。牛出栏后，牛床彻底清扫，用石灰水、碱液或菌毒灭消毒一次。

⑥ 严格控制非生产人员进入牛舍（尤其是外来人员），周围有疫情时，禁止外来人员进入。

⑦ 认真拟定生产计划，按计划预备长期稳定的青粗料、精料的采购和供应。

⑧ 制定日常生产（饲喂）操作规程，禁止虐待牛，不适合饲牧的人员立即调离。

⑨ 做好防暑和防寒工作，其中防暑至关重要。

⑩ 注意市场动态和架子牛产地情况，及早调整生产安排，以适应市场需求。

第三节　特色牛肉生产技术

小牛肉是犊牛出生后饲养至1周岁之内屠宰所产之牛肉。小牛肉富含水分，鲜嫩多汁，蛋白质含量高而脂肪含量低，风味独特，营养丰富，是一种自然的理想高档牛肉。犊牛在1岁内屠宰，生长时间短，因此，为了提高小牛肉的生产率，对犊牛的饲养和育肥必须按照营养需要和饲养标准进行。

小白牛肉生产，顾名思义即犊牛育肥，指用较多数量的乳汁饲喂犊牛，并把哺乳期延长到4~7月龄，断奶后屠宰。因犊牛年幼，其肉质细嫩，肉色全白或稍带浅粉色，味道鲜美，带有乳香气味，故有"小白牛肉"之称，其价格在国际市场上是一般牛肉的8~10倍。国外牛奶生产过剩的国家，常用廉价牛奶生产这种牛肉。在我国，进行小白牛肉生产，可满足星级宾馆饭店对高档牛肉的需要，是一项具有广阔发展前景的产业。

一、小牛肉生产技术

1. 育肥牛选择

生产小牛肉应尽量选择早期生长发育速度快的牛品种，因此，太行云牛的公犊和淘汰母犊是生产小牛肉的良好选材。在国外，奶牛公犊也是被广泛利用生产小牛肉的原材料之一。小牛肉生产以公犊牛为主，利用公犊前期生长快、育肥成本低的优势，科学组织生产。

2. 育肥生产技术

小牛肉生产，实际是育肥与犊牛的生长同期。犊牛出生后3日内可以采用随母哺乳，也可采用人工哺乳，但出生3日后必须改由人工哺乳，1月龄内按体重的8%~9%喂给牛奶。在国外，为了节省牛奶，更广泛采用代乳料。表5-2给出了3例犊牛1月龄内的代乳料配方。

表5-2　犊牛初生至1月龄的代乳料配方

序号	类别	配方组成	采用国家
1	代乳品	脱脂奶粉60%~70%、玉米粉1%~10%、猪油15%~20%、乳清15%~20%、矿物质+维生素2%	丹麦
2	代乳品	脱脂奶粉10%、优质鱼粉5%、大豆粉12%、动物性脂肪71%、矿物质+维生素2%	日本
	前期人工乳	玉米55%、优质鱼粉5%、大豆饼38%、矿物质+维生素2%	
	后期人工乳	玉米42%、高粱10%、优质鱼粉4%、大豆饼20%、麦麸12%、苜蓿粉5%、糖蜜4%、维生素+矿物质3%	
3	人工乳	玉米+高粱40%~50%、乳清粉5%~10%、麦麸+米糠5%~10%、亚麻饼20%~30%、油脂5%~10%	日本

精料量从7~10日龄开始习食后逐渐增加到0.5~0.6千克，青干草或青草任其自由采食。1月龄后，精料和青干草则继续增加，直至育肥到6月龄为止。可以在此阶段出售，也可继续育肥至7~8月龄或1周岁出栏。出栏时期的选择，根据消费者对小牛肉口味喜好的要求而定，不同国家之间并不相同。

生产小牛肉，犊牛以选择公犊牛为佳，因为公犊牛生长快，可以提高牛肉生产率和经济效益。犊牛初生体重一般要求初生重在35千克以上，健康无病，无缺损。

3. 育肥饲养要点

小牛肉生产为了保证犊牛的生长发育潜力尽量发挥，代乳品和育肥精料的饲喂一定要数量充足，质量可靠。国外采用代乳品喂养，完全是为了节省用奶。实践证明，采用全乳比代用乳牛的日增重高。如日本采用全乳和代用乳饲喂犊牛的比较结果列于表5-3。

表5-3　采用全乳和代用乳饲喂犊牛的结果比较

组别	饲喂全乳	饲喂代用乳
试验牛头数（头）	8	31
犊牛平均初生重（千克）	42.2	47.0
90日龄平均体重（千克）	142.2	122.0
平均日增重（千克）	1.1	0.73

因此，在采用全乳还是代用乳饲喂时，国内可根据综合的支出成本高低来决定采用哪种类型。因为如果不采用工厂化批量生产，代乳品或人工乳的成本反而会高于全乳。所以在小规模生产中，使用全乳喂养可能效益更好。1月龄后，犊牛随年龄的增长，日增重潜力逐渐提高，营养的需求也逐渐由以奶为主向以草料为主过渡。因此，为了提高增重效果并减少疾病发生，育肥精料应具有高热能、易消化的特点，并加入少量抑菌药物。表5-4推荐了2例犊牛育肥的混合精料配方。

表5-4　犊牛育肥混合精料参考配方（%）

序号	玉米	豆饼	大麦	乳清粉	油脂	磷酸氢钙	食盐	麸皮	干甜菜渣	磷酸钙
1	60	12	13	3.0	10	1.5	0.5	—	—	—
2	42	15	—	2.5	—		0.3	25	15	0.3

在采用代乳品的情况下，育肥犊牛6月龄时，每天应给2~3千克代乳料（干物质）。代乳料哺喂时的温度夏季控制在37~38℃，冬季以39~42℃为宜。2周龄后，代乳料的温度可逐渐降低到30~35℃。

以上配方可每千克加土霉素22毫克作抗菌剂，冬春季节因青绿饲料缺乏，可每千克加10~20国际单位的维生素A，以补充不足。

小牛肉生产应控制犊牛不要接触泥土，所以育肥牛栏多采用漏粪地板。育肥期内，每日喂料2~3次，自由饮水。冬季应饮20℃左右的温水，夏季可饮凉水。犊牛发生软便时，不必减食，可以给予温开水，但给水量不能太多，以免造成"水腹"。若出现消化不良，可酌情减喂精料，并用药物治疗。如下痢不止、有顽固性症状时，则应停止喂食，并注射抗生素类药物和补液。

4. 小牛肉生产指标

小牛肉分大胴体和小胴体。犊牛育肥至 6~8 月龄，体重达到 250~300 千克，屠宰率 58%~62%，胴体重 130~150 千克，称小胴体。如果育肥至 8~12 月龄，屠宰活重达到 350 千克以上，胴体重 200 千克以上，则称为大胴体。西方国家目前的市场动向，大胴体较小胴体的销路好。

牛肉品质要求多汁，肉质呈淡粉红色，胴体表面均匀覆盖一层白色脂肪。为了使小牛肉肉色发红，许多育肥场在全乳或代用乳中补加铁和铜，并且还可以提高肉质和减少犊牛疾病的发生，如同时再添加些鱼粉或豆饼，则肉色更加发红。需要说明的是，生产白牛肉时，乳液中绝不能添加铁、铜元素。

二、白牛肉生产技术

白牛肉也叫小白牛肉，是指犊牛生后 14~16 周龄内完全用全乳、脱脂乳或代用乳饲喂，使其体重达到 95~125 千克屠宰后所产之肉。由于生产白牛肉犊牛不喂其他任何饲料，甚至连垫草也不能让其采食，因此白牛肉生产饲喂成本高，牛肉售价也高，其价格是一般牛肉价格的 8~10 倍。

白牛肉生产技术要点如下。

1. 犊牛选择

要求初生重在 38~45 千克，生长发育快；3 月龄前的平均日增重必须达到 0.7 千克以上。身体要健康，消化吸收机能强。性别最好选择公牛犊。

2. 饲养管理

犊牛生后 1 周内，一定要吃足初乳；至少出生 3 日后应与其母亲牛分开，实行人工哺乳，每日哺喂 3 次。对犊牛的饲养管理要求与小牛肉生产相同，生产小白牛肉每增重 1 千克牛肉约需消耗 10 千克牛奶，成本很高。因此，近年来采用代乳料加人工乳喂养越来越普遍。用代乳料或人工乳平均每生产 1 千克小白牛肉约消耗 13 千克左右。管理上应严格控制乳液中的含铁量，强迫犊牛在缺铁条件下生长，这是小白牛肉生产的关键技术。

第四节　高端牛肉生产技术

一、高端牛肉的概念

高端牛肉、高档牛肉亦即俗称五花（雪花）牛肉，即是脂肪沉积到肌肉纤维之间，形成明显的红白相间、状似大理石花纹的牛肉，故国内外一致称之为大理石状牛肉。这种牛肉香、鲜、嫩,是中西餐均宜的牛肉,又称高档牛肉,因此价格十分昂贵,育肥生产要求严格。

高档牛肉生产,是指利用精挑细选的育肥架子牛,通过调整饲养过程和阶段,强化育肥饲养管理来生产高档优质牛肉的技术。由于是通过育肥过程来生产高档优质牛肉,因此对架子牛的品种、类型、年龄、体重、性别和育肥饲养过程的要求都比较严格,只有这样,才能保证高档优质牛肉生产的成功。另外,为了保证高档优质牛肉生产所需育肥架子牛的质量,专门化育肥场应建立稳定的育肥架子牛生产供应基地,并对架子牛的生产进行规范化饲养管理指导。有条件的肉牛生产企业,则应自己进行育肥架子牛培育,育肥生产过程和肉牛出栏后的屠宰加工和产品销售,以保证高档优质牛肉的出产率和生产的经济效益。

二、高端牛肉生产技术

1. 育肥牛选择

生产高档优质牛肉应选择国外优良的肉牛专用品种如夏洛莱牛、利木赞牛、皮埃蒙特牛,以及与太行云牛的杂交后代犊牛。太行云牛也可用于组织高档优质牛肉生产,但育肥过程的饲料报酬可能较低,同时牛肉产品的均一性可能较差。

(1) 性别选择 用于生产高档优质牛肉的牛一般要求是阉牛。因为阉牛的胴体等级高于公牛,而阉牛又比母牛的生长速度快。根据美国标准,阉牛、未生育母牛的胴体等级分为 8 个等级;青年公牛胴体分为 5 个等级;而普通公牛胴体没有质量等级,只有产量等级。

(2) 年龄选择 生产高档优质牛肉,由于肥育期较长,牛的屠宰年龄一般为 18~30 月龄,屠宰体重达到 600 千克以上。这样才能保证屠宰胴体分割的高档优质肉块有符合标准的剪切值,理想的胴体脂肪覆盖和肉质风味。因此,对于育肥架子牛,要求育肥前 12~14 月龄体重达到 300 千克以上,经 6~12 个月育肥期,活重能达到 600 千克以上。太行云牛在标准化育肥条件下的日增重一般为 0.8~1.2 千克,因此,为了生产高档优质牛肉,选择育肥架子牛的年龄就要提早和延长育肥期,一般需要育肥 12~16 个月才能达到 600 千克体重,导致牛屠宰时年龄偏大,造成牛肉品质可能变老。因此,采用太行云牛生产优质高档牛肉,应对育肥架子牛进行精挑细选。

2. 育肥管理

生产高档优质牛肉,要对饲料进行优化搭配,饲料应尽量多样化、全价化,按照育肥牛的营养标准配合日粮,正确使用各种饲料添加剂。育肥初期的适应期,应多给草料,充足饮水,少给精料。以后则要逐渐增加精料,日喂 2~3 次,做到定时定量。对育肥牛的管理要精心,饲料、饮水要卫生、干净,无发霉变质。冬季饮水温度应不低于20℃，圈舍要勤换垫草，勤清粪便，每出栏一批牛，都应对厩舍进行彻底清扫和消毒。

3. 营养供给

要得到"五花"肉，应在不影响正常消化的基础上，尽量提高日粮能量水平，但蛋白质、矿物质和微量元素的给量应该满足。目的是追求高的日增重，因为只有高日增重的情况下，脂肪沉积到肌纤维之间的比例才会增加，而且高日增重也可促使结缔组织（肌膜、肌鞘膜等）已形成的网状交联松散以重新适应肌束的膨大，从而使牛肉变嫩。高日增重可缩短育肥期，提高育肥生产效率。

三、牛肉质量控制

1. 肌肉色泽

除性别、年龄、品种的影响外，日粮影响是可以控制的。一般日粮缺乏铁时间长，会使牛血液中铁浓度下降，导致肌肉中铁元素分离，补充血液铁不足，使肌肉颜色变淡，但会损害牛的健康和妨碍增重，所以只能在计划出栏期的30~40天内应用。肌肉色泽过浅（例如母牛），则可在日粮中使用铁含量高的草料。例如鸡粪再生饲料、西红柿、格兰马草、须芒草、阿拉伯高粱、菠萝皮（渣）、椰子饼、红花饼、玉米酒糟、燕麦、芝麻饼、土豆及绿豆粉渣、意大利黑麦青草、燕麦麸、绛三叶、苜蓿和各种动物性饲料等，也可在精料中配入硫酸亚铁等，使每千克铁含量提高到500毫克左右。

2. 脂肪色泽

脂肪色泽越白与亮红色（肌肉在空气中氧化形成氧合肌红蛋白时的色泽）相衬，才越悦目，才能被评为高等级。脂肪越黄，感观越差，会使肉降低等级。脂肪颜色变黄，主要是由于花青素、叶黄素、胡萝卜素沉积在脂肪组织中所造成。牛随日龄增大，脂肪组织中沉积的上述色素物质增加，使颜色变深。要取得肌肉内外脂肪近乎白色，可对年龄较大的牛（3岁以上），采用可溶性色素少的草料作日粮。脂溶性色素物质较少的草料是：干草、秸秆、白玉米、大麦、椰子饼、豆饼、豆粕、啤酒糟、粉渣、甜菜渣、糖蜜等。用这类草料组成日粮饲喂3个月以上，可明显地使脂肪颜色变浅。一般育肥肉牛在出栏前30天最好禁用胡萝卜、西红柿、南瓜、黄心或红心或花心的甘薯、黄玉米、鸡粪再生饲料、青草、青贮、高粱糠、红辣椒、苋菜等，以免使脂肪色泽变黄。

3. 牛肉嫩度

使肉质更嫩的办法是尽量减少牛的活动，同时尽量提高日增重。牛肉脂肪中饱和脂肪酸含量较多，为增加牛肉中不饱和脂肪酸的含量，特别是增加多不饱和脂肪酸的含量来提高牛肉的保健效果，可通过适量增加以鱼油为原料（海鱼油

中富含 ω–3 多不饱和脂肪酸）的钙皂，加入饲料中来达到，一般用量不要超过精料 3%，以免牛肉有鱼腥味。

在牛的配合饲料中注意平衡微量元素的含量，一方面可以得到 1 : 10 以上的增产效益，同时有利于提高牛肉的风味。

四、高端牛肉产量与等级

牛肉等级分级标准包括多项指标，单一指标难以做出正确评估。如日本牛肉分级标准依据包括大理石纹、肉的色泽、肉内结缔组织、脂肪的颜色和肉的品质，综合评定后分为 3 级，每级又分为 5 等（表 5-5）。美国肉牛生产时间长、水平高。因此，牛肉等级分级严格，其牛肉分级标准包括 3 个方面：① 以性别、年龄、体重为依据；② 以胴体质量为依据；③ 以牛肉品质为依据。综合评定后，特级牛仅占全部屠宰牛的 2.9%，特优级合计占 48.5%（表 5-6）。在牛肉的总量中，高价肉块的比例很小，如牛柳、西冷、肉眼 3 块肉合计仅约占牛胴体的 10%，而其产值却可达到一头牛产值的近一半。因此，高档牛肉生产宜实行生产和屠宰、销售一体化作业，这样高档牛肉生产企业的产品可直接和用户见面，不通过中间环节，既减少了流通环节，又能加深产、销双方的商业感情，便于产品稳定、均衡的生产与销售，保证高档优质牛肉生产的经济收益。目前，我国的肉牛业生产还处于初级阶段，产品流通方式和销售渠道单一，如在美国、加拿大应用很广泛的委托育肥、委托屠宰等形式在我国还未出现。因此，专门化的高档牛肉生产宜于在有规模的企业组织，一般的小规模农户不适宜独立进行这种方式的生产，以免经济收益得不到保证。

表 5-5 日本牛肉等级划分

胴体等级	肉质等级				
	5	4	3	2	1
A	A5	A4	A3	A2	A1
B	B5	B4	B3	B2	B1
C	C5	C4	C3	C2	C1

注：肉质等级中 5 最好、1 最差

表 5-6 美国牛肉等级分配

牛肉品质等级	占全部屠宰牛的比例（%）
特（等）级	2.9
优（等）级	45.6

（续表）

牛肉品质等级	占全部屠宰牛的比例（%）
良好级	25.3
中（等）级	8.5
可利用级	7.0
差（等）级	10.7
等外级	
劣（等）级	

五、生产模式

高档优质牛肉生产宜于采用精料型持续育肥方式，生产的组织宜于采用犊牛培育、肉牛饲养配套技术、肉牛屠宰、加工、销售一条龙生产和产销一体化企业方式。

第五节　提高牛育肥效果的措施

一、选好育肥牛

1. 架子牛选择

架子牛的选择非常重要，有"架子牛七成相"之说。因此，应尽可能选择容易饲喂，容易长膘，资质好能卖大价钱的牛入栏育肥。一般架子牛有以下规律：四肢及胴体较长的牛易于育肥，如幼牛体型已趋匀称，发育前途未必就好；十字部略高于体高，后肢飞节高的牛发育能力强；皮肤松弛柔软，被毛柔软密实的牛肉质良好；背、腰肌肉充盈，肩胛与四肢强健有力者为好；发育虽好但性情暴躁、神经质的牛不宜选择；脐部四周肮脏、粪便恶臭者多半患有下痢；若选去势牛，去势应尽早（3~6 月龄）进行，这样可减少应激，出栏时出肉率高，肉质好。

2. 选择适龄牛育肥

年龄对牛的增重影响很大。一般规律是肉牛在 1 岁时增重最快，2 岁时增重速度仅为 1 岁时的 70%，3 岁时的增重又只有 2 岁时的 50%。

3. 利用公犊牛育肥

研究表明，不去势的公牛生长速度和饲料转化率明显高于阉牛，并且胴体瘦肉率多，脂肪少。一般公牛的日增重比阉牛提高 14.4%，饲料利用率提高

11.7%，可在 18~23 月龄达到屠宰体重。

二、抓住育肥有利季节

在四季分明的地方，春、秋季节育肥效果最好。此时气候温和，牛的采食量大，生长快。夏季炎热，不利于牛的增重，因此肉牛育肥季节最好错过夏季。但在牧区肉牛出栏以秋末为最佳。一般说来，牛生长发育的最适温度为 5~21℃。所以在冬夏季节要注意防寒和防暑，为肉牛创造良好的生活环境。

三、合理搭配饲料

要按照育肥牛的营养标准配合日粮，正确使用各种饲料添加剂，日粮中的精料和粗料品种应多样化，这样不仅可提高适口性，也有利于营养互补和提高增重。如果进行异地育肥，开始育肥时应有 15 天的适应过程，多饮水、多给草、少给料，以后精料逐渐增加，日喂 2 次或 3 次，做到定时定量。

四、精心管理

育肥前要进行驱虫和疫病防治，育肥过程中勤检查、细观察，发现异常及时处理。严禁饲喂发霉变质的草料，注意饮水卫生，要保证充足、清洁的饮水，每天至少饮 2 次，饮足为止。冬、春季节水温应不低于 20℃。要经常刷拭牛体，保持体表干净，特别是春、秋季节要预防体外寄生虫病的发生。圈舍要勤换垫草、勤清粪便。保持舍内空气清新，冬暖夏凉。育肥期间应减少牛只的运动，以利于提高增重。每出栏一批牛，要对空牛舍进行彻底的清扫和消毒。

第六章　肥牛分级与屠宰加工

第一节　肥牛分级

　　太行云牛生产的目的，从养牛者来说是为了较少的投入换取较大的经济效益。作为社会效益，则尽量是以较低的消耗，生产出量多质优的牛肉。这两者从客观方面来说是一致的，但从主观方面来说存在一些差异。为了提高养牛生产的经济效益，养殖者必须尽可能地提高牛肉的产量、肉的等级和高档优质肉的份额比例，这就意味着养牛者必须提高饲养水平和养殖技术，选择优秀的个体或群体和合适的出售时机与销售去向。然而，由于受到所处地区环境、生态条件、饲料种类、来源与丰度状态、畜牧技术服务网络状况和当地销售市场结构及自身各种条件的制约，养牛者在选择上可能受到一定的限制，因此必须依据当地条件，发挥当地优势，因地制宜地开发肉牛养殖。因而，了解一些市场对活牛收购的要求和牛肉分级的标准，对生产方式的选择将非常有益。

　　肥牛活体分级是屠宰加工企业和养殖生产场户之间交易定价、利益分配的重要依据。我国目前尚未颁布全国统一的肥牛活体分级标准。特别是不同品种、不同年龄的肥牛体重、产肉量及牛肉品质差异悬殊，难以统一而论。

　　本节依据太行云牛品种特征，结合目前世界上应用较多的评级标准对太行云牛的肥牛活体分级作一简要介绍，以供在生产优质牛肉中参考。用以平衡优质牛肉生产各环节间的利益分配，激发全产业链的积极性。

一、活体分级

　　目前国内屠宰企业对活牛等级验定和收购价格的确定，除了体重、年龄指标以外，牛的体质、体形发育丰满状态和肥度是主要的评级指标，简要介绍如下。

　　特等：全身肌肉丰满，外形匀称。胸深厚，背脂厚度适宜，肋圆并和肩合成一体。背腰、臀部肌肉丰满，大腿肌肉附着优良，并向外突出和向下伸延。

　　一等：全身肌肉较发达，肋骨开张，肩肋结合较好，略显凹陷，臀部肌肉较宽平而圆度不够；腿肉充实，但外突不明显。

二等：全身肌肉发育一般，肥度不够，胸欠深，肋骨不很明显，臀部短但肌肉较多；后腿之间宽度不够。

三等：肌肉发育差，脊骨、肋骨明显，背窄、胸浅、臀部肌肉较少，大腿消瘦。

四等：各部关节外露明显，骨骼长而细，体躯浅，臀部明显凹陷。

二、胴体评定

胴体：指活牛经 24 小时空腹后，进行放血、去头、截掉四肢（腕跗关节以下），去除尾巴，剥除肾脏和肾脂肪以外的所有内脏器官，如心、肝、肺、胃、肠等，同时切除乳房、肛门、外阴和生殖器官后的其余骨肉。胴体沿脊椎骨中央用电锯分割为左右两半，或用刀斧劈开则称半胴体，左半胴体称软半胴体，右半胴体称硬半胴体。半胴体由腰部第 12~13 肋骨间截开，将胴体分为 4 块，每块称四分半胴体。

胴体质量等级的高低制约胴体分割肉块及剔骨后牛肉的品质等级，因此，胴体质量的高低直接影响牛肉的销售收入水平。然而，胴体质量等级的高低优劣受育肥活牛本身的质量、数量等级差别的制约，反映着宰前活牛的质量水平，而且牛的屠宰加工过程也影响胴体质量。如生产高档牛肉的屠宰加工技术规范与普通牛肉生产的屠宰加工程序要求就有很大区别。

1. 测定量化指标

（1）宰前活重　绝食 24 小时后临宰时的实际体重。

（2）宰后重　屠宰后血已放尽的重量。

（3）血重　实际称重。

（4）皮厚　右侧第 10 肋骨椎骨端的厚度被 2 除（活体测量）。

（5）胴体重（冷胴体）　实测重量。胴体需倒挂冷却 4~6 小时（在 0~4℃），然后按部位进行测量、记重、分割、去骨（在严寒条件下冷却时间以胴体完全冷却为止，严防胴体冻结）。

即：由活重-［血重+皮重+内脏重（不含肾脏和肾脂肪）+头重+腕跗关节以下的四肢重+尾重+生殖器官及周围脂肪］后的冷却胴体。

（6）净肉重　胴体剔骨后全部肉重（包括肾脏等胴体脂肪），骨上带肉不超过 2~3 千克。

（7）骨重　实测重量。

（8）胴体长　耻骨缝前缘至第 1 肋骨前缘的最远长度。

（9）胴体胸深　自第 3 胸椎棘突的体表至胸骨下部的垂直深度。

（10）胴体深　自第 7 胸椎棘突的体表至第 7 肋骨的垂直深度。

（11）胴体后腿围　在股骨与胫腓骨连接处的水平围度。

（12）胴体后腿宽　自去尾处的凹陷内侧至大腿前缘的水平宽度。

（13）胴体后腿长　耻骨缝前缘至飞节的长度。

（14）肌肉厚度　大腿肌肉厚：自体表至股骨体中点垂直距离；腰部肌肉厚：自体表（棘突外 1.5 厘米处）至第 3 腰椎横突的垂直距离。

（15）皮下脂肪厚度　a. 腰脂厚：肠骨角外侧脂肪厚度；b. 肋脂厚：12 肋骨弓最宽处脂肪厚度；c. 背脂厚：在第 5~6 胸椎间离中线 3 厘米处的两侧皮下脂肪厚度。

（16）眼肌面积　第 12 肋骨后缘处，将脊椎锯开，然后用利刀切开 12~13 肋骨间，在 12 肋骨后缘用硫酸纸将眼肌面积描出（测 2 次），用求积仪或用方格透明卡片（每格 1 厘米）计算出眼肌面积。

（17）半片胴体横断面测定（12~13 肋断开）　a. 胸壁厚度：12 肋骨弓最宽处；b. 断面大弯部：12 脊椎骨的棘突体表至椎体下缘的直线距离。

（18）皮下脂肪覆盖度　一级：90% 以上；二级：76%~89%；三级：60%~75%；四级：60% 以下。

（19）8-10-11 肋骨样块　在第 8 及第 11 肋骨后缘，用锯将脊椎锯开，然后沿着第 8 及第 11 肋骨后缘切开，与胴体分离，取下样块肌肉（由椎骨端至肋软骨）作化学分析样品。

（20）非胴体脂肪　包括网膜脂肪、胸腔脂肪、生殖器脂肪。

（21）胴体脂肪　包括肾脂肪、盆腔脂肪、腹膜和胸膜脂肪。

（22）消化器官重（无内容物）　包括食道、胃、小肠、大肠、直肠。

（23）其他内脏重　分别称量心、肝、肺、脾、肾、胰、气管、横膈膜、胆囊（包括胆汁）和膀胱（空）。

（24）肉脂比　取 12 肋骨后缘断面、测定其眼肌最宽厚度和上层的脂肪最宽厚度之比。

（25）肉骨比　胴体中肌肉和骨骼之比。

（26）屠宰率　屠宰率 = 胴体重/宰前活重×100%。

（27）净肉率　净肉率 = 净肉重/宰前活重×100%

（28）胴体产肉率　胴体产肉率 = 净肉重/胴体重×100%。

（29）熟肉率　取腿部肌肉 1 千克，在沸水中，煮沸 120 分钟，测定生熟肉之比。

（30）品味取样　取臀部深层肌肉 1 千克，切成 2 厘米^3 小块，不加任何调料，在沸水中煮 70 分钟（肉水比 1∶3）。

（31）优质切块　优质切块 = 腰部肉 + 短腰肉 + 膝圆肉 + 臀部肉 + 后腿肉 + 里脊肉。

2. 胴体质量的综合评定

（1）胴体结构　观察胴体整体形状，外部轮廓，胴体厚度、宽度和长度。

（2）肌肉厚度　要求肩、背、腰、臀等部位肌肉丰满肥厚。

（3）脂肪状况　要求皮下脂肪分布均匀，覆盖度大，厚度适宜，内部脂肪较多，眼肌面积大。

（4）放血充分　无疾病损伤，胴体表面无污染和伤痕等缺陷。

3. 肉质评定

（1）胴体切面　观察眼肌中脂肪分布和"大理石"状的程度，以及二分体肌肉露出面和肌肉中脂肪交杂程度。

（2）肌肉的色泽　要求肌肉颜色鲜红、有光泽（颜色过深和过浅均不符合要求），肌纤维的纹理较细。

（3）脂肪质地　以白色、有光泽、质地较硬、有黏性为最好。

（4）品尝　品尝其鲜嫩度、多汁性、肉的味道和汤味。

（5）化学分析　取第 8-10-11 肋骨样块的全部肌肉作化学分析样品（不包括背最长肌），测定其蛋白质、脂肪、水分、灰分。

胴体评定分质量评定和数量评定两个方面。参照美国 USDA 标准，质量评定包括 5 项指标。即：生理成熟度、大理石花纹、肉质、硬度、肉色。其中大理石花纹、生理成熟度、肉色 3 项指标是太行云牛胴体质量评定的重点项目。

生理成熟度：指牛的生理年龄，是通过评定胴体的大小、形状、骨骼和软骨的骨化程度及瘦肉的颜色、肉质来综合判定的。

太行云牛育种协作组制定的标准分为 A、B、C、D、E 五级。

大理石花纹：指肌肉间脂肪的含量与分布状况。评估部位为第 12~13 肋骨间的眼肌。

肉质：指肉的表观纤维细度，评估部位为第 12~13 肋骨间的眼肌横断面。

硬度：指肉的相对硬度或软度。评估部位同大理石花纹。

肉色：指眼肌肉的颜色。肉色在牛肉销售时对吸引顾客购买或称表观吸引力具有重要影响，牛肉销售在很大程度上就是靠其令人满意的颜色。

胴体数量评定，指胴体生产净肉的比率，牛的生理成熟度（与年龄和体重相关）不同，数量评定指标也不同。如太行云牛育种协作组规定的 18 月龄出栏牛的数量标准如下。

特等：净肉重≥260 千克（活重 550 千克，净肉率 49%）。

一等：260 千克>净肉重≥220 千克（活重 500 千克，净肉率 48%）。

二等：220千克>净肉重≥190千克（活重450千克，净肉率45％）。

三等：190千克>净肉重≥160千克（活重400千克，净肉率44％）。

当对胴体进行整胴体数量等级评定时，则采用以下4项指标。

背膘厚度：指第12肋骨上的脂肪层厚度（厘米）。这是评定胴体最主要的指标。

热胴体重：在屠宰后立即称取的重量（千克）；若为冷胴体，则乘以系数1.02获得热胴体重。

眼肌面积：这是优质牛肉的代表性指标，用利刀在12肋骨后缘处切开后，用方格透明硫酸纸描出眼肌面积或用求积仪计算（厘米^2）。

肾、心、骨盆腔油脂重量：在屠宰时称量，并计算其占热胴体的比例（％KPH）。

第二节　肉牛屠宰

屠宰是优质高档牛肉生产的重要环节。只有科学严格的屠宰工艺，才能保证牛肉固有的特色和品质。

一、宰前处理

1. 待宰牛的检查

屠宰场必须设待宰牛栏舍，对进场牛做检查，把待宰牛按品种、性别及生理（母牛妊娠与否）、年龄进行详细的检查，并对待宰牛进行肥度分级，以利于屠宰后对牛肉的分档处理。特别是要把不健康的牛挑出，属于应激者，先在栏舍内消除应激。疑是传染病牛者，必须进行隔离检疫（严禁从疫区进牛）；一般疾病必须在治愈后、待药残期过后再宰杀；对一些无治疗价值的内科病诸如骨折、内伤等可当即进行宰杀，但其肉品不得混入鲜肉上市。

年龄和风味、嫩度、色泽关系很大，幼龄牛风味较淡，味纯正，肌纤维细嫩，嫩滑，肌肉颜色浅，脂肪洁白。而伴随年龄的增大，肌肉颜色变深，逐渐变为紫红色。这是由于肉中肌红蛋白增加，肌肉中铁元素增加的结果。随年龄增大，脂肪颜色加深，特别是放牧饲养的太行云牛，脂肪呈现乳黄到浅黄色，这是由于采食牧草所含的叶黄素、花青素、胡萝卜素等有色物沉积于脂肪中，沉积速度大于分解速度，长年积累形成。当然肉的嫩度也随年龄的增大而下降。

肥度是影响牛肉品质最重要的因素之一。年幼、膘满的牛，其肉更嫩，由于脂肪的增加，肉的香味也随之提高；老龄的满膘肥牛，则肌肉由于肌纤维之间夹杂脂肪组织使其色泽变得柔和，脂肪颜色变淡，同时肉质变嫩，风味变佳。

公牛肌肉颜色由于肌红蛋白含量高而颜色深，而同龄的母牛由于肌肉中肌红蛋白含量较少而色泽较浅。在同样的饲养水平下，公牛肉中的脂肪含量比母牛肉中的脂肪含量少，公牛肉中特有的风味比母牛肉浓郁，而母牛肉较公牛肉纤维细腻鲜嫩。

另外，检查时还应了解肥牛的产地、育肥期日粮组成、饲养水平与饲养方式。因为不同地区由于土壤某些元素含量差异而影响到牛肉的质量。例如土壤中铁元素含量高，以及大量饲喂土豆、绿豆淀粉渣、西红柿渣、玉米酒糟、芝麻饼、鸡粪再生饲料等，均会明显增加牛肉肌红蛋白含量，使牛肉颜色变深。饲养水平高的肥牛，由于增重快，其肌膜、鞘膜等结构性结缔组织交联被松动，使肉质明显嫩滑软化；而营养水平低、日增重小的牛，即使年龄相同，膘情近似但其肉质比较粗硬。在同样年龄、性别，同样日增重下，放牧饲养的肉牛，牛肉嫩度较差，舍饲拴系饲养的牛肉嫩度较好。

宰前对待宰牛按类别、级别进行分栏待宰，有利于减轻宰后牛肉分档、分割的工作量。可使牛肉分级准确，有利于创建名牌，提升效益。

2. 宰前饲养与休息

远距离运来的肥牛均会因运输路上受惊吓而应激，路途越长、运输时间越长，则应激越严重。由于应激状态下，牛肌肉中糖原消耗殆尽，这时屠宰的胴体即使进行冷加工（即排酸），也难达到改善肉质的目的，会在冷加工中出现中性甚至碱性僵直，肉的内在生化过程难以完成，所以常造成"黑切肉"（即 DFD 肉，肌肉色深暗，坚硬，煮熟后粗糙）或小量"苍白渗出性肉"（即 PSE 肉，肌肉颜色浅淡，软，肉汁渗出，煮熟口感粗糙，缺乏风味），这类肉均很难上档次。

应激的程度与运输的方式有关，一般火车运输的应激较重，主要是由于列车编组时调放车皮等，车厢时动时停，强烈碰撞以及无规律的轰鸣声使牛惊吓造成，运行途间和长期靠站则对牛影响不大；汽车运输要注意匀速，拐弯时提前缓慢减速，低速转弯，不急刹车，上下坡慢行等，则应激较少。

炎热天气运输易于造成应激。若长途运输或运输时间较长，可在运输途中投喂小剂量的镇静药，也可在运输前 1~2 天开始在饲料中加入刺五加、柏仁、酸枣仁等中药（0.1~0.2 克/千克体重）。

宰前休息栏舍应宽敞舒适，环境安静，具有一定防寒防暑措施。在消除应激期间，日粮尽可能与饲养地原来的日粮一致，但注意日粮不能过于浓厚，即应以青干草为主，配合精补料不加或少加，全天候自由饮水。

运输应激造成的细菌污染比率见表6-1。

表 6-1　运输应激造成的细菌污染比率

运输与宰前休息时间	肝脏中带细菌的比率（%）	肌肉中带细菌的比率（%）
经 5 天运输后立即屠宰	73	30
经 5 天运输后，休息 24 小时后屠宰	50	10
经 5 天运输后，休息 48 小时后屠宰	44	9

3. 屠宰前禁食

牛屠宰之前安排一天禁食，即在停止喂食 24h 后屠宰，在绝食的头 12h 可以自由饮水。可促进肝脏中肝糖原转化为乳酸，分布于牛全身，使屠宰后肌肉 pH 值降低，经排酸后得到较低 pH 值的牛肉，从而有利于抑制微生物的繁殖，使冷加工、分割之后获得更卫生、货架期更长的牛肉。并由于不缺水，使排尿正常，降低肉中各种代谢物的含量，增加肉的香味。同时屠宰前绝食 24 小时，胃肠道内容物的排出，降低胃肠道的充满度，便于宰后内脏摘除与管理，具有优化胴体品质和减轻屠宰劳动强度的多重作用。

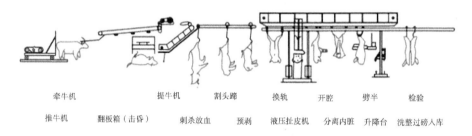

| 牵牛机 | | 提牛机 | 割头蹄 | 换轨 | 开腔 | 劈半 | 检验 |
| 推牛机 | 翻板箱（击昏） | 刺杀放血 | 预剥 | 液压扯皮机 | 分离内脏 | 升降台 | 洗整过磅入库 |

牛屠宰加工工艺流程

二、屠宰工艺

1. 淋浴净身

进入屠宰间之前用近于体温（35~38℃）的净水给牛淋浴，把牛全身被毛刷洗干净。其目的是为获得卫生极佳的牛肉提供条件。所用水可用漂白粉消毒过的自来水，使减污效果达到最佳程度，牛的被毛湿水后有利于导电，能使电麻击晕效果有保障。

2. 击晕

击晕后使全屠宰过程工人的劳动强度下降，安全性增加。被宰牛几乎无痛苦感、不挣扎，则肌糖原无损失，有利于排酸工艺的完成，随之有利于生肉的贮存、延长货架期。目前生产实践中应用较多的击晕方法为电击晕法、延脑穿刺法和二氧化碳窒息法等。

（1）电击晕法 电击晕法是目前屠宰场较多采用的击晕方法。电击晕可造成中枢神经的麻痹，同时刺激心脏活动，使血压升高，有利于放血。通常电击之后，牛从晕倒到苏醒的时间约为1分钟，可足够完成吊挂和刺杀。加强电压和麻电时间可延长昏迷时间，但会造成血管肌肉痉挛，反而不利于放血，并增加"黑切肉"比例。电麻过量还会使心脏停止跳动，骨折，放血更不完全。电麻均采用低压直流电。

使用电击器必须注意人身安全，操作人员必须穿绝缘水靴，戴绝缘手套。

（2）延脑穿刺（切断）法 其操作很简单，用1.5~2厘米宽、20~25厘米长的薄型专用刀具完成。操作者站在牛头侧面，用脚踩缰绳使牛低头，迅即把刀从牛枕骨脊后正中小窝刺入，于枕骨与第一颈椎之间，将延脑割断，牛的中枢无法控制体躯，牛即倒下。

（3）二氧化碳窒息法 采用空气含65%~70%二氧化碳的"隧道二氧化碳麻晕器"。待宰牛呼吸这种空气后15秒后麻倒，离开隧道1.5~2分钟开始苏醒，15~20分钟完全恢复，麻晕时间长。在麻晕期间心跳加快，血压升高，提高了放血速度，并不会出现强力挣扎和痉挛，所以肌肉松弛、无伤残。较之电击晕，可减少PSE肉出现率80%以上。但注意二氧化碳浓度不得超过70%，否则引起动物痴呆，发生极度反射运动，使放血不良，血蓄积于皮内，使皮呈青紫色，皮下结缔组织充血青紫。

3. 刺杀放血

牛击晕后，立即把一后蹄套上缆绳，用电葫芦（垂吊式起重电动机）把牛倒悬到头部离开地面60~90厘米，刺杀放血。

（1）三管齐断法 用刀在牛的头颈连接处，喉头的躯干方向5~10厘米处横向切割，同时把气管、食道和两侧的颈总动脉、颈总静脉割断放血。此法优点是操作简单，放血速度极快；缺点是当放血时牛仍进行呼吸，当血液吸入肺中，会激发反射性的强烈呛咳，呛咳使腹腔肌痉挛，腹内压过度造成瘤胃内容物从食道断口中喷出，污染刀口创面，并污染放出的血，使其失去使用价值，并且由于刀口创面被污染，促使血液加快凝固，使放血不良，残血过多。被严重污染的刀口部位又成为剥皮后污染胴体表面的隐患。

（2）颈动静脉放血法 在牛颈部近头端，气管左右两侧的颈动脉沟处纵向割开皮肤10~20厘米，在近头端割断放血，而且血可以作为营养丰富的食品利用，增加屠宰效益。值得注意的是，当血色由鲜红转为紫黑色，即脾脏、肝脏的存血开始放出，牛将做最后挣扎，最后挣扎时常会把瘤胃内容物呕出污染牛血，因而应及早移除盛血容器。

（3）抗凝无菌放血法　此法在发达国家的大型综合性屠宰场采用，是在屠宰之前给牛在颈总静脉中输入纤维蛋白质稳定剂或高渗柠檬酸钠（4%柠檬酸钠），然后屠宰。击晕后在颈总动脉插入大口径采血管，负压放血。此法在放血期间血液不易凝结，能达到充分放血，而且血液不受污染，可作为良好的食品、药品的原料，而残血极少，减少污水处理的数量和难度。

4. 剥皮

剥皮是在悬吊状态下进行，先从后股臀端等处开始，把尾巴从第一与第二尾椎间断开（但皮不割断）随皮往外翻出，使被毛不与胴体表面接触，逐步下翻，最后剥离头皮，并把牛头从枕骨后沿与寰椎（第一颈椎）之间分离。为避免牛尸转动，开始剥皮时牛头颈可拖地，最好采取双后腿均悬挂，使刀口不与地面接触，减少污染机会。剥皮时应带工作手套，握刀的手不接触被毛，而另一手拽紧被毛，配合剥皮刀分离，把皮外翻。剥皮前刀具与手套等均应用无害消毒液（例如漂白粉溶液）洗净。

现代屠宰场多具备自动扯皮机械，其工序有以下几个步骤。

① 将预剥好的牛自动输送到扯皮工位，用拴牛腿链把牛的两前腿固定在拴牛腿架上。

② 扯皮机的扯皮滚筒，通过液压作用上升到牛的后腿位置，用牛皮夹子夹住已预剥好的牛皮，从牛的后腿部分往头部扯。在机械扯皮过程中，两边操作人员站在单柱气动升降台进行修割，直到头部皮扯完为止。

③ 牛皮扯下后，扯皮滚筒开始反转，通过牛皮自动解扣链将牛皮自动放入牛皮输选轨道。将牛皮输送到牛皮暂存间。

5. 去内脏

继续采取倒吊两后肢（或是挂钩去掉四蹄和头）。公牛剥离阴茎和睾丸，母牛剥离乳房后，把骨盆沿坐骨耻骨骨缝纵向锯开，沿肛门与尿道周围（骨盆后口周围）把直肠、膀胱分离，在牛腹部与胸部之间的剖面，把直肠、膀胱拉出腹外，割断肠系韧带，把结肠小肠也翻出腹外（避免肠胃破损），把横膈割开，分离出食道，用细绳紧扎贲门端食道（避免瘤胃内容物排出污染胸腹腔），远端割断，把4个胃、肝脏翻出腹外。随之把胸腔从胸骨中线纵向锯开，取出心、肝、气管和残余食管。把膛血清理，修掉严重污染的斑点。沿荐骨、脊椎骨中线把整胴体分割为左右半胴体，随之用喷雾器把无公害减腐剂（2%~3%乳酸钠溶液；0.6%乙酸钠、0.046%甲酸钠混合液；含2%乙酸钠、1%乳酸钠、0.75%柠檬酸钠和0.1%抗坏血酸混合液等）喷洒胴体内外，杀灭表面可能存在的微生物。

三、牛肉排酸

1. 胴体排酸

检疫合格后的胴体进入排酸库。排酸肉是在严格控制 0～4℃、相对湿度 90% 的冷藏条件下，放置 8～24 小时（0～2℃的条件下吊贮两周"后熟"或采取电刺激法快速嫩化后）获取的。在经过 72 小时的胴体排酸后，牛体内的乳酸等代谢废物被分解并挥发，同时牛肉粗硬的纤维组织被细化、嫩化。外脊、里脊等部位还要进行二次排酸，最长可达 15 天。排酸库仍有部分危险空气微生物，特别是布氏杆菌、金黄色葡萄球菌仍有一部分载荷量。这一环节存在的危险空气微生物是造成后续工艺生物污染的主要原因。配置净化消毒设备为 3DDF-450 型畜禽舍空气电净化自动防疫系统（恒定性+吸附微生物板或称双电极），适用于潮湿环境的空气消毒净化，系统连续工作两周，其胴体表皮不产生可检测出的氧化异物。

2. 排酸对牛肉品质的影响

牛肉排酸又称宰后成熟，即将胴体劈半后进行吊挂排酸处理，吊挂时间一般为 7 天左右。这样牛肉经过充分的成熟过程，在肌肉内部一些酶的作用下发生一系列生化反应，使蛋白质转化为氨基酸和肽类，形成成熟肉，肉的酸度下降，嫩度极大提高。成熟对肌肉剪切力的影响较为显著，但不同切块反应不尽相同，其中背最长肌、臀中肌、半膜肌对成熟反应敏感，而腰大肌则最为迟钝。排酸时间的长短严重影响牛肉品质：在屠宰后 24～30 小时内，牛肉 pH 值降至最低，接近肌球蛋白的等电点，牛肉的保水性增加，但随着成熟时间的延长，pH 值呈上升趋势，牛肉的保水性又逐步下降；所有牛肉切块在成熟 7 天内仍可保持较好颜色，7 天后颜色发生了明显变化，主要表现为肌红蛋白的氧化褐变；随着成熟时间的延长，肌肉剪切力逐步下降，但在成熟的早期剪切力下降较明显；牛肉在成熟过程中蒸煮损失呈增加趋势。

3. 排酸牛肉的营养特点

排酸牛肉具有三高三低的特点，三高即高蛋白、高能量、高营养；三低即低糖、低胆固醇、低脂肪。排酸不但使肉的纤维结构发生变化，容易咀嚼和消化，牛肉中所富含的维生素 B_{12} 和矿物质等营养物质更有利于人体的吸收，而且口感也更好。

排酸牛肉所屠宰的牛，都是极度育肥的优质品种的肉牛。营养价值比普通牛肉高，且柔软多汁、滋味鲜美、颜色柔和、肥而不腻、瘦而不柴、容易咀嚼、便于消化，即使生食其营养吸收利用率仍然很高。

排酸牛肉经过人工加工的方法，在人们食用前把牛肉中的部分蛋白质转化为氨基酸，只是把这一转化提前完成了一部分，像这种在吃之前就把蛋白质转化为氨基酸的食物尤其有利于手术后的病人食用。

排酸牛肉肉体柔软有弹性，肉质也比较细腻，与热鲜肉、冷冻肉在色泽、肉质上并没有明显的区别。排酸牛肉的排酸过程能减少肉中有害物质的含量，排酸肉的低温制作过程，可以避免微生物对肉品质量的污染。

第三节　胴体分割

肉牛胴体各部分的肉质和成分不同，质量也存在差异。因此，应当进行科学的分割，才能提高牛肉的利用价值。

经过排酸的胴体，转入分割车间，按照相关标准进行精细分割，可按照西餐、中餐、火锅、日餐、巴西烤肉等不同餐饮用法的要求分为多个部位；或将西冷、牛柳、眼肉以及大米龙、小米龙等高档和优质肉块分割开来，分别真空包装冷冻或冷藏；或根据客户需要再作 10 分体、15 分体、20 分体等分割。这一环节的空气微生物控制仍应该严格控制，其间主要的微生物污染载荷受上一工艺带来的空气菌落污染还要受分割、加工者呼吸形成的微生物气溶胶污染。分割过程必须配置净化消毒设备。

一、四分胴体

牛肉的分割首先要四分胴体。具体的分割方法是：在第十二肋骨和第十三肋骨之间，将半胴体分成前 1/4 胴体和后 1/4 胴体。第十三肋骨连带在后 1/4 胴体上，以保持腰肉的整体形状。在分割的时候，要使切面整齐匀称。

在四分胴体之后，要对胴体进一步分割。常用的分割方法有带骨分割法、割肉剔骨法、吊架剔骨法等。

1. 带骨分割法

第一种方法是带骨分割法。前 1/4 胴体的分割要从颈背部第五肋骨和第六肋骨之间切开，切割时刀与肋骨保持平行，这时候得到横切肩部肉，包括方块肩肉、前小腿和胸肉。然后，通过第一胸软骨，即胸骨的第一软节，切掉前小腿和前胸肉。切割时，刀与胴体的脊椎要基本保持平行。后 1/4 胴体分割成后腹肉、腰肉和后腰臀肉，并按一定规格把腰肉锯成肉排。

2. 割肉剔骨法

第二种方法是割肉剔骨。基本的操作步骤是把前 1/4 胴体锯成主块肩肉、前小腿、前胸肉、肩肋和胸肋，然后剔除骨头。把后 1/4 胴体分割成后腹肉、后腰臀肉和腰肉。

3. 吊架剔骨法

第三种方法是吊架剔骨法。把1/4胴体悬挂在横梁上，由于自身重量，在剔骨过程中肌肉自然下垂，操作比较方便。

二、优质高档牛肉分割

随着社会经济的迅速发展，人们对牛肉的消费越来越多元化，牛肉的分割方式也日趋多样化。其中，优质高档牛肉胴体分割法是一种与国际市场接轨的先进分割方法。即活牛屠宰后，经过放血、剥皮、去头去蹄去内脏，制成标准二分体，经排酸后分割成臀腿肉、腰部肉、腹部肉、胸部肉、肋部肉、肩颈肉、前腿肉7个部分。在此基础上最终进行12~17部分的分割。主要包括：牛柳、西冷、眼肉、前胸肉、腰肉、颈肉、部分上脑、肩肉、膝圆、臀肉、大米龙、小米龙。

分割的重点是位于肉牛背腰部的高档牛肉块：牛柳、西冷和眼肉。牛柳和西冷在西餐中一般用来烤制牛排，在中餐中一般用来熘炒。眼肉在西餐中通常用来烧烤。

胴体的不同部位，肉的品质亦不相同。根据肉质等级不同，可分为高档部位肉、优质部位肉和中低档部位肉。肉牛选种育种上要求胴体质量高的部位比例应尽量多；肉牛饲养育肥上采用标准化、规范化和较高饲养水平的目的之一，也是为了增加胴体上质量高部位的比例；高档优质牛肉生产更是视此为唯一目标。对胴体的切块方法，不同国家因习惯而不同。半胴体的基础分割肉共15块。

牛肉分割各部位肉名称见下图。其具体分割方法分述如下。

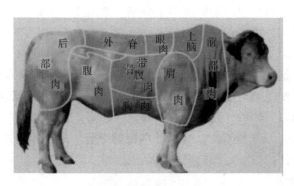

牛肉分割活体部位示意图

1. 牛柳

即里脊，也称腰小肌。分割时先剥去脂肪，然后沿耻骨前下方把里脊剔出，

牛肉胴体分割部位示意图

再由里肌头向里脊尾逐个剥离腰肌横突，取下完整的里脊。里脊纤维细，纤维之间夹杂脂肪与胶原纤维，肉质细嫩，是制作牛排、烤肉片以及中式熘炒、涮锅的优秀食材。

2. 西冷

也称外脊，主要是背最长肌，分割步骤为：① 沿最后腰肌切下；② 沿眼肌腹壁侧（距离眼肌8～10厘米）切下；③ 在第12～13胸肋处切断胸椎；④ 逐个把胸、腰椎剥离。外脊细嫩适于西餐煎、炸、烤牛排；中餐熘炒与涮锅，可与里脊相媲美。

3. 眼肉

主要包括背阔肌、肋最长肌、肋间肌，其一端与外肌相连。分割时先剥离胸椎，在眼肌腹侧距离为8～10厘米处切下。眼肉由于组成层次增加，每条肌肉之间夹有脂肪层，所以横切面红白相间，更显香嫩，适于西餐煎、烤、炸牛排，也是中餐涮、熘、炒的好食材。

4. 上脑

主要包括背最长肌、斜方肌、背阔肌、肋最长肌、肋间肌后端的外脊等，其一端与眼肉相连，另一端在最后胸椎处。分割时剥离胸椎，去除筋腱，在眼肉腹侧距离6～8厘米处切下。组成上脑肌肉块更多，肌肉块之间填充脂肪，横切面呈五花状。在肥牛胴体中，上脑脂肪含量最高，是西餐烤肉、烤牛排的好食材，中餐涮肉的最佳材料，熘炒也适宜。

5. 胸肉

主要包括胸直肌、斜角肌、胸深肌、胸横肌等，在剑状软骨处，随胸肉的自然走向剥离，修去部分脂肪即成一块完整的胸肉。胸肉含胶原纤维多但结构松散，加热后极易水解成明胶，内含脂肪也较多，肌肉纤维细，肌膜薄，所以口感细嫩、润滑，香气浓郁。

6. 嫩肩肉

嫩肩肉是肩胛骨外侧前部的岗上肌和肩胛骨外侧后半部的三角肌，分割时循眼肉横切面的前端继续向前分割（分别顺肌肉纹理从肩胛骨上剥离），可得一圆锥形的肉块，即嫩肩肉。嫩肩肉以肌肉为主，脂肪少，滋味良好。

7. 血脖

血脖是沿颈椎与胸椎连接处横切，即后连上脑，从背侧把项韧带分离，沿颈椎把肌肉剥离。血脖是由头最长肌等十多条肌肉组成，肌束细，掺杂筋腱、肌膜等，肌纤维细嫩，滋味鲜美。但由于放血等原因，残血、淤血较多，造成口感粗糙，并且屠宰过程中瘤胃内容物极易污染此部位，是牛胴体卫生状况最差的部位肉。

8. 带骨腹肉

也称肋排肉、侧胸肉。剥离血脖、前肢、胸肉、上脑、眼肉之后，余下的就是侧胸肉。沿第13肋骨后沿分离，锯掉多余肋骨，修整外露筋腱碎肉，剥去表面皮肌而成。带骨腹肉由吸气上锯肌、呼气上锯肌、背阔肌等多层肌肉组成，肌层之间分布脂肪、肌膜以及小筋腱含量较多，但结构不致密，较易水解成明胶，肌纤维细嫩，滋味香浓，肉质较硬。

带骨腹肉把肋骨剔除后，即为肋排肉，又叫侧胸肉。肋排肉含有适量脂肪和胶原物质，风味醇厚。

9. 小米龙

又称黄瓜条：主要是半腱肌，位于臀部，当牛后腱子取下后，小米龙肉块处于最明显位置。分割时可按小米龙肉块的自然走向剥离。小米龙含有较多的弹性纤维和胶原纤维，脂肪少，因而肉质较爽硬，滋味尚佳，是制作火腿和酱肉的好食材。

10. 大米龙

主要是臀股二头肌，与小米龙相连，故剥离小米龙后，大米龙就完全暴露。顺着该肉块自然走向剥离，便可得一块完整的四方形肉块。大米龙由牛的半膜肌和股二头肌组成，大米龙以肌肉为主，脂肪少，胶原组织较多，肉块相对较硬，是制作火腿的食材。

11. 臀肉

主要包括半膜肌、内收肌、股薄肌等。分割时把大米龙、小米龙剥离后可见一肉块，沿其边沿分割即可得到臀肉。也可沿着被切开的盆骨外沿，沿着本肉块边沿分割。臀肉以肌肉为主，脂肪少，肉质细嫩多汁，西餐常做烤牛排、肉干、肉脯。制作肉馅时，需要加入适量的脂肪才能赶上肋条肉肉馅的风味。

12. 腰肉

又称小腰肉。主要包括臀中肌、臀深肌、股阔筋膜张肌，在臀肉、大米龙、小米龙、膝圆取出后，剩下的一块肉便是腰肉。小腰肉是荐骨两侧、骨盆上部附着的肉块，沿坐骨、髋关节、骼骨向腰角剥离。前连外脊在腰椎与荐椎连接处横切，沿荐骨剥离。小腰肉以精肉为主，带有皮下脂肪，肉质细嫩。西餐可作煎、烤牛排。

13. 膝圆

又称作霖肉、和尚头，主要是臀股四头肌。当大米龙、小米龙、臀肉取下后，可见到一长圆形肉块，沿此肉块周边分割，即可得到一块完整的膝圆肉。膝圆肉近似圆球形，以肌肉为主，脂肪少，去掉大筋与较厚的肌膜后，肉质尚鲜嫩。西餐可用作煎、烤牛排，中餐可熘、炒，也是制作牛肉干、牛肉火腿、酱牛肉的良好食材。

14. 腹肉

又称无骨腹肉、脯肉，是肚腹部的肉块。主要由腹直肌、腹横肌，包括肋间内肌、肋间外肌等多块肌肉组成，因内面腹膜之下有一层主要由弹性纤维组成的腹黄膜，烹调时较难软化，是仅优于血脖的低等级肉块。但腹肉肥瘦相间，是中餐炖、焖、红烧的好食材。

15. 腱子肉

即牛腿、牛小腿肉。分前后两部分，主要是前肢肉和后肢肉。前牛腱从耻骨端下刀，剥离骨头；后牛腱从胫骨上端下刀，剥离骨头取下。腱子肉的共同特点是肌肉紧密，由多束较厚肌膜向下收缩成筋腱所组成。腱子肉的肌膜和筋腱均以胶原纤维为主，脂肪少，烹调时吸水性强，膨大软化，口感极佳。横切面成优美的花纹，是制作中餐酱肉的好食材。

另外，还有 T 骨牛排、小牛腱切片。

值得强调的是，分割的重点是位于肉牛背腰部的高档牛肉块：牛柳、西冷和眼肉。

三、肥牛胴体肉块分级

肥牛胴体分割肉可以分为四个档次。

1. 特优级

里脊，每条 2.0 千克以上。

2. 高档级

上脑、眼肉、西冷。

高档牛肉一般指屠宰等级 1 等、胴体等级精选以上，数量等级二等以上，胴体所产的上脑、西冷、眼肉 3 个部分。各自重量要求标准为西冷 5.0 千克以上，眼肉 6.0 千克以上，上脑 5.0 千克以上。

3. 优质级

嫩肩肉、小米龙、大米龙、膝圆、针扒、尾龙扒。

4. 一般级

腱子肉、胸肉、腹肉、血脖肉。

第四节　牛肉的包装与存储

一、包装

生产中常用的包装方式主要有两种，分别是真空包装和气调包装。

1. 真空包装

采用真空包装时，首先要用设备除去包装内的空气，然后，应用密封技术，使包装袋内的肉品和外界隔绝。这样可以抑制好气性微生物的生长，延长肉品的贮存期。

2. 气调包装

采用气调包装时，首先在密封性能好的材料中装进肉品，注入特殊的气体或气体混合物，气体中氧气占 80%，二氧化碳占 20%。然后密封包装袋，使肉与外界隔绝。

二、牛肉的存储

对于大规模的肉牛屠宰、加工企业来说，包装虽然可以在短期内达到保存鲜肉的目的，但不够经济，保存鲜肉最普遍的做法是冷却和冷冻。

1. 冷却保存

冷却保存是牛肉及牛肉制品最常用的保存方法。将肉冷却到 0℃ 左右进行贮藏，可以有效抑制微生物的生长和繁殖，达到大批量短期贮存的目的。冷却间的温度一般是 0~4℃。相对湿度在冷却开始时保持在 95% 以上，冷却后期维持在 90%~95%，冷却结束前以 90% 最为适宜，空气流速一般为 0.5 米/秒。

2. 冷冻保存

冷冻能够在相当长时间内保持肉品的质量，最普遍使用的方法是风冷式速冻。风冷式速冻要求在冷冻室装上风扇，使空气快速流动。生产中，冷冻室的温度一般是 -30℃，空气流速为 760 米/分。

常用的冷冻方法还有静止空气冷冻法、板式冷冻法、超低温冷冻法等。在生产上一般控制在 -30~-9℃，相对湿度在 98%~100%，空气采用自然循环。这样，可以在半年到一年的贮藏期内保持肉品的商品价值。

第七章 牛场经营管理技术

现代企业在其发展过程中，几乎自始至终都是以生产产品获得最大赢利为目的，并通过积累固定资产、组织大规模的企业生产活动和通过等级制度进行管理来实现这一目标。对养牛场而言，它是以复杂的生物产品为基础参与市场竞争的企业。经营管理得好坏直接关系到肉牛场的成败兴衰。经营管理涉及技术科学、经济科学、管理科学等诸多领域，是一项需随场内外许多不断变化着的事件，及时做出认知、判断、决策、行动的系统工程。管理者应当由德才兼备、具有广泛专业知识和技能的优秀人才担任。

作为现代养牛场，其管理原则是：经营目标明确，坚持原则且一丝不苟；尊重知识、尊重人才，将企业的发展与员工的发展相统一；要善于进行成本分析，并不断谋求成本最小化。经营管理的总体方针是：充分利用一切可利用的资源和条件，以科技为动力，以优质树品牌，以管理求效益，以创新求发展，并最终以最少的投入获取最大的经济效益、社会效益和生态效益。

第一节 牛群保健管理

牛群的保健是养牛生产管理与经营成败的第一要务，也是取得当前效益和持续发展的关键环节。因而要求全体员工，齐心协力、全方位地抓好牛群的保健工作。

一、责任保健

选用责任心较强的饲养人员，对肉牛群体实施动态观察、触摸、嗅闻的综合性保健工作。强化饲养人员的责任心，随时观察牛群的动态变化，若有异常反应，速报兽医管理人员，做到处理及时，是保障群体健康的前提。常规饲养管理做到一看、二摸、三嗅。

一看，是添料前检查草料有无腐败变质现象，饮水是否清洁，采食量和饮水是否正常，粪便的颜色与稀薄度、精神状态、运动状态、鼻镜水珠度、腹围大小、皮肤与被毛等是否有异样。

二摸，是发现牛体部位有无异常的基本方式，可用手触及，如皮表温度，软组织弹性强度，瘤胃形态，肿胀部位的软硬度和痛感，皮肤结痂或脱毛程度，有无体外寄生虫等情况。

三嗅，是进入牛舍时用嗅觉判断气味是否正常，有无刺鼻味、恶臭味或烂苹果味等异常变化。

饲养员作为一线工人，要有责任感，做到日常多观察，发现情况早汇报，以便兽医及早确诊、及早治疗，把疫病消灭在萌芽状态、疫情控制在最小范围内，是保障牛群健康的基础。

二、营养保健

太行云牛是反刍动物，对各种营养物质的需求与杂食动物不同，满足牛在整个生命活动中对各种营养要素的需求与平衡是维护牛群健康高产的前提。

1. 粗纤维

粗纤维是维护太行云牛生命活动不可缺少的营养物质。其主要来源于牧草类饲料，如青干草、青贮、燕麦草、干苜蓿等。50%的粗纤维在瘤胃内消化，并产生挥发性脂肪酸，以及合成蛋白质和 B 族维生素等被机体利用。因此，太行云牛日粮中饲草类饲料的含量应占 50%~70%。当日粮粗纤维低于 30%时，则影响正常反刍，出现消化不良、腹泻或便秘等消化道疾病。

2. 碳水化合物

主要来源于谷实类和糠麸类，含糖和淀粉较高的根茎瓜果、植物油及糖蜜类，这类物质在瘤胃微生物的作用下分解成淀粉、葡萄糖、低级脂肪酸等物质，吸收入血的葡萄糖约有 60%被用来合成牛产品。当日粮能量饲料不足时将会影响牛产品的形成，若长期缺乏则表现消瘦、皮毛干燥、畏寒等一系列症状，这类饲料的补充量应占精料补充料的 50%~55%。

3. 蛋白质

蛋白质是一切生命活动的基础，对牛群健康至关重要，主要来源于豆类、饼粕类和粮油加工副产品。蛋白质是重要的营养成分，缺乏会导致幼犊生长缓慢、体质下降，孕牛的胎儿先天不良，种公牛精液品质下降等。蛋白质饲料的合理补充量占精料补充料中的比例：哺乳母牛 20%~30%、种公牛 15%~25%、青年牛 10%~15%、犊牛 20%~25%。

4. 维生素

又名维他命，是生长、生产以及生命活动中必不可少的物质之一。主要来源于青绿饲料、瓜果及人工合成。B 族类维生素可在瘤胃内自身合成（幼犊除外），在日粮中无须添加，应重点考虑维生素 A、维生素 D、维生素 E 的合理补充。补充量为：维生素 D 15~30 国际单位/千克精补料、维生素 E 1~2.8 国际单位/千克精补料。维生素缺乏时，会出现被毛枯燥、生长缓慢、夜盲症、流产死胎、骨质松软、白血病、免疫力下降等症状。

5. 矿物质

矿物质主要来源于日粮补充的碳酸钙、磷酸氢钙和食盐等，是维持体质和生产的重要物质。

钙、磷：最佳配合比例应以（1.5~2）∶1 的形式效果较好。补充量应为，哺乳牛维持量每 100 千克体重钙 6 克、磷 4 克，生长牛或育肥牛在维持基础上每增重 1 千克体重再补钙 18 克、磷 12 克。

盐：可按精料补充料的 1%供给。

钾：应占日粮干物质的 0.3%~0.4%，高钠高钾的日粮长期饲喂，容易引起缺镁、排镁和镁低吸收，则引起痉挛病。

铁：现代的推荐量为每千克日粮中应含铁 80~95 毫克，如每千克日粮低于 30 毫克，则会引起贫血。

铜：推荐量为每千克日粮干物质中含铜 10~15 毫克。高铁、高硫、高钼的日粮会影响铜的吸收。硫酸盐较高的地区可提高 2~3 倍的含铜量。

硫：一般为日粮干物质的 0.2%，缺硫或日粮含硫低于 0.1%时，则影响牛对粗纤维和粗蛋白的利用率。

钴：为每千克日粮干物质中含 0.06~0.1 毫克，缺钴时则影响牛对 B 族维生素的合成，表现消瘦、胃部机能紊乱、贫血、失重、神经系统障碍等症状。

锌：锌的需要量一般为 40 毫克/千克日粮干物质，长时间的缺锌会引起牛蹄部、鼻镜、脖颈皮肤出现角质化。

碘：青年牛为每 100 千克体重补给 0.6 毫克，哺乳母牛每 100 千克体重 1.5 毫克，长期缺碘则会出现甲状腺肿大。

锰：每千克日粮干物质应含锰 10~20 毫克，缺锰时会导致生殖系统紊乱，胎儿畸形，受孕率低下等。

硒：安全量为每千克日粮干含硒 0.2~0.3 毫克，超过 5 毫克则引起中毒。缺硒与维生素 E 缺乏症相似，出现白肌病、肌肉坏死、免疫力下降、不育、死胎及胎衣不下等症状。

总之在矿物质的用量上，应根据当地的水质、土壤环境、饲料原料的不同来源，综合添加量与比例平衡，在需求量的范围内补充添加。如某种元素的长期缺乏或过盛，都会影响牛群的健康。

6. 饮水保健

水是生命之源，是营养物质消化吸收的媒介，有机体中含有70%的体液，牛每摄取1千克日粮干物质需水3~5升，哺乳牛每分泌1升乳汁需水4升。因此要保证牛群健康和正常生产，每日应给予充足、清洁卫生、符合饮用标准的饮水。

三、运动保健

生命在于运动，肉牛适当的运动对保持体质健康非常重要。舍饲期间，每天上、下午让牛到舍外活动2小时以上，接受新鲜空气阳光浴，能增强抵抗病原微生物的能力，并能促进钙盐吸收利用，对防治难产、产后瘫痪具有重要意义。

四、环境保健

创造良好的饲养环境，是保障太行云牛正常生活和生产的重要条件。因此，牛舍要求光线充足，通风良好，冬能保暖，夏能防暑，排污畅通，舍温9~18℃，湿度55%~70%为宜。运动场要坚实，以细沙铺地，干燥无积水。搭建凉棚，避免夏季阳光直射牛体，设立挡风设施，避免冬季寒风直吹牛体，创建四季舒适的养牛生产环境，是牛群保健的重要措施。

五、预防保健

坚持以防为主的原则，切实保障牛群健康。

1. 定期驱虫

每年春秋两季定期驱虫，最简单的方法是：用1%阿维菌素注射液，每100千克体重肌内注射2毫升，可有效驱除牛的体内外寄生虫。

2. 预防中毒

有毒物质和毒素不仅能使肉牛中毒，还会破坏免疫系统，使牛群抗病力下降，因此应杜绝饲用有毒植物、腐败饲料、变质酒糟、带毒饼粕以及被农药污染的谷实、草和饮水。投放灭鼠药饵要隐蔽，用后应及时清理干净，一旦发现中毒，立即采取解毒措施。

3. 防止疫病传入

牛场布局要利于防疫，远离交通要道、工厂和居民区，牛舍和生产区入口要设置有效的消毒池。进出的车辆、人员经消毒后方可出入，外来人员谢绝参观，加强灭鼠、灭蚊蝇及吸血昆虫等工作。严格控制一切传染源。

4. 严格消毒制度

由于传染病的传播途径不同，所采取的消毒方法也不尽一致，以呼吸道传播的疾病，则以空气消毒为主；以消化道传播的疾病，则以饲料、饮水及饲养用具消毒为主；以节肢或啮齿动物传播的疾病，则以杀虫、灭鼠来达到切断传播途径的目的。每年春秋两季对牛舍、运动场、饲养用具各进行一次大清扫，大消毒，平时对牛舍每半月消毒一次。消毒液一般使用 2%~5% 火碱或者 10%~20% 石灰乳，对运动场消毒较好。牛舍应使用无刺激性的消毒液，如 1：300 倍的大毒杀或 1：500 倍菌毒杀消毒溶液。对粪便要堆积发酵，也可拌入消毒剂和杀虫剂，进行无害化处理。

六、免疫保健

根据当地兽医主管部门的部署安排，选择性接种疫苗。

1. 口蹄疫免疫

春秋两季用同型的口蹄疫弱毒疫苗各接种一次。1~2 岁以上的牛 2 毫升，1 岁以下的牛 1~1.5 毫升（参见疫苗使用说明）。免疫期 4~6 个月。

2. 伪狂犬病免疫

每年的秋季接种伪狂犬病氢氧化铝甲醛苗一次。成年牛颈部皮下注射 10 毫升，犊牛 8 毫升，免疫期 1 年。

3. 牛痘免疫

每年冬季给断奶后的犊牛接种牛痘疫苗 1 次，皮下注射 0.2~0.3 毫升，免疫期 1 年。

4. 牛瘟免疫

每年定期用牛瘟绵羊弱化毒疫苗免疫 1 次，无论牛的大小一律肌内注射 2 毫升，14 天产生免疫力，免疫期为 1 年以上。

5. 气肿疽疫苗

在发生过气肿疽的地区，每年春初接种气肿明矾菌苗 1 次，无论大小牛一律皮下注射 5 毫升，犊牛到 6 月龄时再加强 1 次，14 天产生免疫力，免疫期 6 个月。

6. 肉毒梭菌中毒症疫苗

常发区在发病季节前用肉毒梭菌 C 型菌苗，每牛皮下注射 10 毫升，7~14 天产生免疫力，免疫期 1 年。

7. 破伤风免疫

多发区应每年定期接种破伤风类毒素一次，成年牛皮下注射 1 毫升，犊牛 0.5 毫升，1 个月产生免疫力，免疫期 1 年。

8. 巴氏杆菌免疫

每年春季或秋季定期接种一次，用牛出血性败血病氢氧化铝菌苗，体重 100

千克以下肌内注射 4 毫升，100 千克以上 6 毫升，21 天产生免疫力，免疫期 9 个月，孕后期母牛不宜使用。

9. 布氏杆菌病免疫

每年定期检疫为阴性的方可接种，我国现有两种菌苗，第一种是流产布氏菌 19 号毒菌苗，只用于处女犊母牛（即 6~8 月龄），免疫期可达 7 年。第二种是布氏杆菌羊型 5 号冻干毒菌苗，用于 3~8 月龄犊牛，皮下注射，每头用菌 500 亿，免疫期 1 年。

10. 牛传染性胸膜肺炎免疫

疫区和受威胁的牛，应当每年定期接种牛肺疫兔化弱毒疫苗，按疫苗标签说明用量，用 20%氢氧化铝胶生理盐水稀释 50 倍，臀部肌内注射，成年牛 2 毫升，6~12 月龄牛 1 毫升，21 天产生免疫，免疫期 1 年。

11. 狂犬病免疫

被疯狗咬伤的牛，应立即接种狂犬病疫苗，颈部皮下注射 25~50 毫升，间隔 3~5 天重复 1 次，免疫期 6 个月。在狂犬病多发地区，可进行群体定期预防接种。

12. 快死症免疫

据有关报道认为，快死症由魏氏梭菌和巴氏杆菌混合感染，引起最急性败血死亡。现用的疫苗是牛型魏巴二联菌，无论大小牛各肌内注射 5 毫升，7 天产生免疫力，免疫期 6 个月，其保护率 85%。

七、药物保健

日常生产管理中，牛的发病是不可避免的，怎样减少发病或不发病是药物保健的焦点。我国加入 WTO 后，特别是无公害食品是发展的必然。用化学药品对牛保健或治疗，难以生产出无公害食品，是业界关注的核心。所以，这里主要介绍有益微生物与中草药保健，以资参考。

1. 有益微生物保健

自然环境中有两类细菌，一类是有益菌，一类是有害菌。当机体在某种特定条件下，因有益菌数量降低而有害菌数量相对增高时，机体则会发生细菌性疾病。在日粮中添加一定数量的有益菌株，如芽孢杆菌属、双歧杆菌属、乳酸菌属、酵母菌属、光合菌及曲霉菌属等（对容易被瘤胃环境破坏的菌株可采用包衣技术而使其保持活性，在特定酸性、高温下不被灭活，能顺利进入小肠产生作用），可代谢产生多种消化酶、B 族维生素、氨基酸等营养物被机体利用。同时抑制了有害菌的滋生，维护了体内微生态系平衡。研究表明，在牛日粮中加入 0.2%合成有益菌（总活菌数 25 亿 CFU/克），具有如下功能作用。

① 调节肠道内在环境，维护菌群生态平衡，对牛起到保健作用。

② 抑制有害微生物滋生，减少由有害细菌引发的细菌性疾病。

③ 促进饲料转化率，促进育成牛生长发育，提高育肥牛日增重。

④ 增强机体免疫力，促进疫苗接种的免疫效果，降低应激反应。

⑤ 预防腹泻，利于环境保护。

2. 中草药保健

当前肉牛生产中，发病率最高的是胃肠道疾病，用化学药物治疗或预防，不但破坏瘤胃所必需的微生物区系，同时影响无公害生产。所以用中草药对肉牛预防性保健是最佳选择。

据原享疗马集第四卷《牛驼经》记载，师皇曰：牛驼者、倒嚼也、识得胃肠脾病、寻常病也，何医，还须四季调理为善。大意是：牛与骆驼是反刍兽，须认识到胃肠道、脾脏发病率高为常见病，如何去医，最好从四季调理着手。古人早总结出防患于未然和现代医学的预防保健是一个道理。以下介绍几种四季调理的中草药。

（1）春季　春季牛机体代谢最旺盛，是脱毛换毛季节，也是多风、气候不稳定、细菌病毒猖獗的季节。由于冬季青绿饲料的缺乏和冷应激，造成牛抗病力和免疫力较差，对抵御外界不良因素和抗病原微生物的能力较低，所以有万病回春之说。因此，在早春的牛日粮中，添加一些抗菌抗病毒、清肝健脾、渗湿利水、增强机体免疫力的中草药，对牛的春季保健效果较好。如大青叶、双花、穿心莲、茵陈、木通、猪苓、香附、黄芪、白术、刺五加等。饲喂一般从 2 月中旬开始，加入日粮中连喂 6 周，每周 1 次，有效保健率达 85%以上。

（2）夏季　夏季潮湿闷热，气压低，多数牛呈现张口伸舌状粗呼吸，以及采食量减少等不同程度的热应激现象，个别牛甚至出现中暑。因此，可在牛日粮中添加一定量的中成药，消黄散与维生素 C，可有效降低牛的热应激反应，结合搭建凉棚遮阴，效果会更好。

（3）秋季　秋天渐凉，气候多变，由细菌病毒和外界因素的不良影响而引起的上呼吸道疾病较多，通常肉牛群体中有 25%左右的牛发生上呼吸道疾病，多数病牛以气喘、咳嗽、流黏稠鼻涕、采食缓减、体温略高、逐渐消瘦为主要症候。按肺丝虫治疗无效，改用理肺散施治有效率 90%以上。采用理肺散在日粮中早期添加做预防实验，保健率达 98%。理肺散组方：知母、山栀、升麻、麦冬、秦艽、百合、兜玲、黄芩、党参、黄芪、甘草。经粉碎后按量加入日粮中，连喂 3 天，1 周后再喂 1 次，起到润肺平喘、镇咳化痰、驱除风邪等免疫调节之功效，为肉牛健康越冬提供有力保障。

（4）冬季　太行云牛培育于冷凉地区，冬天寒冷气温低，牛在户外运动场必受寒冷刺激，当气温下降到-10℃时，则出现饮水量减少、竖毛、寒颤、相互拥挤等畏寒现象。因受寒冷长期刺激的影响，牛会出现冬季腹泻病，致使体质下降、生产能力降低、犊牛生长慢等现象的发生。如在饲料中加入适量的功能性中草药，如茴香、肉桂、附子、干姜、干蒜苗等，经粉碎后加入饲料中饲喂（孕牛慎用），可起到温脾暖胃、理中散寒之功效，能预防冬季腹泻、风寒感冒、风湿症、冷痛等疾病的发生。

八、围产期保健

（1）孕产期　首先做好产房的消毒工作。牛分娩前适时进入产房，当出现分娩预兆时，用专门的清洗、消毒溶液对其后躯及尾部进行有效消毒。

（2）掌握助产时机　一般正常分娩无需助产。当发生以下情况：母牛分娩期已到，临产状况明显，阵缩和努责正常，但久不见胎水流出和胎儿肢体，或胎水已破达1小时以上仍不见胎儿露出肢体，则应及时检查，并采取矫正胎位等助产措施，使其产出。

（3）产后母牛要加强观察　对胎衣滞留、子宫归复不全及患子宫炎母牛要及时治疗。

（4）产前、产后食欲不佳、体弱的个体母牛　可及时静脉注射10%葡萄糖酸钙注射液及5%葡萄糖溶液，以增强其体质。

（5）定期进行血样抽查　对哺乳母牛每年抽查2~4次，了解血液中各种成分的变化情况。如某物质的含量下降至正常水平以下，则要增加其摄入量，以求其平衡。检查的项目：血糖、血钙、血磷、血钾、血钠、碱贮、血酮体、谷丙转氨酶、血脂（FFA）等。

（6）建立产前、产后酮体检测制度　产前1周和产后1月内，隔日测尿液pH、尿酮体或乳酮体一次。凡测定尿液为酸性，尿（乳）酮体为阳性者，及时静脉注射葡萄糖溶液和碳酸氢钠溶液进行治疗。

（7）产双胎的母牛　产后适当加喂瘤胃缓冲剂如碳酸氢钠、氧化镁、醋酸钠等，以维持营养代谢平衡。

九、肢蹄保健

（1）改善环境卫生和饲养条件　牛舍要保持干燥、清洁，并定期消毒；饲料中钙、磷的含量和比例要合理；不要经常突然改变饲喂条件等。

（2）对繁育母牛核心群，进行定期修蹄　每年1~2次普检牛蹄底部，对增生的角质要修平，对腐烂、坏死的组织要及时消除，并清理干净，如发现问题，及时治疗。在梅雨或潮湿季节，用3%福尔马林溶液或10%硫酸铜溶液定期喷洗蹄部，以预防蹄部感染。

（3）从育种角度来提高牛蹄质量　选育蹄形好、不发生腐蹄病的种公牛，以降低后代变形蹄和腐蹄病的发生率。

总之，肉牛的保健与科学的饲养管理是分不开的，要养好太行云牛，就必须更好地了解、掌握太行云牛的习性，加以分析，勇于实践，用最有效、最科学的饲养管理方法去管理，才能保障牛群的健康、高产。

第二节　责任制度管理

一、职责管理

1. 经理（场长）职责

养牛场实行场长（经理）负责制，其作用主要表现在 3 个方面，一是指挥作用，场长根据计划，对下级和员工进行指挥，从而使生产活动中的每一个具体过程得到统一的调度，及时地解决生产中存在的矛盾，使生产正常进行。二是协调作用，主要是调节和处理好生产经营活动中各方面的关系，解决出现的矛盾和分歧，达到协调一致，实现共同目标。三是激励作用，对各部门及员工的工作进行评定，对成绩突出者实行奖励。要对肉牛场的经营效益以及员工的劳动收入负责，宗旨是要使养牛场有好的经济效益，员工的收入水平日益增长亦即企业增效、员工增收之目标。

2. 职能机构设置与职责

肉牛场的职能机构包括场务办公室、计划财务科室、生产管理部、技术管理部、质检营销部等。生产部门的职责主要包括制订生产计划、草料生产、采供、加工与配送等；技术管理部的主要职责是肉牛的饲养管理、繁殖配种、遗传改良以及动物保健、安全生产等；质检营销部的主要工作任务是管理生产中各类物料以及动物产品的质量检验以及市场营销等。

各部门根据岗位的工作性质，明确各自的职责，相互配合，齐心协力。养牛场的经营效益来自于各部门管理人员以及全体员工的共同努力。

对规模较小的养牛场或家庭牧场，在管理机构设置上不能配备各种专职人员，但各项工作必须有人负责和管理，以保证养牛生产的正常运行。

二、制度管理

1. 养牛生产责任制

建立健全养牛生产责任制，是加强牛场经营管理，提高生产管理水平，调动职工生产积极性的有效措施，是办好牛场的重要环节。建立生产责任制，就是针对牛场的各个工种按性质不同，确定需要配备的人数和每个饲养管理人员的生产任务，做到分工明确，责任到人，奖惩兑现，达到充分合理地利用人力、物力，不断提高劳动生产率的目的。

每个饲养人员负担的工作必须与其技术水平、体力状况相适应，并保持相对稳定，以便逐步走向专业化。

工作定额要合理，做到责、权、利相结合，贯彻按劳分配原则，完成任务好坏与个人经济利益直接挂钩。

每个工种、饲管人员的职责要分明，同时也要注意各工种彼此间的密切联系和相互配合。

牛场生产责任制的形式可因地制宜，可以承包到人、到户、到组，实行大包干；也可以实行定额管理，超产奖励。如"四定、一奖"责任制，一定饲养量，根据牛的种类、产量等，固定每人饲管牛的头数，做到定牛、定栏；二定产量，确定每组肉牛的育肥增重或成母牛的产犊、犊牛成活率、后备牛增重指标；三定饲料，确定每组牛的饲料供应额度；四定报酬，根据饲养量、劳动强度和完成包产指标，确定合理的劳动报酬，超产奖励和减产赔偿。一等奖是超产重奖。实践证明，在肉牛生产中，推行超额奖励制有利于激发参与者的积极性。

2. 健全规章制度

（1）规章制度　养牛场常见的规章制度一般有以下几种。

一是岗位责任制度，每个工作人员都明确其职责范围，有利于生产任务的完成；

二是建立分级管理、分级核算的经济体制，充分发挥各级组织特别是基层班组的主动性，有利于增产节约，降低生产成本；

三是制定简明的养牛生产技术操作规程，保证各项工作有章可循，有利于相互监督，检查评比；四是建立奖励制度，赏罚分明。这里应强调的养牛生产技术操作规程是核心。

（2）养牛生产技术操作规程　主要分为以下各项。

饲养管理操作规程：包括日粮配方、饲喂方法和次数、母牛发情观察、疾病预防与诊治、母牛产前产后护理等饲养管理技术规范。

犊牛及育成牛的饲养管理操作规程：包括初生犊牛的处理，初乳及早哺喂，精、粗饲料的给量，称重与运动，分群管理，不同阶段育成牛的饲养管理特点及初配年龄等。

饲料加工操作规程：包括各种饲料粉碎加工的要求，饲料原料中异物的清除，饲料质量的检测，配合，分发饲料方法，饲料供应及保管等。

卫生防疫操作规程：包括预防、检疫报告制度、定期消毒和清洁卫生等工作。

3. 养牛场制度建设

为了不断提高经营管理水平，充分调动职工的积极性，养牛场必须建立一套简明扼要的规章制度。举例如下。

（1）考勤制度　即对员工出勤情况，如迟到、早退、旷工、休假等进行登记，并作为发放工资、奖金的重要依据。

（2）绩效考评与奖惩制度　即根据各工种劳动特点制定目标责任，定期不定期对员工的工作业绩进行考评，对工作业绩突出者进行奖励，鼓励先进，鞭策后进。强化员工责任感和危机感。

（3）安全生产制度　制定安全生产条例，使员工树立安全生产和防患意识、劳动保护意识。确保人畜安全，杜绝一切不安全因素以及工伤事故，防患于未然。

（4）岗位责任制度　对肉牛生产的各个环节，制定目标要求和技术操作规程。要求职工共同遵守执行，实行人、牛固定的岗位目标责任制。

（5）卫生防疫制度　建立着装上岗以及岗前岗后消毒制度，增强员工自身保护以及消毒防疫意识。按期发放劳保用品以及保健费。并对全场职工定期进行职业病检查，对患病者进行及时治疗。

（6）技术培训与员工学习制度　为了提高职工的技术水平，定期开展经验交流和技能竞赛，激励员工学习技术、掌握业务技巧。根据业务需要，定期对员工进行技术培训以及派出学习。

第三节　生产技术管理

养牛场技术管理的主要内容为：饲养、育种、繁殖和卫生保健，各自之间相互联系、互相依托、相辅相成。随着科学技术的发展，一些先进的技术和措施都可应用到这些工作中去，以提高生产水平，增加经济效益。

一、牛群结构管理

太行云牛养殖的生产经营中，根据生产目标，随时调整牛群结构，制定科学的淘汰与更新比例，使牛群结构逐渐趋于合理，对于提高养牛场经济效益十分重要。肉牛生产是一个长期的过程，要兼顾当前效益与长远发展目标。自繁自育的肉牛养殖场，其成年母牛在群体中的比例应占50%，过高或过低，均会影响牛场的经济效益。但发展中的养牛场，成年牛和后备牛、育肥牛的比例暂时失调也是合理的。为了使优秀繁育母牛群逐年更新而不中断，成年母牛中牛龄、胎次都应有合适的比例，在一般情况下，1~2 胎占 35%~40%，3~4 胎占 40%~50%，5 胎以上占 15%~20%。繁育母牛群的淘汰、更新率每年应保持在 15%~20%，对于要求高产，而且有良好的技术管理措施保证的牛群，其淘汰更新率可提高到 25%，降低 5 胎以上的成年母牛比例，使牛群年青化、壮龄化。

太行云牛生产的主要效益体现在出栏肥牛方面，每年育肥出栏肥牛的数量应占到总存栏量的 25% 以上，同时淘汰母牛育肥销售，总销售量应达到 35% 左右。

二、饲料消耗与成本定额管理

饲料消耗定额的制定方法：太行云牛维持和生产产品需要从饲料中摄取营养物质。由于太行云牛的年龄、生长发育阶段、体重和生产目标的不同，其饲料的种类和需要也不同，即不同的牛有不同的饲养标准。因此，制定不同类型牛饲料的消耗定额所遵循的方法时，首先应查找其对应饲养标准中对各种营养成分的需要量，参照不同饲料原料的营养价值，确定日粮的配给量；再以日粮的配给量为基础，计算不同饲料在日粮中的占有量；最后再根据占有量和牛的年饲养日数，即可计算出饲料的消耗定额。由于各种饲料在实际饲喂时都有一定的损耗，尚需要加上一定的损耗量。

1. 饲料消耗

太行云牛饲料消耗定额，一般情况下，根据粗饲料的种类与品质不同而异。应用全株玉米青贮，成母牛每天平均需 3 千克优质干草，20 千克玉米青贮及 1.5 千克左右的混合精饲料；育成牛每天均需干草 3.5 千克，玉米青贮 15 千克及 1.0 千克左右的精补料。育肥肉牛则根据不同育肥阶段确定精粗饲料的组成与供给比例。若使用的是收获籽实后的玉米秸秆黄贮饲料，则须根据黄贮质量，适当增加精饲料的供给定额量。

2. 成本定额

成本定额是养牛场财务定额的组成部分，养牛场成本分产品总成本和产品单位成本。成本定额通常指的是成本控制指标，是生产某种产品或某种作业所消耗的生产资料和所支付的劳动报酬的总和。

牛群饲养日成本等于牛群的日饲养费用除以牛群饲养头数。牛群饲养费定额，即构成饲养日成本各项费用定额之和。牛群和产品的成本项目包括：工资和福利费、饲料费、燃料费和动力费、牛医药费、固定资产折旧费、固定资产修理费、低值易耗品费和其他直接费用、共同生产费及企业管理费等。这些费用定额的制定，可参照历年的费用实际消耗、当年的生产条件和计划来确定。

育肥牛单位成本 = （牛群饲养费-副产品（粪肥）价值）/饲养期总增重

三、工作日程制定

正确的工作日程能保证肉牛和犊牛按科学的饲养管理制度喂养，使太行云牛发挥最高的生产潜力，犊牛和育成牛得到正常的生长发育，育肥牛实现较高的日增重，并能保证工作人员的正常工作、学习和生活。牛场工作日程的制定，应根据饲养方式、饲喂次数等要求规定各项作业在一天中的起止时间，并确定各项工作先后顺序和操作规程。工作日程可随着季节和饲养方式的变化而变动。目前，太行云牛养殖场和专业户采用的饲养日程，大致有两次上槽和三次上槽的方法。以应用全混合日粮自由采食，两次饲喂为好，既有利于牛群获得充足的营养，又有充分的自由活动与休息时间，有利于牛群的健康和高产性能的发挥。实际经营中，应根据实际生产条件，结合不同牛群的生理特点，因地制宜地制定科学的工作日程。

四、劳动力管理

太行云牛的管理定额与牛场规模及机械化程度不同而有较大的变化。一般小型牛场成母牛每人管理 30~50 头；犊牛每人管理 20~25 头。而大型机械化牛场，可每人管理 50~100 头牛，甚至更多。根据机械化程度和饲养条件，在具体的牛场中可以适当增减。

劳动组织分全程化和分班化。全程化即包括牛的草料制备、饲喂、刷拭及清除粪便工作，全由一名饲养员包干。管理的肉牛头数，根据生产条件和机械化程度确定，一般每人管 40 头左右。工作时间长，责任明确，适用于小型牛场或专业户小规模生产。分班化是将一昼夜工作由 2 名饲养管理人员共同管理，可管理 100~150 头肉牛。分班化管理，专业性更强，劳动生产效率更高，适用于机械化程度高的大中型肉牛场。

劳动报酬，必须贯彻"按劳分配"的原则，使劳动报酬与工作人员完成任务的质和量紧密结合起来，使劳动者的物质利益与劳动成果紧密结合起来。对于完成母牛受胎率、犊牛成活、育成牛增重、饲料供应和牛病防治等有功的人员，应给予精神和物质鼓励。对公务、技术人员也应有相应的奖罚制度。

第四节　生产计划管理

太行云牛的生产计划主要包括：饲草料生产与供给计划、牛群周转计划、配种产犊计划、饲养计划和育肥生产计划等。

一、牛群周转计划

牛群的周转计划实际上是用以反映牛群再生产的计划，是牛自然再生产和经济再生产的统一。牛群在一年内，由于小牛的出生，老牛的淘汰、死亡，青年牛的转群，不断地发生变动，经常发生数量上的增减变化。为了更好地做好计划生产，牛场应在编制繁殖计划的基础上编制牛群的周转计划。牛群周转计划，是养牛场生产的最主要计划之一。它直接反映牛群结构状况，表明生产任务完成情况；它是产品计划的基础，也是制订饲料生产计划、贮备计划、牛场建筑计划、劳动力计划的依据。通过牛群周转计划的实施，使牛群结构更加合理，增加投入产出比，提高经济效益。

编制牛群周转计划时，应首先规定发展头数，然后安排各类牛的比例，并确定更新补充各类牛的头数与淘汰出售头数。一般以自繁自养为主的牛群，牛群组成比例应为：繁殖母牛45%、育成后备牛20%、育肥牛25%、犊牛15%、育肥淘汰母牛10%左右。

编制牛群周转计划必须掌握以下材料：计划年初各类牛的存栏数；计划年终各类牛按计划任务要求达到的头数和生产水平；上年度7—12月各月出生的犊牛头数以及本年度配种产犊计划，计划年淘汰出售各类牛的头数。

各类牛的栏内周转，对淘汰和出售牛必须经详细调查和分析之后进行填写。淘汰和出售牛头数，一定要根据牛群发展和改良规划，对老、弱、病牛及时淘汰出售，以保证牛群不断更新，提高牛群质量、降低生产成本、增加盈利收入。除生产优质肥牛外，对淘汰母牛也应根据市场情况，进行育肥后销售。

二、配种产犊计划

1. 繁殖技术指标

编制繁殖计划，首先要确定繁殖指标。太行云牛理想的年繁殖产犊率应达100%，产犊间隔为12个月，但这是理论指标，实践中难以做到。所以，经营管理良好的肉牛场，实际生产中年繁殖率不低于75%，产犊间隔不超过15个月。常用的衡量繁殖力的指标如下。

年总受胎率≥85%，计算公式：

$$年总受胎率 = 年受胎母牛数/年配种母牛数 \times 100\%$$

年情期受胎率≥50%，计算公式：

$$年情期受胎率 = 年受胎母牛数/年输精总情期数 \times 100\%$$

年平均胎间距≤450天，计算公式：

$$年平均胎间距 = \sum 胎间距/头数$$

年繁殖率≥75%，计算公式：

$$年繁殖率 = 年产犊母牛数/年可繁殖母牛数×100\%$$

2. 繁殖配种计划

繁殖是养牛生产中联系各个环节的枢纽。繁殖产犊是肉牛养殖场的核心生产任务。因而，必须做好繁殖计划。

牛群繁殖计划是按预期要求，使母牛适时配种、分娩的一项措施，又是编制牛群周转计划的重要依据。编制配种分娩计划，不能单从自然生产规律出发，配种多少就分娩多少；而应在全面研究牛群生产规律和经济要求的基础上，搞好选种选配，根据开始繁殖年龄、妊娠期、产犊间隔、生产方向、生产任务、饲料供应、畜舍设备以及饲养管理水平等条件，确定牛只的大批配种分娩时间和头数，才能编制配种分娩计划。太行云牛的繁殖特点为全年散发性配种和分娩，季节性特点已经淡化。作为肉牛生产，所谓的按计划控制产犊，就是把母牛的分娩时间安排到最适宜产犊的季节，有利于降低劳动强度，便于集中管理，提高产犊成活率和批量育肥生产。

牛群的配种分娩计划可按表7-1、表7-2编制。

表7-1　配种计划

牛号	最近产犊日期	胎次	产后日数	已配次数	配孕日期	预产期

注：一般要求母牛产后150天内受孕；育成牛16~18月龄（体重350千克以上）开始配种。

表7-2　全群各月份繁殖计划

月份	1	2	3	4	5	6	7	8	9	10	11	12
配种头数												
分娩头数												

三、饲料计划

饲料费用的支出是养牛场生产经营中支出最重要的一个项目，特别是以舍饲为主的养牛场，该费用在全部费用中所占比例约50%以上，在农户养牛的基础上可占到总开支的70%以上。其管理的好坏不仅影响到饲养成本，并且对牛群的质量和产量均有重要影响。

1. 管理原则

对于饲料的计划管理，要注意质和量并重的原则，不能随意偏重哪一方面，要根据生产上的要求，尽量发挥当地饲料资源的优势，扩大来源渠道，既要满足生产上的需要，又要力争降低饲料成本。

饲料供给要注意合理日粮的要求，做到均衡供应，各类饲料合理配给，避免单一性。为了保证配合日粮的质量，对于各种精、粗料，要定期做营养成分的分析测定。

2. 科学计划

按照全年的需要量，对所需各种饲料提出计划储备量（表7-3）。在制订下一年的饲料计划时，先需知道牛群的发展情况，主要是牛群中的成母牛数，测算出每头牛的日粮需要及组成（营养需要量），再累计到月、年需要量。编制计划时，要注意在理论计算值的基础上对实际需求量可适当提高 10%~15%。

表7-3　太行云牛养殖场饲料计划储备量

项目	存栏数	日需要量				月需要量				年需要量			
		精饲料	青贮类	干草类	其他类	精饲料	青贮类	干草类	其他类	精饲料	青贮类	干草类	其他类
成年母牛													
青年牛													
育肥牛													
育成牛													
犊　牛													
合　计													

3. 信息调研

了解市场的供求信息，熟悉产地和掌握当前的市场产销情况，联系采购点，把握好价格、质量、数量验收和运输，对一些季节性强的饲料、饲草，要做好收购后的贮藏工作，以保证不受损失。

4. 加工、储藏

精饲料要科学加工配制，储藏要严防虫蚀和变质。青贮玉米的制备要按规定要求，保证质量。青贮设施要防止漏水、漏气，不然易发生霉烂。精料加工需符合生产工艺规定，混合均匀，自加工为成品后应在10天内喂完，每次发1~2天的量，特别是潮湿的季节，要注意防止霉变。干草、秸秆本身要求干燥无泥，堆码整齐，防潮、避光、避雨，否则会引起霉烂；还要注意防止火灾。青绿多汁料，要逐日按次序将其堆好，堆码得不能过厚过宽，尤其是返销青菜，否则易发生中毒。另外，大头菜、胡萝卜及糟渣类饲料等也可利用青贮方法延长其保存时间，同时也可保持原有的营养水平。

四、育种计划

搞好太行云牛的育种工作是提高牛群质量及扩大牛群数量，增加养牛场经济效益的重要措施之一。只有搞好育种工作，才能使牛群的生产性能、体型外貌及适应性同步提高。为此，太行云牛养殖场必须编制好适合本场的育种方案。

1. 个体选配与群体选配

在牛群中选择外貌特征与生产性能优秀的个体实行个体选配，使公母牛的优秀性状结合起来，同时稳定地遗传下来。为节省工序，群内的一般母牛，采取群体选配方法，即选好种公牛，进行群体交配，以期生产出优良的后代群体。

2. 种公牛精液选择

选择优秀个体作为种公牛，生产冷冻精液，一般采用经过后裔鉴定及外貌鉴定的优秀公牛的精液。这是进一步提高牛群质量，改进体型外貌、稳步提高生产性能的主要途径之一。

在选用精液时，要根据牛群规模和选配计划，适量引进精液数量。一头种公牛的精液，一次购入量不能太多，应用时间不宜过长，特别是群体选配，一般控制在两年左右。个体选配，种公牛精液可多年应用，但要严格档案记录，严防近亲交配。

3. 牛群鉴定

对饲养的牛群，按照国内统一的鉴定标准，聘用专门技术人员定期对牛群进行外貌鉴定。通过鉴定，选择出良种母牛群，作为育种的基础。同时在鉴定的基础上也明确了本场牛群存在的优缺点，可作为今后育种改良的重点。

4. 制定选配计划

对于牛群所存在的缺点，选择有此方面优点的种公牛精液进行配种，来逐步加以纠正。严格执行选种选配原则，对一些特别优秀的种母牛和种公牛，可进行适当的亲缘关系选配，以使其优良的品质遗传给后代。

5. 严格执行选留、淘汰制度

建立严格的选留、淘汰制度，首先要制定出留种的标准，并按此标准进行选留。对有明确缺陷的犊牛要及时淘汰。如仅仅体重较轻，可采取措施（如增加喂量等）饲喂一个阶段，根据发育情况再做决策。对于屡配不孕的优良成年母牛要及时查明原因进行治疗，治疗无效者立即纳入淘汰计划。对于年老、可孕的母牛，可以适当延长利用期限，提高终生产犊量。

五、扩大再生产

太行云牛养殖，为了不断提升生产能力，满足人们对牛产品的需求，就必须同其他物质生产部门一样，能够不断重复地、周而复始地进行。肉牛场的扩大再生产受自然条件、经济条件、科学技术和经营管理水平等诸因素的影响。因此，在不同情况下，扩大再生产的途径和方法也不一样。但是，不论在哪种情况下，扩大再生产的基本途径可归纳为两条，即外延扩大再生产和内含扩大再生产。

外延扩大再生产就是通过生产要素投入的增加而使生产规模扩大。就太行云牛养殖场而言，所谓外延扩大再生产是指在饲养技术和经营管理维持一定水平的情况下，通过投入更多的劳动力和各种生产资料，增加存栏牛头数，从而使生产规模扩大，总产量增加。这是一种相对较低水平的扩大再生产的方式，因而又可称为数量型扩大再生产。

内含扩大再生产，即在生产要素不变甚至减少的情况下，通过对生产要素质量的改进和效率的提高而引起生产规模的扩大。对太行云牛养殖场而言，是指改善牛群质量、提高饲养管理水平，从而在未扩大养殖规模的前提下，使产品的数量和品质得到进一步提升，生产水平得到提高。这是一种较高水平的扩大再生产的方式，因而可称为质量型扩大再生产。

数量型扩大再生产是在低水平上对生产要素低水平的利用，如单纯依靠扩大养牛数量，通过头数的增加而扩大总产量，这是一种很大的浪费。肉牛业的发展应以内含扩大再生产为主，即通过提高饲养管理技术水平而增大肥牛单产水平，通过集约化管理、机械化操作降低劳动力等生产要素的投入，而实现的扩大生产力。依靠科技进步，发展高效低耗的内含型扩大再生产是太行云牛生产力发展的根本途径。

第五节　财务核算管理

太行云牛养殖场的财务管理是经营管理中的一个重要内容，是对肉牛业生产资金的形成、分配和使用等各种财务活动进行核算、监督和管理的方法与制度。

财务管理活动要保证生产的正常进行，具体说是要从物质、资金上保证生产，以利于生产的发展。

一、经济核算

经济核算工作是对肉牛场经营过程中劳动、消耗和经营结果进行记载、计算、对比和分析的一种经营管理方法。其主要内容包括两个方面，一是基本建设中的经济核算，也就是对每一个建设项目、建设方案的投资效果实行核算；二是生产活动中的经济核算，即投入产出核算。

在生产活动中的核算分为资金核算（固定资产和流动资产）、生产成本核算

（产品、质量、数量、成本、利润和劳动生产率）和盈利核算。

1. 资金核算

资金核算包括两个方面的内容，即固定资金和流动资金的核算。

（1）固定资金的核算　固定资金是固定资产的货币表现。它主要包括：房屋、圈舍建筑物、林木、机械设备以及文化卫生和生活设施等。固定资产的特点：一是使用年限较长，以完整的实物形态参加多次生产过程，在生产过程中保持固有的物质形态，而随着它们本身的磨损，其价值逐渐转移到新的产品中去。二是固定资产一般根据使用年限和单位价值的大小来决定。我国牧场固定资产的标准是：使用年限 1 年以上，单项价值为 500 元人民币以上。此标准可依据牧场规模的大小进行归类：大中型牛场可以将不足 500 元的固定资产（指逐年添加的）计入活动资产中，而较小的牛场可以计入固定资产中。

固定资产的核算可根据具体的利用情况及折旧率计算，即基本折旧费和大修理折旧费，计算公式如下。

每年基本折旧费＝（固定资产原值−残值+修理费）÷使用年限

每年大修理折旧费=使用年限内大修理次数×每次大修理费用÷使用年限

而衡量固定资产利用效果的经济指标多采用固定资金产值率、固定资产利润率，即每百元固定资金的产值，或利润。

固定资金产值率（%）＝全年总产值÷年平均固定资金占用额×100

固定资产利润率（%）＝全年总利润÷年平均固定资金占用额×100

（2）流动资金的核算　流动资金是企业在生产过程和流通过程中使用的周转金，即只参加一次生产过程即被消耗，在生产过程中完全改变其物质形态的资金。

① 流动资金的存在形式。

流动资金在生产过程中依次经过供应、生产、销售 3 个阶段，表现为 3 种不同的存在形式。

生产贮备：其实物形式主要体现为饲料、燃料、药品等，此时的流动资金准备投入生产，是生产准备阶段的资金形式。

在产品：其实物形式为犊牛、育成牛、成年母牛、育肥牛等，是介入流动资金投入生产后和取得完整形态产品之前的资金形式，是为生产过程的资金。

产成品：即一个生产过程结束后的最终产品。

② 流动资金的利用率评价。

流动资金只有在流动的过程中才能体现其价值。从生产开始投入的流动资金到取得产品售出后所得资金的流转过程即为流动资金的周期。流动资产的周转速度是指流动资金的投入到产品售出后投入下一生产过程之前所需的时间。它的评价指标有以下几种。

年周转次数＝年销售收入/年流动资金平均占用额

周转一次所需的天数＝360÷年周转的次数

每百元收入的流动资金进额＝年流动资金平均占用额÷年销售收入总额×100

2. 成本核算

简单地说，肉牛场生产过程中所消耗的全部费用称为成本，通常可分为总成本和单位成本。总成本分为固定成本和变动成本，固定成本是指不随产量变化而变化的成本，如固定资产折旧费、共同生产费和企业管理费等项目，而变动成本指随产量变化而变化的成本，如饲料费、医药费、动力燃料费等。单位成本细分为单位产品成本、单位固定成本、单位变动成本。它们分别是总成本、固定成本、变动成本与产量之间的比值。这里有两组动态的关系存在，就单位固定成本而言，产量愈高，则单位固定成本就愈低；就单位变动成本而言，产量愈增加，则单位变动成本愈接近单位产品成本。

成本核算包括3个方面的内容：一是完整的归集与成本计算对象有关的消耗费用。二是正确计算生产资料中应计入本期成本的费用份额。三是科学确定成本计算的对象、项目、期限以及产品成本计算方法和配用方法，保证各产品成本的准确性。

（1）太行云牛生产成本核算的相关项目

① 直接生产费用。

直接生产费可直接计入成本，主要包括以下方面。

工资和福利费：指直接从事畜牧业生产人员的工资和福利费。

饲料费：指生产过程中所消耗的各种饲料的费用，其中包括外购饲料的运杂费等。

燃料动力费；能源电力消耗及兽医治疗费、人工授精配种工本费等。

产畜摊销费：即动物的折旧费，母牛从产犊开始计算。公式如下。

产畜摊销费（元/年）＝（产畜原值–残值）/使用年限

固定资产折旧费，计算公式如下。

固定资产折旧费（元/年）＝固定资产原值×年综合折旧率（%）

固定资产修理费：包括大修理折旧费和日常修理费。

低值易耗品费：指能直接计入的工具、器具和劳保用品等低值易耗品。

② 间接生产费。

指由于生产几种产品共同使用的费用，又称为"分摊费用""间接成本"，是需用一定比例分摊到生产成本中去。包括以下几种。

共同生产费：指应到牛舍（车间）一级的间接生产费用。计算公式如下。

共同生产费＝共同生产费总额×某群牛直接生产工人数（或工资总额）/全牛舍（车间）直接生产工人数（或工资总额）

企业管理费：指场一级所消耗的一切生产费用。计算公式如下。

某畜群应摊企业管理费＝企业管理费用总额×［某牛群直接生产工人数/全牛舍（车间）直接生产工人数］。

（2）成本核算的方法（日成本核算）

① 牛群饲养日成本和主产品单位成本的计算公式如下。

牛群饲养日成本＝该牛群饲养费用/该牛群饲养头日数

主产品单位成本＝（该牛群饲养费用-副产品价值）/该牛群产品总产量

② 按各龄母牛群组分别计算，方法如下。

成年母牛组：

总产值＝总产犊牛数×每头犊牛市场价

计划总成本＝计划总产量×计划总成本

实际总成本＝固定开支+各种饲料费用+其他费用

计划日成本，根据计划总饲养费用和当年的生产条件计算确定

实际日成本＝实际总成本÷饲养日

实际头成本＝实际总成本（减去副产品价值）÷实际总产量

计划总利润＝（每头犊牛或肥牛市场价-每头犊牛或肥牛计划价）×计划总产量，或计划总产值-计划总成本

实际总利润＝完成总产值-实际总成本

固定开支＝计划总产量（头）×每头牛分摊的（工资+福利+燃料和动力+维修+共同生产费+管理费）

饲料费＝饲料消耗量×每千克饲料价格

其他费用包括当日实际消耗的药物费、配种费、水电费和物品费。因每月末结算，采取将上月实际费用平均摊入当月各天中。

产房组：

产房组只核算分娩母牛饲养日成本完成情况，产值、利润等均由所在饲养组核算。

青年母牛和育成母牛组：

计划总成本＝饲养日×计划日成本

固定开支＝饲养日×（平均分摊给青年母牛和育成母牛的工资和福利费、燃料和动力费、固定资产折旧费、固定资产修理费、共同生产费和企业管理费）

犊牛组：

计划总成本＝饲养日×计划日成本

固定开支＝饲养日×（平均分摊给犊牛的工资和福利费、燃料和动力费、固定资产折旧费、固定资产修理费、共同生产费和企业管理费）

根据肉牛养殖的特点，不仅要做好牛场建设管理等方面的总成本、单位成本的核算工作，较为重要的一项核算就是要做好饲养日成本，这样才能较为全面和准确地考核、检验整个生产的经济效益。在做好日成本核算表和报告表的前提下可以从几个方面考虑日成本核算的方法。

3. 盈利核算

盈利核算是反映企业在一定时期内生产经营成果的重要指标。盈利是指企业的产品销售收入减去销售总成本的纯收入。衡量企业运作好差可采用以下几个指标。

成本利润率＝销售利润/销售产品成本×100%

销售利润率＝销售利润/销售收入×100%

产值利润率＝总利润/总产值×100%

资金利润率＝总利润/资金占用总额×100%

计算结果数值越高越好。

二、总资产的回报率

随着科学技术的发展，养牛场的生产经营以往是大量投入劳动力，而随着劳动力的成本增高，逐步提高了机械化的程度，劳动力相应减少。因此，提高劳动生产率是养牛场节支增收的关键措施，而提高劳动生产率则依靠机械化、自动化程度的提高。而机械化生产来自于固定资产的高投入，这也促使我们要核算大量的资产投入（固定资产）所带来的效益。因此，现在一些养牛场在经济核算中首先提出的是用总资产的回报率来衡量资产的利用程度。

总资产回报率＝（牧场净收入+付出的利息）/牧场总资产×100%

如果用此来评定企业的业绩，那些高投入低效率的肉牛场将面临着如何整改，才能转变为高投入、高回报的局面。

第六节　太行云牛生产管理常数表

一、健康牛主要生理常数表

项目	计量单位	常数	项目	计量单位	常数
体温	℃	38.0~39.5	犊牛心跳	次/分钟	80~100

（续表）

项目	计量单位	常数	项目	计量单位	常数
呼吸	次/分钟	10~30	心脏每搏输出量	毫升/次	400~500
母牛心跳	次/分钟	60~80	心脏血液输出量	升/分钟	40~50
公牛心跳	次/分钟	36~60			

二、健康牛消化生理常数表

项目	常数	项目	常数
咀嚼（次/口）	20余	瓣胃内容物 pH 值	7.0~7.8
唾液分泌量（升/24 小时）	50~180	真胃内容物 pH 值	2.17~3.14
唾液 pH 值	7.6~8.5	十二指肠内容物 pH 值	8.3~8.5
反刍（次/24 小时）	9~16，每次持续 40~50 分钟	肠内容物 pH 值	7.4~8.7
胃液分泌量（升/24 小时）	8~20	胆汁 pH 值	7~8
瘤胃内容物 pH 值	5~8.1，一般 6~6.8	胰液 pH 值	7.5~8.0
网胃内容物 pH 值	6.5~7.0	嗳气（次/小时）	17~20

三、太行云牛血液成分常数表

项目	常数	项目	常数
血红蛋白（克/升）	85~110	白细胞分类比例	
成年牛	94±1	淋巴细胞（%）	57.0（42~71）
1~30 日龄犊牛	98±7	中性幼年白细胞（%）	0.5（0~0.9）
红细胞总数（10^{12}/升）	5.0~7.0	中性杆状白细胞（%）	3.0（1.0~8.0）
成年牛	6.13±0.9	中性结核白细胞（%）	33.0（28~53）
1~30 日龄犊牛	6.60±2.4	嗜酸性粒细胞（%）	4.0（1.0~8.0）
白细胞总数（10^9/升）	5.0~9.0	嗜碱性粒细胞（%）	0.5（0~2.0）
成年牛	7.0±0.268	大单核细胞（%）	2.0（0.5~6.0）
1~30 日龄犊牛	8.257±0.112	血小板总数（10^9/升）	260~710，280±180

四、太行云牛血液生化常数表

项目	常数	项目	常数
血液相对密度	1.043~1.060	全血尿素氮含量（毫摩/升）	2.14~9.64
血液 pH 值	7.36~7.50	成年牛	3.32
血液比容	0.40	犊牛	4.14~0.14
血液 CO_2 结合力（毫摩/升）	22.73±0.42	全血尿酸含量（毫摩/升）	2.97~118.96
成年牛	18.28±3.73	全血肌酐含量（毫摩/升）	88.4~176.8
犊 牛	6.5~10.0	全血氨基酸氮含量（毫摩/升）	2.856~5.712
全血葡萄糖含量（毫摩/升）	2.89（2.55~3.05）	全血乳酸含量（毫摩/升）	1.30（1.07~1.38）
血清总蛋白（克/升）	36.3	血液丙酮酸（毫摩/升）	0.064 7（0.038 6~0.086 3）
血清白蛋白（克/升）	39.7	血液柠檬酸（毫摩/升）	0.244（0.146~0.29）
血清球蛋白（克/升）	2.22~3.89	血清总胆固醇（毫摩/升）	1.295~5.957
血液凝固速度（25℃/分钟）	76.0	血清钙含量（毫摩/升）	2.25~3.45
血液糖元（毫摩/升）	1.61（1.33~2.00）	血清无机磷含量（毫摩/升）	2.0~5.2
全血总非蛋白氮含量（毫摩/升）	14.28~28.56	血清氯含量（毫摩/升）	80~100

五、妊娠母牛生殖器官变化参考表

器官变化		未孕不发情	妊娠时间									
			20~25d	1个月	2个月	3个月	4个月	5个月	6个月	7个月	8个月	9个月
卵巢	大小	常在一侧有黄体且增大	妊娠侧有较大黄体									
	位置	骨盆腔耻骨前缘	骨盆腔耻骨前缘	骨盆腔耻骨前缘	孕角卵巢移至耻骨前缘下	孕卵巢移耻骨前缘下至耻骨前缘下	只能摸到卵巢	摸不到				
	形状	绵羊角状，经产牛较为伸展	弯曲的圆筒状	弯曲的圆筒状，孕角不甚规则	孕角扩大，空角弯曲规则	形如袋状，空角表出任孕角旁	增大呈囊状，向下垂			入腹腔，可摸到子宫		
	粗细	拇指粗，经产牛有时一侧大	孕角稍粗	孕角稍粗	孕角较空角粗一倍	孕角明显增大，提有重感						
子宫角	角间勾	清楚	清楚	清楚	仅分处清楚	可摸到分岔	消失、无分岔			消失		
	质地	柔软	孕角壁厚有弹性	孕角松软有波动	薄软，波动清楚	薄软，波动清楚	薄软，波动清楚			薄软		
	收缩反应	触诊时收缩有弹性	触诊时收缩有反应	触诊孕角有波动	触诊孕角偶有收缩			无收缩				
胎儿	子叶	无	无	无	已有但摸不出	触摸子叶蚕豆大小	清楚如卵巢大小	摸不到	似鸡蛋大小	易摸到	较鸡蛋稍大	
	位置	骨盆腔内	骨盆腔内	摸不到	耻骨前缘	耻骨前缘	有时可摸到	前缘下，入腹腔	前缘入腹腔	有时摸到	部分入腹腔	部分入腹腔
子宫颈		骨盆腔内			耻骨前缘	耻骨前缘	入腹腔	前缘入腹腔			骨盆腔	骨盆腔
子宫动脉搏动	中动脉	麦杆粗，脉搏正常	脉搏正常		孕粗一倍	经微震颤感	震颤明显	铅笔粗，震颤明显	有时摸到	两侧震颤	两侧震颤明显	两侧清楚
	后动脉	无					正常				孕角震颤	两侧清楚

六、太行云牛预产期估测表

分娩日	配种月份											
	1	2	3	4	5	6	7	8	9	10	11	12
1	10.8	11.8	12.6	1.6	2.5	3.8	4.7	5.8	6.8	7.8	8.8	9.7
2	10.9	11.9	12.7	1.7	2.6	3.9	4.8	5.9	6.9	7.9	8.9	9.8
3	10.10	11.10	12.8	1.8	2.7	3.10	4.9	5.10	6.10	7.10	8.10	9.9
4	10.11	11.11	12.9	1.9	2.8	3.11	4.10	5.11	6.11	7.11	8.11	9.10
5	10.12	11.12	12.10	1.10	2.9	3.12	4.11	5.12	6.12	7.12	8.12	9.11
6	10.13	11.13	12.11	1.11	2.10	3.13	4.12	5.13	6.13	7.13	8.13	9.12
7	10.14	11.14	12.12	1.12	2.11	3.14	4.13	5.14	6.14	7.14	8.14	9.13
8	10.15	11.15	12.13	1.13	2.12	3.15	4.14	5.15	6.15	7.15	8.15	9.14
9	10.16	11.16	12.14	1.14	2.13	3.16	4.15	5.16	6.16	7.16	8.16	9.15
10	10.17	11.17	12.15	1.15	2.14	3.17	4.16	5.17	6.17	7.17	8.17	9.16
11	10.18	11.18	12.16	1.16	2.15	3.18	4.17	5.18	6.18	7.18	8.18	9.17
12	10.19	11.19	12.17	1.17	2.16	3.19	4.18	5.19	6.19	7.19	8.19	9.18
13	10.20	11.20	12.18	1.18	2.17	3.20	4.19	5.20	6.20	7.20	8.20	9.19
配种日 14	10.21	11.21	12.19	1.19	2.18	3.21	4.20	5.21	6.21	7.21	8.21	9.20
15	10.22	11.22	12.20	1.20	2.19	3.22	4.21	5.22	6.22	7.22	8.22	9.21
16	10.23	11.23	12.21	1.21	2.20	3.23	4.22	5.23	6.23	7.23	8.23	9.22
17	10.24	11.24	12.22	1.22	2.21	3.24	4.23	5.24	6.24	7.24	8.24	9.23
18	10.25	11.25	12.23	1.23	2.22	3.25	4.24	5.25	6.25	7.25	8.25	9.24
19	12.26	11.26	12.24	1.24	2.23	3.26	4.25	5.26	6.26	7.26	8.26	9.25
20	10.27	11.27	12.25	1.25	2.24	3.27	4.26	5.27	6.27	7.27	8.27	9.26
21	10.28	11.28	12.26	1.26	2.25	3.28	4.27	5.28	6.28	7.28	8.28	9.27
22	10.29	11.29	12.27	1.27	2.26	3.29	4.28	5.29	6.29	7.29	8.29	9.28
23	10.30	11.30	12.28	1.28	2.27	3.30	4.29	5.30	6.30	7.30	8.31	9.29
24	10.1	12.1	12.29	1.29	2.28	3.31	4.30	5.31	6.1	7.31	8.31	9.30
25	11.1	12.2	12.30	1.30	3.1	4.1	5.1	6.1	7.2	8.1	9.1	10.1
26	11.2		12.31	1.31	3.2	4.2	5.2	6.2	7.3	8.2	9.2	10.2

（续表）

分娩日		配种月份											
		1	2	3	4	5	6	7	8	9	10	11	12
配种日	27	11.3		1.1	2.1	3.3	4.3	5.3	6.3	7.4	8.3	9.3	10.3
	28	11.4	12.3	1.2	2.2	3.4	4.4	5.4	6.4	7.5	8.4	9.4	10.4
	29	11.5	12.4	1.3	2.3	3.5	4.5	5.5	6.5	7.6	8.5	9.5	10.5
	30	11.6	12.5	1.4	2.4	3.6	4.6	5.6	6.6	7.7	8.6	9.6	10.6
	31	11.7		1.5		3.7		5.7	6.7		8.7		10.7

七、粪尿排泄量参考表

粪尿排泄量表 单位：鲜重千克/日

牛群	体重（千克）	排粪量	排尿量
哺乳母牛	550~600	30~50	15~25
成母牛	400~600	20~35	10~17
育成牛	200~300	10~20	5~10
犊牛	100~200	3~7	2~5

第八章　牛病防控与诊治技术

第一节　疫病防控

一、基本原则

"以防为主、防重于治"是太行云牛疾病防控的基本原则。在牛场的选址、建设以及饲养管理等方面严防疫病的传入与流行，严格执行国家兽医卫生防疫制度。

坚持"自繁自养"的原则，防止疫病的传入。加强牛群的科学饲养、合理组织生产，增强动物本身对疫病的抵抗力。

认真执行计划免疫，定期进行预防接种。对主要疫病进行疫情监测，遵循"早、快、严、小"的处理原则，及早发现、及时处理动物疫病。

采取严格的综合性防治措施，迅速扑灭疫情，防止疫情扩散。对养牛场除要做到疫病监控和防治外，还要加强牛群的保健工作。

二、防控措施

太行云牛疫病的监控与防治措施，通常分为预防性和扑灭性措施。前者是以预防为目的的经常性工作，后者为扑灭已发生的疫病。预防是关键、是基础，扑灭是补救，是对健康动物的保护性措施。防控措施的核心是预防。针对传染病流行过程的传染源、传播途径、易感动物这 3 个环节，查明和消灭传染源，切断传播途径，提高太行云牛对疫病的抵抗能力，亦即综合性防控措施。

1. 牛场的选址与建设

从选场、建场时就应对牛的疫病有周密而全面的考虑。

2. 健全兽医卫生制度

建立健全兽医卫生制度是防止外源病原传入、降低内源病原微生物的扩散、建立安全生产环境等有效的预防性措施。

① 非本场人员和车辆未经兽医部门同意不准随意进入生产区；生产区入口消毒池内置 3%~5% 来苏儿、克辽林溶液或生石灰粉等。消毒药物定期更换，保证正常药效。工作人员的工作服、工具保持清洁，经常清洗消毒，不得带出生产区。

② 牛舍、运动场及其周围环境，每天要进行牛粪及其他污物的清理工作，并建立符合环保要求的牛粪尿与污水处理系统。每个季度大扫除、大消毒 1 次。病牛舍、产房、隔离牛舍等每天进行清扫和消毒。

③ 对治疗无效的病牛或死亡的牛只，主管兽医要填写淘汰报告或申请剖检报告，上报兽医主管部门，同意签字后，方能淘汰或剖检。

④ 场内严禁饲养其他畜禽。禁止将市售畜禽及其产品带入生产区。

⑤ 每年春、夏、秋季，进行大范围灭蚊蝇及吸血昆虫的活动。采取经常性的灭虫措施，以降低虫害所造成的损失。

⑥ 健全兽医档案记录、登记统计表及日记簿：牛的病史卡、疾病统计表、疫病检测结果表、预防注射及疫苗的记录表、寄生虫检测结果表、病牛的尸体剖检申请表及尸体剖检结果表等。

⑦ 员工每年进行一次健康检查，发现结核病、布氏杆菌病及其他传染病的患者，及时调离生产区。新来人员必须进行健康检查，证实无传染病时方可上岗工作。

三、疫病监测

疫病监测即利用血清学、病原学等方法，对动物疫病的病原或抗体进行监测，随时掌握动物群体疫病情况，及时发现疫情，尽快采取有效防治措施。

1. 定期、全面检测

定期进行布氏杆菌病、结核病监测。牛场每年开展两次以上布氏杆菌病、结核病监测工作，成年母牛监测率达 100%。

2. 监测判定方法

布氏杆菌病、结核病监测及判定方法按农业农村部部颁标准执行，即布氏杆菌病采用试管凝集试验、琥红平板凝集试验、补体结合反应等方法，结核病用提纯结核菌素皮内变态反应方法。

3. 结核病监测

初生犊牛于 20~30 日龄时，用提纯结核菌素皮内注射法进行第一次监测，于 100~120 日龄，进行第二次监测。凡检出的阳性牛只应及时淘汰处理，有疑似反应者，隔离后 30 日进行复检，复检为阳性的立即淘汰处理；若其结果仍为可疑反应时，经 30~45 日后再复检，如仍为疑似反应，则判为阳性。

4. 布病监测

布氏杆菌病年监测率100%，凡检出阳性牛立即处理，对疑似反应牛只必须进行复检，连续2次为疑似反应者，应判为阳性。犊牛在80~90日龄进行第一次监测，6月龄进行第二次监测，均为阴性者，方可转入健康牛群。

5. 调运牛检疫

购买和运输牛时，必须持有当地动物防疫监督机构签发的有效检疫证明，方准运出，禁止将病牛出售及运出疫区。由外地引进牛时，必须在当地进行布氏杆菌病、结核病检疫，呈阴性者，凭当地防疫监督机构签发的有效检疫证明方可引进。入场后，隔离观察1个月，经布氏杆菌病、结核病检疫呈阴性反应者，方可转入健康牛群。

四、免疫监测与接种

1. 免疫检测

所谓免疫监测，就是利用血清学方法，对某些疫苗免疫动物在免疫接种前后的抗体跟踪监测，以确定接种时间和免疫效果。在免疫前，监测有无相应抗体及其水平，以便掌握合理的免疫时机，避免重复和失误；在免疫后，监测是为了了解免疫效果，如不理想可查找原因，进行重免；有时还可及时发现疫情，尽快采取扑灭措施，如定期开展牛口蹄疫等疫病的免疫抗体监测，及时修正免疫程序，提高疫苗保护率。

2. 免疫接种

免疫接种是给动物接种各种免疫制剂（疫苗、类毒素及免疫血清），使动物产生对传染病的特异性免疫力，是预防和治疗传染病的主要手段，也是使易感动物群转化为非易感动物群的唯一手段。根据免疫接种的时机不同，可分为预防接种和紧急接种两类。

（1）预防接种　是在平时为了预防某些传染病的发生和流行，有组织、有计划地按免疫程序对健康牛群进行的免疫接种。预防接种常用的免疫制剂有疫苗、类毒素等。由于所用免疫制剂的种类不同，接种方法也不一样，有皮下注射、肌内注射、皮肤刺种、口服、点眼、滴鼻、喷雾吸入等。预防接种应首先对本地区近几年来动物曾发生过的传染病流行情况进行调查，然后采取针对性地拟定年度预防接种计划，确定免疫制剂的种类和接种时间，按特定的免疫程序进行免疫接种，做到头头注射，个个免疫。

（2）紧急接种　是指在发生传染病时，为了迅速控制和扑灭疫病的流行，而对疫区和受威胁区尚未发病的动物进行的应急性免疫接种。

应用疫苗进行紧急接种时，必须先对动物群逐头逐只地进行详细的临床检查，只能对无任何临床症状的动物进行紧急接种，对患病动物和处于潜伏期的动物，不能接种疫苗，应立即隔离治疗或扑杀。但应注意，在临床检查无症状而貌似健康的动物中，必然混有一部分潜伏期的动物，在接种疫苗后不仅得不到保护，反而促使其发病，造成一定的损失，这是一种正常的不可避免的现象。但由于这些急性传染病潜伏期短，而疫苗接种后又能很快产生免疫力，因而发病数不久即可下降，疫情会得到控制，多数动物得到保护。

五、疫病的扑灭措施

1. 疫情报告

当发生国家规定的一些动物传染病时，要立即向当地动物防疫监督机构报告疫情，包括发病时间、地点、发病及死亡牛头数、临床症状、剖检变化、初诊病名及防治情况等。

2. 疫区封锁

在发生严重的传染病，如口蹄疫、炭疽病等时，则应采取封锁措施。

3. 污染物处理

对患病动物污染的垫草、饲料、用具、运动场以及粪尿等，进行严格消毒。对死亡动物和淘汰动物，按《动物防疫法》处理。

4. 寄生虫病的预防

寄生虫种类多，生物学特性各异，牛寄生虫病的防治应根据地理环境、自然条件的不同，采取综合性防治措施。根据饲养环境需要，每年可对牛群用药物进行1~2次的驱虫工作。在温暖季节，如发现牛体上有蜱寄生时，应及时用杀虫药物杀虫。

六、消毒与消毒方法

消毒的目的是消灭被传染源散播于外界环境中的病原体，以切断传播途径，阻止疫病继续蔓延。消毒的方法主要有以下几种。

1. 机械性消除

主要是通过清扫、洗刷、通风、过滤等机械方法消除病原体，是一种普通而又常用的方法，但不能达到彻底消毒的目的，作为一种辅助方法，须与其他消毒方法配合进行。

2. 物理消毒

采用阳光、紫外线、干燥、高温等方法，杀灭细菌和病毒。

3. 化学消毒

用化学药物杀灭病原体的方法，在防疫工作中最为常用。选用消毒药应重点考虑杀菌谱广，有效浓度低，作用快，效果好；对人畜无毒、无害；性质稳定，易溶于水，不易受有机物和其他理化因素影响；使用方便，价格低廉，易于推广；无味、无臭，不损坏被消毒物品；使用后残留量少或副作用小等。

根据消毒药的化学成分可分为以下几种。

（1）酚类消毒药　如石炭酸、来苏儿、克辽林、菌毒敌、农福等。

（2）醛类消毒药　如甲醛溶液、戊二醛等。

（3）碱类消毒药　如氢氧化钠、生石灰（氧化钙）、草木灰水等。

（4）含氯消毒药　如漂白粉、次氯酸钙、三合二、二氯异氰尿酸钠、氯胺（氯亚明）等。

（5）过氧化物消毒药　如过氧化氢、过氧乙酸、高锰酸钾、臭氧等。

（6）季铵盐类消毒药　如新洁尔灭、洗必泰、杜灭芬、消毒净等。

4. 生物消毒

在兽医防疫实践中，常用将被污染的粪便堆积发酵，利用嗜热细菌繁殖时产热高达70℃以上，经过1~2个月即可将病毒、细菌（芽孢除外）、寄生虫卵等病原体杀死，既达到消毒的目的，又保持了肥效。但本法不适用于炭疽、气肿疽等芽孢病原体引起的疫病，这类疫病的粪便应焚烧或深埋。

5. 消毒方法

（1）定期性消毒　一年内进行2~4次，至少于春秋两季各进行1次。牛舍内的一切用具每月应消毒1次。

对牛舍地面及粪尿沟可选用下列药物进行消毒：5%~10%热碱水、3%苛性钠、3%~5%来苏儿或臭药水溶液等喷雾消毒，用20%生石灰乳粉刷墙壁。

饲养管理用具、牛栏、牛床等以5%~10%热碱水或3%苛性钠溶液或3%~5%来苏儿或臭药水溶液进行洗刷消毒，消毒后2~6小时，在放入牛只前对饲槽及牛床用清水冲洗。

运动场应及时清扫，除去杂草后，用5%~10%热碱水或撒布生石灰进行消毒。

（2）临时性消毒　牛群中检出并剔出结核病、布氏杆菌病或其他疫病牛后，有关牛舍、用具及运动场须进行临时性消毒。

布氏杆菌病牛发生流产时，必须对流产物及污染的地点和用具进行彻底消毒。病牛的粪尿应堆积在距离牛舍较远的地方，进行生物热发酵后，方可充当肥料。

产房每月进行1次大消毒，分娩室在临产牛生产前及分娩后各进行1次消毒。

凡属患有布氏杆菌病、结核病等疫病死亡或淘汰的牛，必须在兽医防疫人员的指导下，在指定的地点剖解或屠宰，尸体应按国家的有关规定处理。处理完毕后，对在场的工作人员、场地及用具彻底消毒。怀疑为因炭疽病等死亡的牛只，则严禁解剖，按国家有关规定处理。

第二节　传染病防治

一、口蹄疫

口蹄疫俗称"口疮""蹄癀"，是由口蹄疫病毒引起的一种人和偶蹄动物的急性发热性、高度接触性传染病。主要临床症状特征表现在口腔黏膜、唇、蹄部和乳房皮肤发生水泡和溃烂。

（1）病因　该病由口蹄疫病毒引起。口蹄疫病毒是动物 RNA 病毒，呈圆形，直径 20~25 纳米，该病毒具有多型性、变异性等特点，目前全世界有 7 个主型：A、O、C、南非 1、南非 2、南非 3 和亚洲 I 型。各型之间不能互相免疫，即感染了此型病毒的动物，仍可感染其他型病毒。各型的临床表现相同。该病毒对动物致病力特强，1 克新鲜的牛舌皮毒，捣碎成糊状，稀释 10^7~10^8 倍后，取 1 毫升舌面液接种牛，还能使牛发病。病毒存在于病牛的水疱、唾液、血液、粪、尿及乳汁中。病毒对外界抵抗力很强，不怕干燥，但对日光、热、酸、碱均敏感。

（2）诊断

① 流行病学。不同地区可表现为不同的季节性，牧区一般从秋末开始，冬季加剧，春季减轻，夏季平息。在农区，这种季节性不明显。病牛是传染源，传播途径是通过直接接触或间接接触，经消化道、损伤的黏膜、皮肤和呼吸道。口蹄疫病毒传染性很强，一旦发病呈流行性，且每隔一两年或三五年就流行一次，有一定的周期性。

② 症状。潜伏期平均为 2~4 天，长者可达 1 周左右。病牛体温升高至 40~41℃，精神不振，食欲减退，流涎。1~2 天后，唇内面、齿龈、舌面和颊部黏膜出现 1~3 厘米见方的白色水疱，大量流涎，水疱破裂形成糜烂，病牛因口腔疼痛采食困难，进食减少或不进食。水疱破裂后，体温下降至正常，糜烂部位逐渐愈合。与水疱出现的同时或稍后，蹄部的趾间、蹄冠的皮肤也出现水疱，并很快破裂，病畜不愿意行走，严重者蹄匣脱落。在牛的鼻部和乳头上也出现水疱，之后破裂，形成粗糙的、有出血的颗粒状糜烂面。感染的怀孕母牛经常出现流产。病程为 1 周左右，病变部位恢复很快，全身症状也渐好转。如果发生在蹄部，病程较长，2~3 周，死亡率低，不超过 1%~3%。但是，如果病毒侵害心肌

时，可使病情恶化，导致心脏出现麻痹而突然倒地死亡。

③ 病理变化。主要在口腔黏膜、蹄部、乳房皮肤出现水疱及糜烂面。病毒毒素侵害心肌而死亡的牛，心肌变性和出血及在心肌上可看到许多大小不等、形态不整齐的灰白色或灰黄色混浊无光泽的条纹样病灶，称为"虎斑心"。

④ 实验室检查。做病毒分离，采用鸡胚和细胞培养分离病毒。血清学检查主要应用反向间接血凝试验、酶联免疫吸附试验等检测病毒抗原。

本病应与牛黏膜病、牛恶性卡他热、水疱性口炎相区别。牛黏膜病口腔黏膜虽有糜烂，但无水疱形成；牛恶性卡他热散发性发生，全身症状重，有角膜混浊，死亡率高；水疱性口炎流行范围小，发病率低。

（3）防治 该病发生后一般经过10天左右能自愈。为了防止继发性感染，缩短病程，应对病牛进行隔离及加强护理，用0.1%高锰酸钾或3%硼酸水对病变部位实施清洗、消毒、敷以收敛剂并适当应用些抗生素。还可用同型高免血清或病愈后10~20天的良性口蹄疫病牛的血清进行皮下注射，用量为每千克体重1毫升。

发生口蹄疫时，对疫区和受威胁区内的健康牛，采用与当地流行的相同病毒型、亚型的减毒活苗和灭活苗进行接种。

二、流行热

牛流行热，简称牛流行性感冒，又称三日热或暂时热，是牛的一种急性、热性、高度接触性传染病。临床特征表现为：突发高热、流泪、流涎、呼吸急促，四肢关节障碍及精神抑郁。

（1）病因 由流行热病毒引起，病毒粒子呈子弹状或圆锥状，尖端直径16.6纳米，底部直径70~80纳米，高145~176纳米。病毒抵抗力不强，对酸、碱、热、紫外线照射均敏感。

（2）诊断

① 流行病学。病牛是传染源，病毒主要存在于病牛高热期血液和呼吸道分泌物中。在自然条件下，本病传播媒介为吸血昆虫，经叮咬皮肤感染。多雨潮湿的季节容易造成本病的流行。本病传播迅速，短期内可使很多牛感染发病，不同品种、性别、年龄的牛均可感染发病，呈流行性或大流行，为3~5年流行1次。

② 症状。潜伏期2~10天，常突然发病，迅速波及全群，体温升高到40℃以上，持续2~3天，病牛精神不振，鼻镜干燥发热，反刍停止，哺乳量急剧下降。全身肌肉和四肢关节疼痛，步态不稳，又称"僵直病"。高热时，呼吸急促，呼吸次数每分钟可达80次以上，肺部听诊有肺泡音高亢，支气管音粗糙。眼结膜充血、流泪、流鼻漏、流涎，口边粘有泡沫。病牛尿量减少，怀孕牛容易

流产。病程为 2~5 天，有时可达 1 周，绝大多数能够恢复。

③ 病理变化。主要病变在呼吸道，有明显的肺间质性气肿，部分病例可见肺充血及水肿，肺体积增大。严重病例全肺膨胀充满胸腔。在肺的心叶、尖叶、隔叶出现局限性暗红色乃至红褐色小叶肝变区。气管和支气管有泡沫状液体。全身淋巴结呈不同程度的肿大、充血和水肿。实质器官多呈现明显的浑浊肿胀。此外，还发现关节、腱鞘、肌膜的炎症变化。

④ 实验室检查。用病死牛的脾、肝、肺、脑等组织制成超薄切片，或细胞培养物经处理后用负染法，在电镜下观察病毒颗粒。

血清学检查可将从病牛采集的急性期和恢复期双份血清做补体结合试验、ELISA 试验和中和试验，以检测特异性血清抗体。

应与类蓝舌病、牛呼吸道合胞体病毒感染及牛传染性鼻气管炎相区别：类蓝舌病不出现全身肌肉和四肢关节疼痛症状；牛呼吸道合胞体病流行季节在晚秋，症状以支气管肺炎为主，病程长；牛鼻气管炎多发生在寒冷季节，症状以呼吸道症状为主，少见全身性症状。

（3）防治　本病多为良性经过，应对症治疗及加强护理，如解热、补糖、补液等，数日后可恢复。对严重病例，在加强护理的同时，应采取解热、消炎、强心等。此外，可静脉放血（1 500~2 500毫升），以改善小循环，防止过度水肿。对瘫痪的母牛，在卧地初期，可应用安乃近、水杨酸、葡萄糖酸钙等静脉注射。在流行季节到来之前，接种牛流行热亚单位疫苗或灭活疫苗。在吸血昆虫滋生前 1 个月接种，间隔 3 周后进行第 2 次接种，部分牛有接种反应，哺乳牛接种后哺乳量会有轻微下降。对假定健康牛和附近受威胁地区牛群，可用高免血清进行紧急预防。血吸虫是媒介，因此，消灭血吸虫及防止叮咬，也是一项重要措施。

三、布氏杆菌病

本病也称传染性流产，是由布氏杆菌引起的人畜共患的一种接触性传染病，特征为流产和不孕。

（1）病因　本病由布氏杆菌引起，该菌微小，近似球状的杆菌，（1~5）微米×0.5 微米，不形成芽孢、无荚膜，革兰氏染色阴性，需氧兼性厌氧菌。布氏杆菌对热抵抗力不强，60℃ 30 分钟即可杀死，对干燥抵抗力强，在干燥的土壤中，可生存 2 个月以上，在毛、皮中可生存 3~4 个月。一般消毒剂也可杀死。病菌从损伤的皮肤、黏膜侵入机体，致使发病。

（2）诊断

① 流行病学。春、夏容易发病，病畜为传染源，病菌存在于流产的胎儿、

胎衣、羊水、流产母畜阴道分泌物及公畜的精液内。传染途径是直接接触性传染，受伤的皮肤、交配、消化道等均可传染，呈地方性流行。发病后可出现母畜流产，在老疫区出现关节炎、子宫内膜炎、胎衣不下、屡配不孕、睾丸炎。犊牛有抵抗力，母畜易感。

②症状。流产是最主要的症状，流产多发生在妊娠后第5~8个月，产出死胎或弱胎、胎衣不下，流产后阴道内继续排出褐色恶臭液体，母牛流产后很少发生再次流产。公畜常发生睾丸炎或副睾丸炎。病牛发生关节炎时，多发生在膝关节及腕关节。

③病理变化。病牛除流产外，在绒毛叶上有多数出血点和淡灰色不洁渗出物，并覆有坏死组织，胎膜粗糙、水肿、严重充血或有出血点，并覆盖一层纤维蛋白质。胎盘有些地方呈现淡黄色或覆盖有灰色脓性物。子宫内膜呈卡他性炎或化脓性内膜炎。流产胎儿的肝、脾和淋巴结呈现程度不同的肿胀，甚至有时可见散布着炎性坏死小病灶。母牛常有输卵管炎、卵巢炎或乳房炎。公牛精囊常有出血和坏死病灶，睾丸和附睾坏死，呈灰黄色。

④实验室检查。病原学检查可采用流产胎盘和胎儿胃液或流产后2~3天之内的阴道分泌物做成涂片，革兰氏染色，进行镜检，可见革兰氏阴性球杆菌，常散在排列，无鞭毛、无芽孢，大多数情况不形成荚膜。采集病牛的血、脊髓液、流产胎儿等，进行培养分离病菌，在血清肝汤琼脂内作振荡培养后，经3~7天，牛流产布氏杆菌可于表面下0.5厘米处形成带状生长。

本病应与其他病因引起的流产相区别，如机械性流产、滴虫性流产、弯曲菌性流产、变动性流产。

(3) 防治 首先进行隔离，对流产伴有子宫内膜炎的母畜，可用0.1%高锰酸钾溶液冲洗子宫和阴道，每日1次，然后注入抗生素。也可用中药治疗，即：益母草30克、黄芩18克、川芎15克、当归15克、熟地15克、白术15克、双花15克、连翘15克、白芍15克，研为细末。

免疫方面，应用19号活菌苗，犊牛6个月接种1次，18个月再接种1次，免疫效果持续数年。预防上要定期检疫、消毒。

四、结核病

结核病是由结核分枝杆菌引起的人畜共患的一种慢性传染病。特征是在机体组织中形成结核结节性肉芽肿和干酪样、钙化的坏死病变。

(1) 病因 本病由结核分枝杆菌引起，病菌分3型：牛型、人型、禽型。病菌长1.5~5微米、宽0.2~0.5微米，菌体形态为两端钝圆、平直或稍弯曲的纤细杆菌，无芽孢和荚膜、鞭毛，没有运动性，需氧菌，革兰氏阳性。对外界抵抗力强，对干燥和湿冷更强。对热抵抗力差，60℃ 30分钟可死亡，100℃沸水中立即死亡。一般消毒药，如5%来苏儿、3%～5%甲醛、70%酒精、10%漂白粉溶液等可杀灭病菌。

（2）诊断

① 流行病学。患牛是本病的传染源，不同类型的结核杆菌对人和畜有交叉感染性。病菌存在于鼻液、唾液、痰液、粪尿、乳汁和生殖器官的分泌物中，能污染饲料、饮用水、空气和周围环境。可通过呼吸道和消化道感染，环境潮湿、通风不好、牛群拥挤、饲料营养缺乏维生素和矿物质等均可诱发本病的发生。

② 症状。潜伏期一般为10～45天，呈慢性经过，有以下几种类型。

i.肺结核。长期干咳，之后变为湿咳，早晨和饮水后较明显，渐渐咳嗽加重，呼吸次数增加，且有淡黄色黏液或黏性鼻液流出。食欲下降、消瘦、贫血，哺乳量减少，体表淋巴结肿大，体温一般正常或稍高。

ii.淋巴结核。肩前、股前、腹股沟、颌下、咽及颈部等淋巴结肿大，有时可能破裂形成溃疡。

iii.乳房结核。乳房淋巴结肿大，常在后方乳腺区发生结核，乳房肿大，有硬块，产奶量减少，乳汁稀薄。

iv.肠结核。多发生于犊牛，下痢与便秘交替，之后发展为顽固性下痢，粪便带血、腥臭、消化不良、渐渐消瘦。

③ 病理变化。剖检特征为形成结核结节，肺部及其所属淋巴结核为首，其次为胸膜、乳房、肝和子宫、脾、肠结核等。肉眼可发现脏器有白色或黄色结节，切面呈干酪化坏死，有的呈钙化、有的形成空洞。胃肠道黏膜有大小不等的结核结节或溃疡。乳房结核，在病灶内含干酪样物质。

④ 实验室检查。采集病畜的痰、乳及其他分泌物，做抹片镜检。做抹片时，应首先经酸碱处理，使组织和蛋白液化，用抗酸性染色。

本病应与牛肺炎、牛副结核相区别，牛肺炎在我国已扑灭，牛副结核症状表现以持续性的下痢为主，并伴有水肿。

（3）防治　应用链霉素、异烟肼、对氨基水杨酸钠及利福平等药治疗本病，在初期有疗效，但不能彻底根治。因此，一旦发现病牛，应立即淘汰。应采取严格的检疫、隔离、消毒措施，加强饲养管理，培养健康牛群。

五、病毒性腹泻-黏膜病

牛病毒性腹泻-黏膜病，是由牛病毒性腹泻-黏膜病毒引起的一种广为传播的传染病。临床症状为发热、厌食、鼻漏、咳嗽、腹泻、消瘦、白细胞减少及消化道黏膜发炎、糜烂和淋巴组织损害。

（1）病因 本病由黏膜病毒引起，黏膜病毒为单股 RNA 病毒，有囊膜，大小为 35~55 纳米，呈球状。

（2）诊断要点

① 流行病学。病牛和带毒动物是传染源，其鼻漏、泪水、奶、尿、粪及精液均含有病毒。康复牛可带毒 200 天，在肠淋巴结中可带毒 39 天。可通过直接接触和间接接触而传播，犊牛最容易感染。冬季发病率较高，特别是肉牛比较易感，封闭式牛群中可呈暴发性发病。犊牛发病率高，死亡率也高。牛群感染本病后，可产生坚强而持久的免疫力。

② 症状。急性病例潜伏期 7~14 天。绝大多数牛群仅见少数轻型病例，一般都是无症状的隐性感染。急性病例，突然发病，体温升高到 40~42℃，白细胞减少，精神沉郁，厌食、腹泻、流涎，鼻腔流出浆性的甚至黏性的液体，哺乳量急剧下降。咳嗽、呼吸急促，口腔黏膜充血糜烂，鼻孔、鼻镜、阴门及阴道也有糜烂现象。腹泻是主要症状，可持续 1~3 周，粪呈水样、恶臭。急性病例主要发生于犊牛。有些病牛变为慢性，病牛消瘦，生长发育受阻。持续或间歇性腹泻，出现跛行，类似腐蹄病，病程长，可持续数月。

③ 病理变化。病变主要发生在消化道和淋巴结，鼻孔有糜烂及浅溃疡，齿龈、上腭、舌面两侧及颊部黏膜有糜烂。严重病例在咽喉黏膜有溃疡及弥漫性坏死。食道黏膜的糜烂大小形状不一，瘤胃黏膜也有出血和糜烂，第四胃黏膜水肿和糜烂。肠壁水肿，肠结合淋巴结有出血和坏死变化。小肠有急性卡他性炎症，空肠、回肠最严重。盲肠、结肠、直肠有卡他性、出血性、溃疡性以及坏死性炎症。有些在趾间有糜烂或溃疡，甚至坏死。

④ 实验室检查。病原学检查可用新鲜病料（脾脏、肠系膜淋巴结等）做切片，在电镜下观察病毒颗粒。血清学检查可作血清-病毒中和试验、免疫扩散试验、补体结合试验。

本病要与恶性卡他热、口蹄疫、水疱性口炎、副结核病、冬痢及某些肠道寄生虫病相区别。恶性卡他热全身症状重，角膜混浊，死亡率高；口蹄疫除口、鼻有溃疡外，还可形成水疱；水疱性口炎流行范围小，发病率低；副结核病及冬痢不会出现口腔黏膜充血糜烂。

（3）防治 尚无特效疗法，可接种弱毒疫苗，对受威胁的牛群应每隔 3~5 年接种一次，育成母牛和种公牛在配种前再接种一次，多数牛可获得终生免疫。严禁从病区购进牛只。

六、大肠杆菌病

本病是由致病性大肠杆菌引起的新生犊牛的急性传染病，临床特征为病牛剧烈下痢及败血症，并迅速陷入脏器衰竭、脱水和酸中毒。

（1）病因　由多种血清型的致病性大肠杆菌引起，病原为革兰氏染色阴性杆状细菌，大小为（1.1~1.5）微米×（2.0~6.0）微米，大多数有荚膜和鞭毛。大肠杆菌在普通培养基上生长良好，菌落有4种类型：① 光滑型（S），该菌菌落低凸、湿润、灰色、有光泽、边沿整齐；② 粗糙型（R），菌落扁平、平涩、边沿不整齐；③ 中间型，介于前两种之间；④ 黏液型，有荚膜。

（2）诊断要点

① 流行病学。7~10日龄的犊牛常见，冬春季节，牛舍潮湿、寒冷、拥挤、通气不好、气候突变、场地污染等，还有营养不足、饲料中缺乏维生素、蛋白质等和犊牛未喂食初乳等均可引发本病。败血症是急性型，死亡率很高，特别是未食初乳的犊牛。主要感染途径是消化道。

② 症状。常以下痢、败血症及肠毒血症形式出现，下痢的犊牛病初体温达到40℃左右，食欲减少或废绝，随后下痢，粪便呈黄色或灰白色、粪中有未消化的凝乳块及凝血块，犊牛常死于脱水和酸中毒，病程延长出现肺炎、关节炎，治疗及时可以治愈，但生长不良。

③ 病理变化。因败血症及肠毒血症而死亡的犊牛，常无特异的病变；因下痢而死亡的犊牛，尸体消瘦，黏膜苍白，呈急性胃肠炎变化，胃内有凝乳块，胃黏膜充血、水肿、肠黏膜部分充血，表面附有黏液。肠内容物常混有血液和气泡。

④ 实验室检查。用无菌棉签取病牛的粪样、血液等，病死牛可取心血、肝、脾、肠内容物等直接作涂片镜检。分离培养可用普通培养基分离培养，也可用麦康凯或伊红美蓝平板。败血型大肠杆菌病，可从组织器官或血液中分离出一定血清型的致病性大肠杆菌；肠毒血症型能在肠道内检出上述血清型大肠杆菌。

该病应与牛沙门氏菌病相区别，牛沙门氏菌病可引起各种年龄牛发病，而牛大肠杆菌病仅限于犊牛，牛沙门氏菌病肝、脾、肾等实质器官有坏死灶，牛大肠杆菌病主要在胃肠道发生病变。

（3）防治　治疗原则是抗菌、补液、调节胃肠机能和调整肠道微生物平衡。发病后用4~8克高锰酸钾配成0.5%的水溶液灌服，每天2~3次；或每次内服磺胺脒10~20克，每天3次；每千克体重内服痢特灵5~10毫克，分2~3次服完。下痢不止时内服次硝酸铋5~10克或活性炭10~20克，同时进行静脉补液、强心等。

也可以使用氯霉素、土霉素、链霉素或新霉素。内服剂量为每千克体重30~50毫克，12小时剂量可减半，连服3~5天。有食欲时，可口服补液盐，配方为氯化钠3.5克、氯化钾1.5克、碳酸氢钠2.5克、葡萄糖粉20克、温水1 000

毫升。

预防应保持卫生，勤换垫草，犊牛必须及早吃到初乳。

七、牛弯曲杆菌性流产

这是一种生殖道传染病，特征是暂时性不孕，胚胎早期死亡和少数孕牛流产。

（1）病因　由胎儿弯曲菌性病亚种和胎儿弯曲菌胎儿亚种引起，前者寄生在牛的生殖器，引起不育、流产；后者寄生在肠道内，引起流产。

（2）诊断要点

① 流行病学。病母牛和带菌公牛以及康复后的母牛是传染源，病菌存在于母牛的生殖道、流产胎盘和胎儿组织中。

② 症状。暂时性不孕、流产和发情不规则，流产多见于妊娠后 5~7 个月，胎儿的病变与牛布氏杆菌病的流产胎儿相似。

③ 病理变化。与牛布氏杆菌病相似。

④ 实验室检查。病原学检查可取流产胎儿的胃内容物、胎盘及阴道分泌物检查；作涂片染色镜检，可作初步诊断，确诊需作细菌的分离和鉴定。

血清学检查应采集血清或子宫阴道黏液，以试管凝聚反应检查抗体，此外也可用酶联免疫吸附试验检测抗体。

（3）防治　牛群发病时，应暂停配种 3 个月，同时使用抗生素治疗。可向子宫内投放链霉素和四环素族抗生素，连续 5 天。

八、放线菌病

本病又称大颌病，是家畜的一种慢性非接触性传染病，以局部发生硬肿块为特征。

（1）病因　由牛放线菌（伊氏放线菌）和林氏放线菌引起。牛放线菌是革兰氏染色阳性，菌体呈细状分枝，在 CO_2 的环境中生长良好，在病灶的脓汁中形成肉眼可见的大黄白色菌块（硫黄样颗粒），将其压扁后镜检，呈菊花状，菌丝末端膨大，向周围呈放射状排列，本病菌主要侵害骨组织。林氏放线菌是革兰氏阴性菌，长 1.5 微米，宽 0.4 微米，主要侵害上部消化道的皮肤及软组织（舌、颈等）。

（2）诊断要点

① 流行病学。主要侵害牛，以 2~5 岁牛最易患病，尤其是在牛换牙时最易感染，也能使羊、马、猪患病，人也可感染。主要通过消化道，因粗糙的饲料扎破口腔黏膜而感染，呈零星散发。

② 症状。上、下颌骨肿大、界限明显，肿胀进展缓慢，一般经过6~18个月才出现一个小而坚实的硬块。有时肿大发展很快，及至整个头骨，肿胀初期疼痛，晚期无痛觉。有时皮肤破口，流出脓汁，形成瘘管，长时间不愈。林氏放线菌致病的部位在舌咽部，舌体肿胀，坚硬粗大，称"木舌"。病牛流涎，咀嚼、吞咽、呼吸困难。颌下及腮腺部分的淋巴结和皮下组织形成局限性或弥漫性硬肿，不热不痛。

③ 病理变化。当细菌侵入骨骼，骨质异常增生，体积增大，密度降低，形如蜂窝状，也可发现形成瘘管通过皮肤到口腔，引起口腔黏膜溃烂。某些器官受到侵害，可形成扁豆至豌豆大的结节，小结节聚集成大结节，最后成为肿块，脓肿中有乳黄色脓液。

④ 实验室检查。取少量脓汁，用水稀释，检出黄色颗粒，置盖玻片上挤压，然后加入1滴15%氢氧化钠溶液，加盖玻片，显微镜下检查细菌。革兰氏染色呈紫色，周围辐射状菌丝红色，可判断为牛放线菌。林氏放线菌呈均匀的红色。

（3）防治

① 对于硬结部位，进行外科手术切除，若有瘘管，连瘘管一起彻底切除，之后用碘酊纱布填塞，每日换一次，伤口周围注射10%碘仿乙醚或2%鲁戈氏液。

② 内服碘化钾，成年牛每天5~10克，犊牛2~4克，连用2~4周。重症者可静脉注射10%碘化钾，成年牛每天50~100毫升，隔日1次，共3~5次。在用药过程中发现碘中毒现象（黏膜卡他、皮肤发疹、脱毛等）应停药。

③ 用抗生素治疗，使用青霉素、链霉素在患部周围注射，每天1次，5天一个疗程。

④ 链霉素与碘化钾同时应用，对软组织放线菌肿和"木舌"效果很好。

⑤ 预防上要进行严格的科学管理，不在低洼潮湿处放牧，避免粗饲料刺伤黏膜，定期消毒。

第三节　寄生虫病及其防治

一、胃肠线虫病

胃肠线虫病是牛、羊等反刍动物的多发性寄生虫病，在皱胃及肠道内，经常见到的有血矛线虫、仰口属线虫、食道口线虫、毛首属线虫四种线虫寄生，并可引起不同程度的胃肠炎、消化机能障碍，患畜消瘦、贫血，严重者可造成畜群的大批死亡。

(1) 病因　血矛线虫，雄虫长 10~20 毫米，雌虫长 18~30 毫米，呈细线状，寄生于宿主的皱胃及小肠。仰口属线虫，雄虫长 12~17 毫米，体末端有发达的交合伞，两根等长的交合刺，雌虫长 19~26 毫米，寄生于牛的小肠。食道口线虫，雄虫长 12~15 毫米，交合伞发达，有一对等长的交合刺，雌虫长 16~20 毫米，虫卵较大。毛首属线虫，虫体长 35~80 毫米，寄生于宿主的大肠（盲肠）内，虫体前部（占全长的 2/3~4/5）呈细长毛发状，体后部粗短。

(2) 诊断

① 流行病学。牛的各种消化道线虫均系土源性发育，不需要中间宿主参加，牛感染是由于吞食了被虫卵所污染的饲草、饲料及饮水所致。幼虫在外界的发育难以控制，从而造成了几乎所有反刍动物不同程度感染发病的状况。上述各种线虫的虫卵随粪便排出体外，在外界适宜的条件下，绝大部分种类线虫的虫卵孵化出第一期幼虫，经过两次蜕化后发育成具有感染宿主能力的第三期幼虫，被牛吞食后在消化道里经半个月发育成为幼虫，被幼虫污染的土壤和牧草是传染源，在春秋季节感染。

② 临床症状。牛感染各种消化道线虫后，主要症状表现为消化紊乱、胃肠道发炎、腹泻、消瘦、眼结膜苍白、贫血。严重病例下颌间隙水肿，犊牛发育受阻。少数病例体温升高，呼吸、脉搏频数，心音减弱，最终可因极度衰竭发生死亡。

③ 病理变化。可见皱胃黏膜水肿，小肠和盲肠有卡他性炎症，大肠可见到黄色小点状的结节或化脓性结节以及肠壁上遗留下来的一些瘢痕性斑点，大网膜、肠系膜胶样浸溶，胸、腹腔有淡黄色渗出液，尸体消瘦、贫血。

④ 实验室检查。用直接涂片法或饱和盐水漂浮法进行虫卵检查，镜检时各种线虫虫卵一般不做分类计数，当虫卵总数达到每克粪便中含 300~600 个时，即可诊断。

(3) 防治　可用以下方法治疗。

① 噻苯咪唑，50~100 毫克/（千克体重·次），口服，1 日 1 次，连用 3 日。对驱除上述线虫有特效。

② 左旋咪唑，8 毫克/（千克体重·次），首次用药后再用药 1 次。本药也可注射，肌内或皮下注射，用量：7.5 毫克/（千克体重·次）。

预防上，应在线虫易感地区，每年春季放牧前和秋季收牧后分别进行 1 次定期驱除虫卵。可用左旋咪唑肌内或皮下注射，较方便。平时注意粪便堆积发酵处理，以杀死虫卵及幼虫。保持牧场、圈舍等环境卫生与饮水清洁。

二、皮蝇蛆病

本病是慢性牛皮寄生虫病，在我国被列为牛的三类疫病。

（1）病因　病原体为牛皮蝇及蚊皮蝇两种蝇的幼虫（蛆），两种蝇很相似，长13~15毫米，体表密生绒毛，呈黄绿色至深棕色，近似蜜蜂。雄蝇交配后死亡，雌蝇侵袭牛体，将卵产于牛的皮薄处（如四肢、股内侧、腹两侧）的被毛上，产卵后雌蝇死亡，虫卵经4~7天孵出第一期幼虫，并沿着毛孔钻入皮内。第二期幼虫，牛皮蝇幼虫直接向背部移行；蚊皮蝇幼虫移行到体内深部组织，然后顺着膈肌向背部移行。两种蝇的第三期幼虫（蛆）寄生于背部皮下，形成瘤状凸起。然后经凸起的小孔钻出，落地变成蛹，蛹再羽化为蝇。

（2）诊断要点

① 流行病学。正常年份，蚊皮蝇出现于4—6月份，牛皮蝇出现于6—8月份，在晴朗无风的白天侵袭牛体，并在牛毛上产卵。我国主要流行于西北、东北和内蒙古牧区，尤其是少数民族聚集的西部地区，其感染率甚高，感染强度最高达到200条/头。

② 症状。雌蝇飞翔产卵时，引起牛只惊恐、喷鼻、踢蹦，甚至狂奔（俗称跑蜂），常引起流产和外伤，影响采食。幼虫钻入皮肤时引起痒痛；在深部组织移行时，造成组织损伤；当移行到背部皮下时，引起结缔组织增生，皮肤穿孔、疼痛、肿胀、流出血液或脓汁、病牛消瘦、贫血。当幼虫移行至中枢神经系统时，引起神经紊乱。由于幼虫能分泌毒素，可致血管壁损伤，出现呼吸急促，生产能力下降。

③ 病理变化。病初，在病牛的背部皮肤上，可以摸到圆形的硬节，继后可出现肿瘤样隆起，在隆起的皮肤上有小孔，小孔周围堆积着干涸的脓痂，孔内通结缔组织囊，其中有一条幼虫。

④ 实验室检查。根据剖检及发现幼虫，可以诊断。

（3）治疗

① 发现牛背上刚刚出现尚未穿孔的硬结时，涂擦2%敌百虫溶液，20天涂1次。

② 对皮肤已经穿孔的幼虫，可用针刺死，或用手挤出后踩死，伤口涂碘酊。

③ 用皮蝇磷，一次内服量100毫克/千克体重或每日内服15~25毫克/千克体重，连用6~7日，能有效杀死各期牛皮蝇蛆。哺乳牛应禁止使用，肉牛屠宰上市前10天应停药。

④ 伊维菌素，每次0.2毫克/千克体重，皮下注射，7天1次，连用2次。

（4）预防　5—7月份，在皮蝇活跃的地方，每隔半个月向牛体喷洒1次

0.5%敌百虫溶液，防止皮蝇产卵，对牛舍、运动场定期用除虫菊酯喷雾灭蝇。

三、螨病

螨病又称疥癣病、癞皮病，是一种牛的皮肤寄生虫病。

（1）病因　病原是螨虫，又叫疥虫，主要有两种。

① 穿孔疥虫（疥螨），体形呈龟性，大小为0.2~0.5毫米，在表皮深层钻洞，以角质层组织和淋巴液为食，在洞内发育和繁殖。

② 吸吮疥虫（痒螨），体形呈椭圆形，大小为0.5~0.8毫米，寄生于皮肤表面繁殖，吸取渗出液为食。

（2）诊断

① 流行病学。螨病除主要由病牛直接接触健康牛传染外，还可通过狗、猫、鼠等污染的圈舍间接传播，在秋冬和早春，拥挤、潮湿可使螨病多发。牛体不刷拭，牛舍卫生条件差都是本病流行的诱因，潜伏期2~4周。

② 症状。引起牛体剧痒，病牛不停地啃咬患部或在其他物体上擦摩，使局部皮肤脱毛，破伤出血，甚至感染产生炎症，同时还向周围散布病原。皮肤肥厚、结痂、失去弹性，甚至形成许多皱纹、龟裂，严重时流出恶臭分泌物。病牛长期不安，影响休息，消瘦，哺乳量下降，甚至影响正常繁殖。

③ 实验室检查。根据临床症状、流行病学调查等可确诊，症状不明显时，可采取健康与患部交界处的体表皮部位的痂皮，检查有无虫体，给予确诊。

ⅰ.直接检查法。将刮下的干燥皮屑，放于培养皿或黑纸上在日光下暴晒，或加温至40~50℃，经30~50分钟后，移去皮屑，用肉眼观察，可见白色虫体移动，此法适用于体形较大的螨（如痒螨）。

ⅱ.显微镜直接检查法。将刮下的皮屑放在载玻片上，滴加煤油，用另1张载玻片，搓压玻璃，使病料散开，然后分开载玻片，置显微镜下检查。也可用10%氢氧化钠溶液、液体石蜡或50%甘油溶液滴于病料上，直接观察其活动。

ⅲ.虫体浓集法。将病料置于试管内加入10%氢氧化钠溶液，浸泡使皮屑溶解，虫体分离出来，然后用自然沉淀，或以2 000转/分的速度离心沉淀5分钟，虫体即沉入管底，弃去上层液，取沉淀检查。或向沉淀中加入60%硫代磷酸钠溶液，直立，待虫体上浮，取表面溶液检查。

本病应与湿疹、秃毛癣、虱和毛虱相区别。湿疹痒觉不剧烈，且不受环境、温度影响，无传染性，皮屑内无虫体。秃毛癣患部呈圆形或椭圆形，界限明显，其上覆盖的浅黄色干痂易于剥落，痒觉不明显，镜检经10%氢氧化钾溶液处理的毛根或皮屑，可发现癣菌的孢子或菌丝。虱和毛虱所致的症状有时与螨病相似，但皮肤炎症、落屑及形成痂皮程度较轻，容易发现虱与虱卵，病料中找不到螨虫。

（3）治疗

① 可选用伊维菌素（害获灭）或阿维菌素（虫克星），此类药物不仅对螨病，而且对其他的节肢动物疾病和大部分线虫病均有良好的疗效，剂量按每千克体重0.2毫克，口服或皮下注射。

② 溴氢菊酯（倍特）剂量按每千克体重500毫克，喷淋。双甲脒，剂量按每千克体重500毫克涂擦。

③ 对于数量多的牛，应进行药浴，在气候温暖的季节，可选用0.05%辛硫磷乳油水溶液、0.05%双甲脒溶液等。

（4）预防　流行地区每年定期药浴，可取得预防与治疗的目的。加强检疫工作，对引进的牛隔离检查。保持牛舍卫生、干燥和通风，定期清扫和消毒。

四、球虫病

牛球虫病以出血性肠炎为特征，主要发生在犊牛，可致死。

（1）病因　由多种艾美球虫混合感染所致，其中邱氏艾美球虫的致病力最强，寄生于盲肠、结肠、直肠和小肠内，可引起血痢。

① 邱氏艾美耳球虫。卵囊呈圆形、卵圆形，少数呈椭圆形，淡黄色。大小为17.8微米×15.6微米，无卵膜孔，孢子化时间为48～72小时，潜伏期为9～11天。

② 牛艾美耳球虫。卵囊呈卵形，褐色，大小为27.7微米×20.3微米，有卵膜孔，但不明显，孢子化时间为48～72小时，潜伏期为16～21天。

③ 椭圆艾美耳球虫。卵囊呈长圆形，无色，大小为16.9微米×13微米，无卵膜孔，孢子化时间为48～72小时，潜伏期为10天。

④ 柱状艾美耳球虫。卵囊呈长圆形，无色，大小为23.7微米×14.4微米，无卵膜孔，孢子化时间为48小时。

（2）诊断要点

① 流行病学。各种牛球虫在寄生的肠管上皮细胞内，首先反复进行无性的裂体增殖，进而进行有性的配子生殖（内生性发育）。球虫的发育不需要中间寄主。当牛吞食了孢子化的卵囊后立即遭受感染，孢子在肠道内逸出，进入寄生部位的上皮细胞内进行裂体生殖，产生裂殖子；裂殖子发育到一定阶段时，由配子生殖法形成大、小配子体，大小配子结合形成卵囊排出体外；排至体外的卵囊在适宜条件下进行孢子生殖，形成孢子化卵囊，自由孢子化卵囊才具有感染性。通常流行于4—9月份，即温暖而潮湿的季节。

② 临床症状。多见于2岁以内的犊牛，常为急性发作。病初主要表现精神

不振，粪便稀薄，继而反刍停止，食欲废绝，粪中带血且恶臭，体温升至40~41℃。随着疾病的不断发展，病情恶化，出现几乎全是血液的黑粪，体温下降，极度消瘦，贫血，最终可因衰竭导致死亡。呈慢性经过的牛，病程可长达数月，主要表现腹泻和贫血，如不及时治疗，也可发生死亡。

③ 病理变化。牛球虫寄生的肠道均可出现不同程度的病变，其中以直肠的出血性肠炎和溃疡病变最为显著，可见黏膜上散布有点状或索状出血点及大小不等的白点或灰白点，并带有直径4~15毫米的溃疡。直肠内容物呈褐色，有纤维素性薄膜和黏膜碎片。

④ 实验室检查。综合分析流行病学资料、临床症状和病理变化，结合显微镜检查粪便和直肠刮取物，以发现卵囊作出确诊。其中临床症状的血便、粪便恶臭，剖检所见的直肠特殊出血性炎症的溃疡具有诊断意义。

（3）治疗

① 磺胺二甲嘧啶（SM2）。剂量按犊牛每千克体重100毫克，每天1次口服，连用3~7天。

② 氨丙啉。治疗量按每千克体重20~30毫克，每天1次口服，连用4~5天；预防量按每千克体重5毫克，连用21天。

③ 莫能菌素。治疗剂量按每千克体重20~30毫克，混饲，连喂33天。

④ 盐霉素。剂量按每千克体重20~30毫克，混饲，连喂7~10天。

⑤ 林可霉素。剂量按犊牛每日1克，饮水投服，连用21天。

⑥ 对症治疗。止泻、强心、补液，并防止其他病原菌继发感染。

（4）预防　成年牛与犊牛应及时隔离饲养；饲养场地及时清扫，地面、饲槽及用具可用3%~5%热碱水或1%克辽林溶液进行消毒；必要时进行药物预防。

五、牛新蛔虫病

由牛新蛔虫寄生于犊牛的小肠内引起，表现为严重的腹泻和下痢，大量感染可导致死亡。

（1）病因　成虫虫体呈两端尖细的圆柱状，体表光滑，淡蓝色，头端具3个唇片。雄虫长110~300毫米，尾部向腹面卷曲，有1对交合刺，雌虫长140~300毫米，尾直。虫卵呈圆形，淡黄色，壳厚，外层粗糙呈蜂窝状，大小为（70~80）微米×（60~66）微米，内含1个卵细胞。

（2）诊断要点

① 流行病学。雌虫在小肠内产卵，卵随粪便排出体外，在适宜的温度和湿度条件下，经7~9天在卵内发育为第一期幼虫，再经13~15天发育为第二期幼虫后即成感染性虫卵。牛吃草或饮水时，食入了感染性虫卵，幼虫在小肠内逸

出，穿过肠壁移行于肝、肺、肾等器官组织内发育为第三期幼虫。母牛怀孕8个月时，幼虫移行到子宫羊水中，变为第四期幼虫，该虫被胎儿吞食了，在小肠发育为第五期幼虫。犊牛也可吸吮进入母牛乳汁中的幼虫遭受感染，或幼虫经胎盘的血液循环到胎儿的肝脏和肺脏。

② 症状。主要为害小牛，病牛生长迟滞、贫血、消瘦以至死亡。轻者被毛松乱，有时咳嗽。重者体形消瘦、脱毛、食欲异常，有的便秘或下痢。重症牛后期下痢不止或白或红，手指捻粪便有油性感觉。口内有恶臭及丙酮味，便秘，食欲不振、废绝，肚胀，精神沉郁，卧地呈犬睡姿势，黏膜苍白，眼球凹陷，鼻镜干燥。

③ 病理变化。剖检可见小肠黏膜受损、出血或溃疡，幼虫移行可致肠壁、肺脏等组织损伤，点状出血、发炎，血液和组织中嗜酸性细胞明显增多。

④ 实验室检查。可用直接涂片法和饱和盐水漂浮法检查虫卵。

（3）治疗　可用下列药物进行治疗。

① 左旋咪唑。剂量按每千克体重8毫克，溶于水，一次口服。

② 丙硫咪唑。剂量按每千克体重5~10毫克，配成悬浮液，一次口服。

③ 枸橼酸哌嗪或磷酸哌嗪。剂量按每千克体重200~250毫克，溶于水，一次口服。

④ 伊维菌素。剂量按每千克体重0.2毫克，一次皮下注射或口服。

（4）预防　加强牛舍卫生、注意粪便管理，及早驱虫。

第四节　内科病及其防治

一、瘤胃臌胀

本病又称瘤胃臌气，是一种气体排泄障碍性疾病，由于气体在瘤胃内大量积聚，致使瘤胃容积极度增大，压力增高，胃壁扩张，严重影响心、肺功能而危及生命，分为急性和慢性两种。

（1）病因　急性瘤胃臌胀是由于牛采食了大量易发酵的饲料和饮用了大量的水，胃内迅速产生大量气体而引起瘤胃急剧臌胀，如带露水的幼嫩多汁青草或豆科牧草、酒糟和冰冻的多汁饲料或腐败变质的饲料等。慢性瘤胃臌胀大多继发于食道、前胃、真胃和肠道的各种疾病。

（2）症状

① 急性瘤胃臌胀。病牛多于采食中或采食后不久突然发病，表现不安，回头顾腹、后肢踢腹、背腰拱起、腹部迅速臌大、肷窝凸起，左侧更明显，可高至髋关节或背中线，反刍和嗳气停止，触诊凸出部紧张有弹性，叩诊呈鼓音，听诊

瘤胃蠕动音减弱。高度呼吸困难，心跳加快，可视黏膜呈蓝紫色。后期病牛张口呼吸，站立不稳或卧地不起，如不及时救治，很快因窒息或心脏麻痹而死。

②慢性瘤胃臌胀。病牛的左腹部反复臌大，症状时好时坏，消瘦、衰弱。瘤胃蠕动和反刍机能减退，往往持续数周乃至数月。

（3）诊断 依据临床症状和病因分析可以及时做出诊断，病牛由于吃了大量的幼嫩多汁饲料或开花前的苜蓿、三叶草、发酵的啤酒糟等。

（4）治疗

①对于急性病例可用下列方法。

ⅰ.首先是对腹围显著臌大危及生命的病牛应该进行瘤胃穿刺，投入防腐制酵剂。

ⅱ.民间偏方。牛吃豆类喝水后出现瘤胃臌气时，可将牛头放低，用树棍刺激口腔咽喉部位，使牛产生恶逆呕吐动作，排出气体，达到消胀的目的。

ⅲ.缓泻止酵。成年牛用石蜡油或熟豆油 1 500~2 000毫升，加入松节油 50 毫升，1 次胃管投服或灌服。1 日 1 次，连用 2 次。

ⅳ.对于因采食碳水化合物过多引起的急性酸性瘤胃臌胀，可用氧化镁 100 克，常水适量，1 次灌服。

②对于慢性瘤胃臌胀，可用下列方法治疗。

ⅰ.缓泻止酵：石蜡油或熟豆油 1 000~2 000 毫升，灌服，1 日 1 次，连用 2 日。

ⅱ.熟豆油 1 000~2 000 毫升，硫酸钠 300 克（孕牛忌用，孕牛可单用熟豆油加量灌服），用热水把硫酸钠溶化后，一起灌服。1 日 1 次，连用 2 日。

ⅲ.民间偏方。可用涂有松馏油或大酱的木棒衔于口中，木棒两端用细绳系于牛头后方，使牛不断咀嚼，促进嗳气，达到消气止胀的目的。

ⅳ.止酵处方。稀盐酸 20 毫升、酒精 50 毫升、煤酚皂溶液 10 毫升混合后，用水 50~100 倍稀释，胃管灌服，1 日 1 次。

ⅴ.抗菌消炎。静脉注射金霉素每日 5~10 毫克/千克体重，用等渗糖溶解，连用 3~5 日。

ⅵ.中医止气消胀，增强瘤胃功能。党参 50 克，茯苓、白术各 40 克，陈皮、青皮、三仙、川朴各 30 克，半夏、莱菔子、甘草各 20 克，开水冲服，1 日 1 次，连用 3 剂。

（5）预防

①预饲干草。在夜间或临放牧前，预先饲喂含纤维素多的干草（苏旦草、燕麦干草、稻草、干玉米秸等）。

②割草饲喂。对于发生膨胀危险的牧草，应该先割了，晾晒至蔫后再喂。

在放牧时，应该避开幼嫩豆科牧草和雨后放牧的危险时机。

③ 防止采食过多的精料。

二、前胃弛缓

本病是前胃的兴奋性和收缩力降低，使饲料在前胃中滞留、排出时间延迟所引起的一种消化机能障碍性疾病。饲料在胃中腐败发酵、产生有毒物质，破坏瘤胃内的微生物活动，并伴有全身机能紊乱。

（1）病因　饲养管理是本病的主要原因，长期的大量饲喂粗硬秸秆（如豆秸、山芋藤等），饮水少，草料骤变，突然改变饲喂方式，过多地给予精饲料等，导致牛的瘤胃消化机能下降，引起本病的发生。牛舍的恶劣环境，如拥挤、通风不畅、潮湿、缺乏运动和日光照射，以及其他不利因素的刺激，均可引发本病的发生。

继发性前胃弛缓，可继发于某些传染病、寄生虫病、口腔疾病、肠道疾病、代谢疾病等。

（2）症状　前胃迟缓的表征分 3 种类型

① 急性型。由于牛招致恶劣的因素刺激，使牛陷于急剧的应急状态，主要表现为食欲不振，反刍减少和瘤胃蠕动减弱等。

② 慢性型。是最普通的病型，病程经过缓慢而且顽固，病情时好时坏。病牛表现倦怠，皮温不整，被毛粗乱；营养不良、消瘦，眼球凹陷；哺乳量下降，呻吟、磨牙。食欲不振，有时出现异嗜癖。反刍次数减少，频频发出恶臭的嗳气。瘤胃蠕动减弱，胃内积食，有轻度臌胀。粪便腐败干硬、便秘、恶臭、成暗褐色块状。

③ 瓣胃便秘型。急性便秘，触诊（右侧 7~9 肋间）对抵抗感增大，有压痛，叩诊时为浊音。脉搏、呼吸加快，垂头、呻吟、不安、不愿活动，尤其是不能卧下。慢性便秘，食欲废绝或偏食（厌恶精料，喜食干草），哺乳量下降，呼吸次数增多（60~80 次/分钟），体温轻度上升（39.5℃），瘤胃蠕动衰退，便秘。

（3）诊断　根据病史，食欲减少，反刍与嗳气缺乏以及前胃蠕动减弱，轻度臌胀等临床特征，可作出初步诊断。但是，本病应与酮血症、创伤性网胃炎、瓣胃阻塞等病相鉴别。必须注意是原发性还是继发性。

（4）治疗　对症治疗，给予易消化的草料，多给饮水。

① 调整瘤胃功能。静脉注射10%氯化钠溶液500毫升，皮下注射10%安钠伽注射液 20 毫升，比赛可灵（胃力通）10~20 毫升（怀孕牛禁用）；龙胆酊 50毫升，或马前子酊 10 毫升，加稀盐酸 20 毫升，酒精 50 毫升，常水适量，灌服，

1日1次，连用1~3次；用柔软的褥草或布片按摩瘤胃部。

②应用缓泻药。将镁乳200毫升，用水稀释3~5倍，灌服或胃管投服，1日1次；人工盐300克，龙胆末30克，混合后，温水适量灌服，1日2次，连用2日。

③接种瘤胃液以改善内环境。用健康牛的瘤胃液4~8升，灌服。

④瓣胃便秘时，应用石蜡油1 000~2 000毫升灌服，连用2日；皮下注射比赛可灵10毫升（怀孕牛禁用），1日2次。

⑤中医疗法。慢性胃卡他（不拉稀）、胃寒不愿吃草料，耳、鼻凉，逐渐消瘦，暖寒开胃的处方：益智仁、白术、当归、肉桂、川朴、陈皮各30克，砂仁、肉叩、干姜、青皮、良姜、枳壳、甘草各20克，五味子15克；胃肠卡他（寒泻、拉稀），暖寒利水止泻方：以上处方加苍术40克，猪苓、茯苓、泽夕、黑附子各30克。开水冲，凉至30~40℃后灌服，1日1剂，连用3剂；恢复前胃功能，缓下方：黄芪、党参各60克，苍术50克，干姜、陈皮、白芍各40克，槟榔、枳壳、三仙各30克，乌药、香附、甘草各20克，开水冲，候温灌服，1日1剂，连用2剂。

（5）预防　防止强烈的应激因素的影响，如长途运输、热性传染病、恐惧、饲料突变等；少喂或不喂粗硬秸秆，或过细的精饲料；满足饮水和青绿饲料；及时治疗一些引发本病的疾病，如网胃炎、真胃变位、酮病等。

三、瘤胃酸中毒

本病是因采食过多的富含碳水化合物饲料（如小麦、玉米、高粱及多糖类的甜菜等）导致瘤胃内容物异常发酵而产生大量乳酸，从而引起牛中毒的一种消化不良性疾病。

（1）病因　一般有以下几种原因。

①饲喂大量的碳水化合物，饲料粉碎过细，淀粉充分暴露；

②突然加喂精料或偷食过多精料；

③精粗比例失调，饲料浓度过高。瘤胃的乳酸过多，pH值下降，引起酸中毒。

（2）症状　根据瘤胃内容物酸度升高的程度，其临床表现有一般病例和重症病例。

①一般病例。在牛采食后12~24小时内发病，表现食欲废绝，哺乳量下降，常常侧卧，呻吟，磨牙和肌肉震颤等，有时出汗，跌倒，还可见到后肢踢腹等疝痛症状。病牛排泄黄绿色的泡沫样水便，也有血便的，有时则发生便秘。尿量减少，脉搏增加（每分钟90~100次，或更高），巩膜充血，结膜呈弥漫性淡红色，

呼吸困难，呈现酸中毒状态。体温一般为 38.5~39.5℃，步态蹒跚，有时可能并发蹄叶炎。

②严重病例。迅速呈现上述状态后，很快陷入昏迷状态。病牛此时出现类似生产瘫痪的姿势。心跳次数可增加到每分钟 100~140 次，第一心音和第二心音区分不清。体温没有明显变化，末期陷入虚脱状态。最急性病例常于过食后 12 小时死亡。

（3）诊断　根据饲料的饲喂及其采食特点，临床症状等初步诊断，确诊需结合病理变化及实验室检查。

①病理变化。剖检可见消化道有不同程度的充血、出血和水肿。胃内容物不多或空虚。瘤胃黏膜易脱落，气管、支气管内有多量泡沫状液体，肺充血、水肿。心肌松弛变性，心内外膜及心肌出血。

②实验室检查

ⅰ.瘤胃液检查。颜色呈乳灰色至乳绿色为本病的特征；pH 值低于 4.0 以下；葡萄糖发酵试验及亚硝酸试验，都受到严重抑制；显微镜检查，微生物群落多已全部死亡。

ⅱ.血液检查。以乳酸及血糖含量升高（发病后第 2~3 天最高）和碱贮减少为特征。

ⅲ.尿液检查。pH 呈酸性，酮体反应呈阳性。

（4）治疗　可用下列方法进行治疗。

①排出瘤胃内酸性产物。可用粗胃管洗胃。首先虹吸吸出胃内稀薄内容物，以后用 1%碳酸氢钠溶液，或 1%盐水反复冲洗，直到洗出液无酸臭，且呈中性或碱性反应为止。严重病例，则切开瘤胃，排出大量内容物，再用 1%碳酸氢钠溶液冲洗，然后用少量的柔软饲草填入瘤胃内，填入量为排出量的 1/3~1/2。灌服健康牛瘤胃液 3~5 升，连灌 3 天。轻型病例，特别是群发时，可服用抗酸药或缓冲液，如氧化镁 50~100 克，或碳酸氢钠 30~60 克，加水 4~8 升，胃管投服。

②补充体液。缓解酸中毒，可一次静脉注射糖盐水，林格氏液 2 000~4 000毫升，5%碳酸氢钠注射液 250~500 毫升，1 日 2 次。为增强机体对血中乳酸的耐受力，可肌内注射维生素 B_1 100~500 毫克/次，24 小时后可重复注射。

（5）预防　不能突然大量饲喂富含碳水化合物的饲料，要多喂青草、干草等，合理搭配饲料，尽量多采食粗饲料。防止牛偷食精饲料，在加喂大量精料时，补喂碱类缓冲剂，如碳酸氢钠等，按精料的 1.5%加喂。

四、瘤胃积食

本病又称急性瘤胃扩张，急性消化不良，胃食滞。

（1）病因　主要是由于采食了大量难以消化的干燥饲料，使瘤胃胀满、胃壁过度伸张的一种疾病。运动不足、饥饿、饲料突然更换等，各种不良因素的刺激，机体衰弱，神经反应性降低，特别是当瘤胃消化和运动功能减弱时，容易引发本病。瘤胃积食也可继发于前胃弛缓、瓣胃阻塞、创伤性网胃炎及真胃变位等疾病。

（2）症状　病牛采食、反刍停止，不断嗳气，轻度腹痛，摇尾或后肢踢腹，拱背，有时呻吟。左侧腹下部轻度膨大，肷窝丰满或略凸出。触压瘤胃呈现深浅不同的压痕，瘤胃蠕动音初期增强，以后减弱或停止。鼻镜干燥，呼吸困难，黏膜发绀，脉搏增加，体温一般不升高。

采食了大量的能量饲料引起的瘤胃积食，通常呈急性，主要表现为中枢神经兴奋性增强、视觉障碍、脱水及酸中毒，又称中毒性积食。

（3）诊断　根据病史和临床表现，可以诊断。必须与前胃弛缓、急性瘤胃膨胀、创伤性网胃炎和黑斑病甘薯中毒相区别。

① 前胃弛缓。食欲反刍减退，瘤胃内容物呈粥状，不断嗳气，并呈间歇性瘤胃膨胀。

② 急性瘤胃膨胀。瘤胃壁紧张而有弹性，叩诊呈鼓音。

③ 创伤性网位炎。网胃区疼痛，头颈伸长，行动小心，周期性网胃臌胀，应用副交感神经兴奋药，病情显著变化。

④ 黑斑病甘薯中毒。呼吸用力而困难，鼻镜扇动，皮下气肿。

（4）治疗

① 轻症。可按摩瘤胃，每次10~20分钟，1~2小时按摩1次。结合按摩灌服大量温水，则效果更好。也可内服酵母粉250~500克，每天2次。

② 重症。可内服泻剂，如硫酸镁或硫酸钠500~800克，加松节油30~40毫升，清洁水5~8升，一次内服；或液体石蜡油1~2升，一次内服；或盐类泻剂并用。

③ 洗胃。对病牛可用粗胃导管反复洗胃，尽量多导出一些食物。

④ 当瘤胃内容物泻下后，可应用兴奋瘤胃蠕动的药物，如皮下注射新斯的明、氨甲酰胆碱（怀孕母牛及心脏衰弱者忌用）、毒扁豆碱、毛果芸香碱等。当瘤胃内容物已泻下，食欲仍不见好转，可酌情应用健胃剂，如番木鳖酊15~20毫升，龙胆酊50~80毫升，加水500毫升，一次口服。

⑤ 补液。病牛饮食废绝、脱水明显时，应静脉补液，同时补碱，加25%葡

萄糖液 500~1 000 毫升，复方氯化钠溶液或糖盐水 3 000~4 000 毫升，5% 碳酸氢钠溶液 500~1 000 毫升，一次静脉注射。或者静脉注射 10% 氯化钠 300~500 毫升。

⑥ 三仙散加减中药疗法。山楂、麦芽、六曲、莱菔子、木香、槟榔、枳壳、陈皮、麻油 250 毫升，混合灌服。加减：若大便干燥而不通者，加大朴硝、大黄，以泻下燥粪；若病牛恶寒而有表证者，加生姜、大葱以解表通阳；若腹胀甚者，加青皮、厚朴以破滞消瘀；若正气衰，加党参、当归以扶正祛邪。

⑦ 单方。老南瓜 3~5 千克，切碎煮烂灌服；苏打粉 250 克，加温水灌服，20 分钟后，再用芒硝 500 克，加水 5 升灌服。

（5）预防　主要是预防家畜贪食与暴食，合理利用与加工含粗纤维饲料。对病牛加强护理，停喂草料，待积食、胃胀消失和反刍恢复后，给少量的易于消化的干青草，逐步增量；反刍正常后，可以恢复正常饲喂。

五、口炎

口炎是口腔黏膜炎症，包括舌炎、腭炎和齿龈炎。大部分口炎是全身性疾病的一种继发病，表现为采食、咀嚼障碍和流涎等病症。

（1）病因　病因有物理、化学和微生物传染等病原因子。物理因素包括误食锐利的异物（铁丝、骨等），口腔检查等人为因素造成的损伤，饲料的过冷、过热等，都会造成口腔黏膜的破损；化学因素主要包括酸、碱等强刺激性的物质；传染性因素包括细菌、病毒及霉菌等。

（2）症状　发病初口腔黏膜潮红，肿胀，疼痛，口温增高，采食、咀嚼缓慢，流涎、吐草、食欲降低等症状。有以下几种不同症状。

① 卡他性口炎。其症状主要是口腔黏膜，呈弥漫性或斑点潮红，硬腭肿胀，唇部黏膜的黏膜液阻塞时，呈散在小结节和烂斑。病牛因丝状乳突上皮增生，舌面粗糙，呈白色或黄色。在夏收季节，舌系带、颊及齿龈等部位因麦芒刺伤造成。严重时会出现唇、齿龈、颊黏膜炎性肿胀，甚至发生糜烂，大量流涎。

② 水泡性口炎。口腔黏膜生成充满透明浆性的水泡，常见病牛唇内面、硬腭、口角、颊部、舌缘和舌面及齿龈黏膜散在或密集的透明水泡。3~4 天后水泡破裂形成鲜红烂斑，体温有时升高，口腔疼痛、食欲减退，之后可痊愈。

③ 溃疡性口炎。因口腔不洁，致使微生物感染造成口腔黏膜的糜烂、坏死性炎症。流涎中混有血丝和恶臭味，常伴有败血症。

④ 真菌性口炎。口腔黏膜上有灰白色的隆起斑点，使口腔黏膜表层发生假膜和糜烂，主要发生在犊牛，发病初，口腔黏膜发生白色或灰色小斑点，以后逐渐增大，变为灰色乃至黄色假膜，周围有红晕，剥离假膜，出现鲜红色烂斑。采

食困难，吞咽障碍，有口臭。

（3）诊断　对单纯性和真菌性口炎，根据病牛流涎、采食困难、食欲下降，结合口腔出现的特殊症状检查可以确诊。但对水泡性、糜烂性、溃疡性口炎的临床病因诊断要复杂，要结合流行病学、实验室检查等进行确诊。要注意与流行性热性传染病相区别。

（4）治疗　对卡他性的口炎，主要注意护理和认真治疗，一般数日内痊愈。如果护理不好，治疗不及时，就会影响采食和哺乳量。护理上主要是喂给柔软无刺激性的饲料，如嫩青草、软干草、米粥及麸粥，并勤饮清水。

发病初，可用 2% 食盐水或 2%~4% 硼酸水溶液每日多次冲洗口腔。水泡性口炎时，可用 1% 明矾溶液冲洗口腔，同时肌内注射维生素 B_6 3~5 克/次，和维生素 C 2~4 克/次。在溃疡性口炎的患部可用 3%~5% 硝酸银溶液腐蚀，然后再以生理盐水充分洗涤。或者用 2% 硫酸铜溶液、复方碘甘油溶液等，涂于患部。对口腔恶臭者，适宜用 0.3% 高锰酸钾溶液冲洗。机体显著衰弱者，用等渗糖或糖盐水静脉输液，尤其是并发败血症危险时，可用磺胺药或抗生素治疗。

继发性口炎，必须以治疗原发性病为主，结合临床口炎的症状，辅之以单纯性口炎的治疗方法。

（5）预防　改善饲养管理，合理调配饲料，防止物理性和化学性物质或有毒性的物质刺激。口腔检查时要极其小心，要防止传染源的感染。

六、胃肠炎

牛胃和肠道黏膜及其深层组织的急性炎症性疾病，胃和肠道的器质性损伤与功能性紊乱，容易互相影响。

（1）病因　由于牛吃了劣质的饲料，如霉烂的饲料、霜冻的块根饲料、有毒的饲料，以及长途运输、过度疲劳等，可导致疾病的发生。另外，胃肠性疝痛、前胃弛缓、创伤性网胃炎等，以及某些传染病和寄生虫病，如巴氏杆菌、沙门氏菌、钩端螺旋体病、牛副结核等可继发本病。

（2）症状　病牛呈急性消化不良，精神沉郁，食欲废绝，喜喝水，结膜暗红并黄染，口腔干臭、磨牙、舌苔黄白、齿龈有 2~3 毫米宽的蓝色淤血带，皮温不整，角、耳和四肢发凉，常伴有轻微腹痛，体温升高 40℃ 以上，少数病例体温不高。持续性腹泻是本病的主要特点，不断排出稀、软或水样腥臭粪便，有的呈高粱糠色混有血液及坏死的组织碎片。尿少色黄，后期肛门失禁，不断努责，但无粪便排出。严重的腹泻可引起脱水及酸中毒，表现为眼球下陷，面部呆板，皮肤弹性丧失，极度衰竭，卧地不起，呈昏睡状态。

（3）诊断 根据全身症状可以得到诊断，如怀疑酸中毒，应检查草料和其他可疑物质；怀疑传染病、寄生虫病继发的，需要进行流行病学调查，结合血、尿、粪的化验。

（4）治疗 首先让病牛安静休息，给清洁饮水，绝食1~2天。采用下列方法进行治疗。

① 补充体液，强心解毒。若测试为缺盐性（即低渗透性）脱水，应以补充电解质溶液（等渗盐水和复方盐水）为主，非电解质溶液（葡萄糖液）为辅。生理盐水和复方盐水占2份、等渗盐水1份，1次静脉注射。糖盐水兼有补液解毒和营养的作用，可输液1 000~2 000毫升。每次输液量为3 000~6 000毫升，1日2次。根据病牛的恢复情况，逐渐减少输液量。补液时，应掌握时机，开始腹泻时就应补液，疗效显著。输液时，还必须加维生素C，但不能与碱性药物相配伍。

酸中毒时，可静脉输入5%碳酸氢钠250~500毫升；碱中毒时可投服稀盐酸、食醋等。

② 清理胃肠。适用于排粪迟滞或排出粥样恶臭粪便的情况，常用缓泻加止酵的方法。如硫酸钠250~400克（孕牛忌用），加克辽林15毫升或鱼石脂10~20克，温水3~5升，胃管投服。孕牛可用石蜡油1 000毫升灌服。

③ 止泻。在体内积滞的粪便已排出，而腹泻不止时可进行止泻处理。

胃管投服0.1%~0.2%高锰酸钾液3 000~6 000毫升，每日1~2次。

用活性炭末250克，温水1 000~2 000毫升，制成悬浮液灌服。活性炭第二次灌服时应减半，1日2次，连用2日，活性炭不可与抗菌药同时使用。

鞣酸蛋白10克、次碳酸铋10克、碳酸氢钠40克、淀粉浆1 000毫升，内服，1日2次。

④ 消炎抗菌。口服磺胺脒，每次30~50克，加碳酸氢钠（不可与止泻的碳酸氢钠重复使用）40~60克，常水适量，1次内服，1日2次，连用2~3日。

口服呋喃唑酮（痢特灵），5~10毫克/千克体重·日，分2~3次内服，犊牛用最小量。上述口服药物不能与酸类药物同时使用。

肌内注射蒽诺沙星，2.5毫克/千克体重·次，也可加入1 000毫升糖盐水静脉滴注，或与补充体液同时进行。

⑤ 中医疗法。使用白头翁50克，陈皮、秦皮各30克，黄柏、黄连各15克，研成末，开水冲，温水服用，1天1剂，连用3剂。

（5）预防 加强饲养管理，喂给优质饲料，合理调制饲料，不要突然更换饲料。要使用清洁的饮水，防止食用有毒物质。

七、异嗜或舔病

本病是由某些寄生虫病或某些营养物缺乏引起的一种病理状态综合征。临床特征是舔食、啃咬或吞食各种异物。

(1) 病因　牛因饲料中营养不平衡，造成某些营养物质长期缺乏，如微量元素、常量元素、盐、某些维生素、蛋白质营养等，或寄生了某种寄生虫所导致的一种疾病。

(2) 症状　本病多呈慢性经过，病牛食欲不振，反刍缓慢乏力，消化不良或稀便，随后出现味觉异常和异食症状。舔食泥土、瓦片、砖石，嚼食牛圈垫草、塑料、烂布等。渐渐消瘦、磨牙、拱背、贫血。生长发育受阻，母牛哺乳量下降。

(3) 诊断　根据病牛的表现，结合化验室化验判断各种矿物质元素、微量元素和维生素的含量是否缺乏，以及是否患某种寄生虫病来诊断。

(4) 治疗

① 寄生虫病。若病牛患了寄生虫病，确诊后，应用有效的驱虫药物。

② 营养方面。首先应检查盐及钙磷在日粮中是否满足需要，治疗用量按营养标准的 2~3 倍供给，哺乳母牛日粮中钙磷比例为 (1.5~2):1，日需要量按每 100 千克体重 6 克和 4.5 克，每产 1 千克奶供给 4.5 克和 3 克。严重缺乏钙时，静脉注射 10% 氯化钙溶液 120~160 毫升，或 10% 葡萄糖酸钙 200~350 毫升，每日 1 次，3~5 天为一疗程。严重缺乏磷时，静脉注射 20% 磷酸二氢钠注射液 150~300 毫升，每日 1 次，连用 2~3 天。或内服磷酸二氢钠 90 克/次，1 日 3 次。治疗佝偻病，皮下注射或肌内注射胶丁钙注射液 5 万~10 万单位/次，每日 1 次，连用 2~3 周。

缺乏铜时，成年牛用硫酸铜 0.2 克，溶解于 250 毫升生理盐水中，1 次静脉注射，有效治疗期可维持数月。也可用硫酸铜做饲料补充剂，日服剂量成年牛每头 1 克，小牛 2 毫克/千克体重。

缺乏铁时，异嗜和严重贫血，用硫酸亚铁制成的 1% 水溶液内服，成年牛每次用量 3~10 克，小牛用量 0.3~3 克，每日 1 次，2 周为一疗程。

缺乏钴时，异嗜和消化障碍，用氯化钴制成 0.3% 的水溶液内服，成年牛每次剂量 500 毫升，小牛 200 毫升。也可肌内注射维生素 B_{12}，成年牛每次 1~2 毫克，每日或隔日 1 次。

维生素缺乏时，应供给充足的青绿饲料。

(5) 预防　根据牛的营养标准配制饲料，要防止营养不平衡，做到使营养全面。定期驱虫，管理上要防止病牛舔食泥土、碎石块、废塑料等，防止引起阻塞性胃病。

八、感冒

由于气候骤变，环境温差过大，机体受到寒冷刺激所引起的以呼吸道为主的、急性发热性的全身疾病。

（1）病因　由于牛的饲养条件较差，如牛舍阴冷潮湿、走风漏气，当遭遇到天气变化时，就会造成外界条件对牛的应激反应，如过冷或过热，同时再加之牛本身的营养状况不佳，这些都会使牛的抵抗力降低，引起本病的发生。

（2）症状　发病突然，病牛精神沉郁，垂头耷耳，眼半闭，眼结膜充血、肿胀、流泪。鼻黏膜充血、肿胀，流出的鼻涕由清到浓稠。体温升高，怕冷，心跳、呼吸加快，体表温度不均，耳尖、鼻端发凉，严重的拱腰、颤栗，运动迟缓，有时卧地不起。鼻镜干燥，口干舌燥，食欲减退或废绝，反刍停止，瘤胃蠕动减弱，伴有便秘。本病如不及时治疗，可继发支气管肺炎。

（3）诊断　可根据牛的饲养管理条件和天气变化情况，再结合牛的一系列症状，可以确诊。本病必须与流行热相区别，感冒是呈散发性发病，而流行热是呈群发性，来势凶猛，有一定的流行规律。

（4）治疗　本病治疗原则主要以解热镇痛、祛风散寒为主，为了防止机体抵抗力减弱，继发其他疾病，可适当使用抗生素或磺胺类药物：青霉素500万单位、复方氨基比林注射液30毫升，混合溶解，肌内注射，每日2次；5%葡萄糖溶液1 000~1 500毫升，15%苯甲酸钠咖啡因注射液20毫升，10%维生素C注射液30毫升，一次静脉注射，连用3天；30%安乃近30毫升，每日2次，肌内注射，或穿心莲、柴胡、大青叶等注射液，每日2次，肌内注射。

中医疗法。"荆防败毒散"加减：荆芥、防风、杏仁、桔梗、前胡、羌活、柴胡、陈皮、生姜各30克，煎服，冬季可加麻黄、桂枝；若咳嗽，加百部等；大便干燥，加糖瓜蒌、麻仁。"银翘散"：金银花、连翘、牛蒡子、青蒿、菊花、桑叶、竹叶、生甘草、桔梗、薄荷（后下）、荆芥穗各50克，鲜芦根400克，煎服。

（5）预防　加强饲养管理，改善牛舍的条件，冬季要注意防止寒冷的刺激，夏季要防止雨淋。要保证营养物质的供应和青绿饲料的饲喂。

九、中暑

中暑是日射病和热射病的总称，是牛夏季遭受光或热引起机体产热与散热之间的不平衡，导致机体体温调节功能紊乱所致的一组临床症候群。

（1）病因

① 日射病。是牛体长时间受强烈的日光直射，反向性地引起机体生理性体温升高，致使散热调节出现障碍，体温急剧升高。

② 热射病。是由于牛长时间在闷热的高温环境下，如长途运输，牛舍通风不良等，致使机体内热过盛，引发神经功能障碍。临床上体温显著升高，循环衰竭及不同程度的中枢神经机能紊乱为特征。多发生于炎热夏季，特别是饮水不足时，易于发生本病。

（2）症状　日射病一般是突然发生，病牛四肢无力，突然倒地，四肢泳动，很快陷入昏迷，有时呈兴奋和狂躁状态，体温特别高。眼球突出，有时全身出汗，心力衰竭，静脉怒张，脉搏细弱；呼吸急促，节律紊乱。剧烈痉挛或抽搐。轻型病例，抢救及时，能够恢复。

热射病经过比日射病长，首先作为前期症状可以出现倦怠、疲劳、昏迷、四肢运动困难、朦胧、视觉障碍。此时使之接触空气，保持安静，其症状可消失。如果使牛继续在这种环境下存在，体温会继续升高到42℃以上，循环、呼吸开始失调，病牛张口伸舌，从口中流出泡沫状唾液、鼻孔开张、呼吸急促、脉搏达100次/分钟以上，全身出汗、兴奋不安，很快转为抑制、结膜发绀、血液黏稠、口吐白沫、鼻孔喷出红色泡沫，大多在痉挛发作期死亡。急性病例则在十几分钟死亡，一般病例如果及时治疗抢救可恢复。

（3）诊断　中暑仅仅发生于炎热季节。根据病史，临床特征，结合是否长时间暴晒于太阳下或长时间在高闷热的环境下存在，是否缺水、通风是否良好等可确诊。但对于突然死亡的牛必须要分析，与急性瘤胃臌气、急性中毒及炭疽等相区别。

（4）治疗　应将病牛迅速转移至宽敞、阴凉、通风的地方，用大量的凉水（井水）进行直肠灌注，在头颈进行冷敷，可大剂量静脉放血（大约2 000毫升）。同时多次少量静脉注射复方氯化钠，肌内注射10%安钠咖30毫升，或10%樟脑磺酸钠30毫升，待病情稍稍稳定后，为防止脑水肿，可静脉注射50%葡萄糖1 000毫升，同时配以25%甘露醇注射液500毫升。

中药用方。"香薷散"：香薷、藿香、青蒿、佩兰、杏仁、知母各50克，陈皮40克，滑石粉、石膏各100克（后入）水煎灌服；"凉心散"：栀子、生地、天竺黄、黄芪、黄连、天门冬、茯神各50克，朱砂10克（后入）水煎灌服。

（5）预防　要做好牛的防暑工作，防止牛在烈日下长时间暴晒，在运动场可用凉棚防晒，供给充足的饮水和足够的青绿饲料。在饲料中应多加些抗热应激的添加剂，在长途运输时，不要长时间使其处于高温的环境下。

十、犊牛下痢

犊牛下痢又叫犊牛腹泻，是新生犊牛的多发病和常发病，也是对犊牛危害最大的疾病。

（1）病因 有两类因素导致本病的发生，一类是病原性的，另一类是非病原性的。

① 病原性犊牛下痢。由细菌造成的，包括大肠杆菌、弯曲杆菌、沙门氏杆菌、荚膜梭状菌；病毒性的，包括轮状病毒、冠状病毒、星形病毒等；寄生虫，隐孢子虫，寄生在犊牛的空肠和回肠内。

② 非病原性犊牛下痢。应激性的，如气候、噪声等；饲养管理方面的，饲喂方式，饲喂量、奶水温度等。

（2）症状 由大肠杆菌引起的症状，是下痢，发病初期排出的粪便是先干后稀，之后，是淡黄粥样恶臭粪便，继之淡灰白色水样，有时带有泡沫，随后每隔十几分钟或几分钟就排一次水样便，有腥臭味。中期肛门失禁，有疼痛，体温升高，可达40℃以上。后期体温下降，低于常温，出现昏睡，同时，结膜潮红或暗红，精神沉郁，食欲下降，甚至废绝，呼吸加快，消瘦，眼窝凹陷，皮肤干燥，不及时抢救，有可能死亡。

病毒引起的腹泻往往发病突然，大面积扩散流行，排出灰褐色水样便，混有血液黏液，精神极度沉郁，厌食。

寄生虫引起的腹泻，表现为厌食，进行性消瘦，病程长，断断续续的水样便，便中有血、黏液。

由饲养管理方面造成的腹泻，表现较轻，排出淡黄色的或灰黄色的黏液便，有的排出水样便，但一般无臭味。肛门周围带有粪便，无全身症状，严重病例可有体温升高、脉搏和呼吸加快，精神不振，食欲下降。

（3）诊断 除从临床症状上诊断外，发病时间也可提供参考，大肠杆菌引起的下痢多发生于1~3日龄；病毒引起的多发生在冬季；冠状病毒主要引起3月龄的犊牛发病；寄生虫隐性孢子虫发生在8~17日龄的犊牛。沙门氏菌引起的有发热现象，死亡率也很高；荚膜梭菌引起的易发生肠出血性毒血症，并且迅速死亡。

（4）治疗 症状较轻者一般只需禁食即可，中度和重度下痢可采用下列方法。

磺胺脒0.1~0.3克/千克体重，和奶拌一起喂即可，每日2次；

胃蛋白酶3克、稀盐酸2毫升、龙胆酊5毫升、温开水100毫升，一次灌服，每日2次；

生理盐水 1 000~1 500 毫升，每日 1~2 次；

硫酸庆大霉素 2~4 毫克/千克体重，每日 2~3 次，肌内注射；

盐酸四环素 0.5~0.7 克，5%葡萄糖溶液 500 毫升，静脉注射；

中药"乌梅散"：乌梅 20 克，姜黄、黄连、猪苓各 10 克，共研末，每次取 15~20 克，开水冲服。

（5）预防　加强饲养管理，及时喂初乳，要在犊牛一出生就给初乳，这样可以使犊牛得到更多的免疫蛋白；牛舍要通风，干净；及时接种疫苗。

第五节　外科病及其防治

一、脓肿

脓肿是指组织或器官内由于化脓性炎症引起病变组织、坏死物、溶解物积聚在组织内，并形成完整的腔壁，形成充满脓汁的腔体。

（1）病因　其主要病原体是葡萄球菌、大肠杆菌及化脓性棒状杆菌等，漏于皮下的刺激性注射液（氯化钙、黄色素、水合氯醛等）也可引起脓肿。脓肿的形成有个过程，最初由急性炎症开始，以后炎症灶内白细胞死亡，组织坏死，溶解液化，形成脓汁。脓汁周围由肉芽组织形成脓肿膜，将脓汁与周围组织隔开，阻止脓汁向四周扩散。

（2）症状　分为急性脓肿和慢性脓肿。

① 急性脓肿。如浅部脓肿，病初呈急性炎症，即出现热、肿、痛症状，数天后，肿胀开始局限化，与正常健康组织界限逐渐明显。之后，肿胀的中间发软，触诊有波动。多数脓肿由于炎性渗出物不断通过脓肿膜上的新生毛细血管渗入脓腔内，脓腔内的压力逐渐升高，到一定的程度时，即破裂向外流脓，脓腔明显减少，一般没有全身症状。但当脓肿较大或排脓不畅，破口自行闭合，内部又形成脓肿或化脓性窦道时，出现全身症状，如体温升高，食欲不振，精神沉郁，瘤胃蠕动减弱等。深部脓肿，外观不表现异样，但一般有全身症状，而且在仔细检查时，发现皮下或皮下组织轻度肿胀。压诊时可发现脓肿上侧的肌肉强直、疼痛。如果局部炎症加重，脓肿延伸到表面时，出现和浅部脓肿相同的症状。

② 慢性脓肿。多数由感染结核菌、化脓菌、真菌、霉菌等病原菌引起的，主要表现为脓肿的发展较缓慢，缺乏急性症状，脓肿腔内表面已有新生肉芽组织形成，但内腔有浓稠的稍黄白色的脓汁及细菌，有时可形成长期不能愈合的瘘管。

（3）诊断　根据临床症状及触诊有波动感，皮下和皮下结缔组织有水肿等加以初步诊断，也可用穿刺排出脓汁而进行确诊。

（4）防治　病初，用冷敷，促进肿胀消退，如炎症无法控制时，可应用温热疗法及药物刺激（如3%鱼石脂软膏等）促使其早日成熟。对于成熟后的脓肿，应切开排脓，切开后不宜粗暴挤压，以防误伤脓肿膜及脓肿壁。排脓后，要仔细对脓腔进行检查，发现有异物或坏死组织时，应小心避开较大的血管或神经而将其排尽。如果脓腔过大或腔内呈多房性而排脓不畅时，需切开隔膜或反对孔，同时，要避开大动脉、神经、腱等，逐层切开皮肤、皮下组织、肌肉、筋膜等，用止血钳将囊腔壁充分暴露于外。切开脓腔，排脓时要防止二次感染。位于四肢关节处的小脓肿，由于肢体频繁活动，切开口不易愈合，一般用注射器排脓，再用消毒液（如0.02%雷佛奴尔溶液、0.1%高锰酸钾溶液、2%～3%过氧化氢溶液等）反复冲洗，然后注入抗生素，经多次反复治疗也可能痊愈。另外，当出现全身症状时，需对症治疗，及时地应用抗生素、补液、补糖、强心等方法，使其早日恢复。

二、创伤

创伤是指机体组织或器官受到某些锐利物体的刺激，使皮肤、黏膜及深部软组织发生破裂的机械性损伤。由创缘、创壁、创底及创腔组成。创缘是指受损的皮肤或黏膜及疏松结缔组织部分，创壁是由肌肉、肌膜及位于其间的疏松结缔组织等组成，创底是由创伤最深的各种不同组织组成。创缘之间的孔隙为创口或创孔，创壁间呈管状而长的间隙时，被称为创道。

（1）病因　临床上一般可分为以下几种。

① 刺伤。由针、钉等较小的尖锐物刺孔引起的，创口小，创腔深浅不一。

② 切创。由刀、玻璃等切、割引起，创缘呈直线状，创口较大，创底浅。

③ 挫创。由车压、钝性物体的冲击及跌倒、踢、咬等引起，创形复杂，创缘组织常被外力损伤而坏死、裂开，周围皮下常溢血，易感染。

④ 裂伤。在挫伤发生时，因外力过强，造成附近组织发生破裂或断裂，创缘不整，创面大。

⑤ 粉碎创。机体的某处受压力打击后造成软组织挫碎、骨折或内脏破裂与脱出。

⑥ 咬伤。创形为齿形。

⑦ 枪伤。枪械等引起的创伤。

（2）症状　有新鲜创伤及化脓感染创伤两种。

① 新鲜创伤。表现为裂开、出血、疼痛及机能障碍。创口不大时，能迅速自行凝固而止血，严重时，裂口大，组织挫碎重，出血多，疼痛明显。如果伤到

局部神经、血管、肌腱、韧带及关节时，出现功能障碍。有时出现失血、休克等全身症状。

② 化脓感染创伤。出现大量坏死组织，血液滞留在创腔内，创面上的尘土、异物中的细菌乘虚而入，造成感染。一般在新鲜创伤出现后 5~7 天发生，此时，创缘肿胀、充血、疼痛、局部增温。排出脓汁后，其症状很快减轻或消退。随着脓汁的不断排尽，创腔内炎症逐渐消退，长出颗粒状的蔷薇红色的肉芽组织，最后借助于结痂和上皮形成而使其肉芽创治愈。

（3）诊断　观察创伤的部位、大小、形状、性质、创口裂开的程度及出血、污染情况，判断创伤是新鲜创伤还是陈旧创伤。然后消毒后作创口内部检查，比如创缘、创面是否整齐、光滑，有无血液、异物及坏死组织等。对于化脓的创伤，要做病菌检查。

（4）防治　出现创伤后，要及时治疗，防止感染。

① 新鲜创伤。要防止感染，首先对创口进行清创术，清除创口的被毛、草、土等异物和坏死组织，止血。然后，用生理盐水或消毒液（0.1%高锰酸钾溶液、0.01%~0.05%新洁尔灭溶液等）反复冲洗，最后用消毒的纱布块和棉球吸干，敷药。创面大时，应缝合。每日或隔日进行处理。

② 化脓感染创伤。防止扩散，尽量排出脓汁，促进新生组织生长，结痂而治愈。首先清洁创面周围的皮肤及去痂，用消毒液如 0.1%高锰酸钾溶液反复冲洗脓腔，如有化脓瘘管，应切除。有异物，要取出，之后敷药。当创腔内的肉芽组织生长较好时，用刺激性小、促进上皮组织生长的药物，如 10%磺胺类软膏、3%龙胆紫溶液等涂擦。

三、跛行

临床上主要表现为"瘸腿"，是一个或几个肢体解剖结构或功能性障碍引起的一种症状，不是单独的病。

（1）病因　主要原因是牛的肢体局部肌肉损伤、中枢神经或外周神经遭受损害时，可呈现跛行，对牛的损害、牛的先天性或后天性畸形以及感染、代谢性疾病、血液循环障碍和神经系统疾病等都可引发本病的发生。

（2）症状　可分为下列几种情况。

① 悬跛。外部表现为抬不高、迈不远，患病的腿向前运动时，比健全的肢腿缓慢，呈拖地前进，病变主要在肢的腕、肘关节以上的部位。关节的伸屈肌群及其附近器官，分布于上述肌群的神经、关节囊和淋巴结，牵引肢体前进的肌肉、黏液囊、关节屈侧皮肤等这些发生障碍和某些部位骨膜炎都可导致出现悬跛。

② 支跛。四肢在支持阶段出现机能障碍，负重时间短或不愿负重，站立时，两肢频繁交替。运步时，呈后方短步，健全的肢腿比平时伸出得快，提前接触地面。病患一般发生于骨肢下部的关节、腱、韧带及蹄等负重装置。另外，前后肢主要关节的肌肉，如背三头肌、股四头肌有炎症时或支配这些肌肉的神经有损伤，某些负重较大的关节面或关节内有炎症或缺损时，也可出现本病。

③ 混合跛。有悬跛和支跛的某些症状。患肢不论在支持阶段或悬垂阶段均出现跛行，四肢上部的关节疾病、上部骨体的骨折、某些骨膜炎、黏液囊炎等都会出现混合跛。

（3）诊断　本病的诊断在临床上比较困难，要结合病史、临床特征、四肢结构等进行综合分析。诊断时要注意下列问题。

① 要与某些传染病、内科病引起的跛行区别。

② 如果是运动器官引起的，要区别是全身性因素引起的，还是局部引起的。

③ 是机械性障碍，还是疼痛性障碍，机械性障碍无痛点。

④ 要了解四肢和蹄的解剖特点。

⑤ 了解所在地区的四肢病发病规律，是否为营养代谢方面的因素。

诊断主要采用下列几种方法。

① 问诊。询问发病时间、病情状况、饲养管理情况等。

② 视诊。观察牛的站立姿势、蹄负重情况以及机体和肢蹄是否有外伤、肿胀、变形等。如某一肢患病，则可发现悬蹄不敢着地或伸向前（痛点在后）、向后（痛点在前）、向外（痛点在内）、向内（痛点在外）等现象。如两前肢患病，两前肢伸向前方，并叉开，两后肢向前伸于腹下，头部抬头，屈颈，弓腰卷腹。如两后肢有病，则卧地不起，头颈下垂。另外，如两前肢频繁换脚，则多为胸部疼痛；四肢频繁移动，交替负重，多为四蹄痛。

让病牛走路，可观察情况，如患肢敢抬而不敢踏，为支跛，病变在肢下部；敢踏不敢抬，为悬跛，病变在肢上部；如在软地上可以行走，而在硬地上疼痛难行，则病在蹄部。

③ 触诊。用手触摸、压迫、牵引或强迫运动以测定肿胀、冷热、疼痛。如为急性炎症，局部出现温热、肿、痛等；如为慢性炎症，肌肉发生萎缩，关节硬肿，运动受限制。

④ 神经封闭诊断法。这是在掌（跖）部局部阻断和系部局部神经阻断，向在系部注射，如跛行消失，病在注射部位以下；跛行不消失，则在掌（跖）部注射，注射后跛行消失，病在二次注射点之间。如跛行不消失，病在第二次注射点之上。

(4) 治疗　对病畜加强护理，限制运动。治疗的原则是促进炎症消散，减轻疼痛，防止感染。局部治疗应根据损伤部位及损伤性质和程度采取相应措施。全身治疗可根据机体状况采取磺胺、抗生素、葡萄糖、碳酸氢钠、钙制剂疗法等。

(5) 预防　牛运动器官发病最多的部位是蹄，其次是球关节和膝关节。牛肢蹄病的发生与不合理的饲养管理及环境有着密切的关系。因而，加强饲养管理、改善生产环境条件是预防跛行的重要技术措施。

四、关节扭伤

多发于球节、肩关节、膝关节等处，关节受外力作用，或体位突然改变而发生的损伤。

(1) 病因　主要是由于运动场等活动场所泥泞或冰冻，坑洼不平，牛奔走失足、误踏深坑、跳跃闪扭以及发生滑、碰、跌倒而引起。

(2) 症状　一般共同特征是：受伤后出现一定程度的跛行，患病关节运动异常，疼痛怕动。触诊患处有发热、肿胀、疼痛表现。不同的关节处有不同的症状。

① 球节扭挫。轻度病例，肿、痛较轻，出现轻度支跛，患肢不敢着地，重者则出现球节屈曲，系部直立，蹄尖着地，行走时跛行明显。

② 肩关节扭伤。患处肿胀，肩关节轮廓改变，触诊有热痛反应。

③ 膝关节扭伤。患病后肢悬垂或以蹄尖着地，触诊膝关节侧韧带、股胫关节内侧韧带有显著肿痛。重者可发生关节积液、有明显肿胀及波动感。

④ 髋关节扭伤。站立时，患肢膝、肘关节屈曲，运动迟缓，患肢外展，摆背，卧下后则起立困难，站立不稳，触摸有疼痛反应，如荐骨下降、髋骨突出，则是髋关节脱位。

(3) 诊断　根据症状及触诊，可得到确诊。

(4) 治疗　以制止溢血、消肿止痛及防止感染为原则。

① 制止溢血。在初期，可包扎绷带或冷敷，对于有出血者，可肌内注射安洛血、维生素 K_3 等止血药。

② 消肿止痛。在后期，可应用温热疗法，如石蜡热敷或温水敷，以促进淤血吸收。对于较多积液不易吸收的，可进行关节腔穿刺，抽出腔内淤血、渗出液，之后再消毒、打绷带。

③ 消炎。肌内注射安乃近或安痛定 20~30 毫升进行镇痛，注射青霉素 40万~80 万单位进行消炎，也可用盐酸普鲁卡因青霉素溶液，在患处上方穴位注射作封闭疗法，配合内服三七片、镇痛散等活血化淤中药。

对于重度扭伤并伴有韧带撕裂、关节囊破裂或关节骨折时，要打石膏绷带，注意休息，控制运动。

（5）预防　加强牛群管理，提供充足的采食槽位和饮水槽位，及时清理运动场粪便，避免牛群争斗以及急追猛赶，创建安全、安静和舒适的活动场所。

五、风湿病

在中兽医上又叫痹病，是一种全身性的、慢性非化脓性炎症，侵害肌肉、关节等部位，发病突然，表现为肌肉或关节疼痛。

（1）病因　发病原因不十分清楚，一般认为与溶血链球菌感染有关，长久在潮湿地带待卧，受贼风侵袭，出汗后受到风吹打，或立即进到池塘中，或暴饮凉水，夜受风寒，或受到暴雨淋等。另外缺乏某些维生素等，或饲养管理不当，从而使牛的抵抗力下降，导致本病的发生。

（2）症状　突然发病，体温升高，食欲减退，精神不振；患处疼痛，背腰强拘，跛行，运动一会儿后症状减轻。病牛喜卧，不愿运动。重者肌肉萎缩，感觉迟钝。

在中医上把本病分为4种类型。

① 行痹。以风邪为主，无固定的疼痛处，四肢轮流疼痛，关节有时水肿，跛行明显；或后肢同时跛行；或胸部疼痛；或前后肢各一肢疼痛，呈十字跛行。

② 痛痹。以寒邪为主，肢体关节的疼痛，遇到热时减轻，遇到冷时加重。患病在腰部时，则腰胯强拘，脊背板硬；在前肢时，患肢不能抬起，步幅小；在后肢时，卧地难起；在颈部时，颈项强拘，低头辗转困难；在全身时，痉挛拘急，行动困难。

③ 着痹。以湿邪为主，关节沉重、红肿，肌肉麻木、疼痛，如不治则肌肉瘦减，关节变形，跛行严重。

④ 热痹。发病急，关节肿胀、疼痛，触之患畜骚动不安，关节不能伸展，体温升高，喜卧，食欲减少。

（3）诊断　根据发病症状及运动后症状减轻等可以作出诊断。

（4）治疗

西药疗法：

① 水杨酸酸钠 10~20 克、氯化钙 5~12 克、蒸馏水 200~500 毫升，溶解、过滤、煮沸灭菌后，一次静脉注射。每日 1 次，连用 5~7 天。

② 水杨酸钠 8~12 克、安钠咖 2~3 克、蒸馏水 100~200 克，溶解、过滤、煮沸、灭菌，在 40℃时与等量病牛血清混合，静脉注射。

第 1、3、5、7 天注射上述溶液，第 2、4、6、8 天静脉注射 10%的氯化钙溶液。8 天为一个疗程。若一个疗程未愈时，休药后 2~3 天，再治疗一个疗程。

③ 10%水杨酸钠注射液 200~300 毫升，配以葡萄糖酸钙注射液 200~500 毫升，或以 0.25%普鲁卡因注射液 200~300 毫升，或 0.5%氢化可的松注射液 100~160 毫升，分别静脉注射，每日 1 次，连用 5~7 天。若体温升高时，可加青霉素和维生素 C 注射液，疼痛时，可深部肌内注射安乃近 10~30 毫升，或镇跛痛 10~20 毫升。

中药疗法，根据发病的种类来治。

① 行痹。以祛风通络为主，处方用"芄防二活汤"加减：秦芄、防风、羌活、独活、当归、川芎、白芍各 30 克，川乌、全蝎各 15 克、甘草 24 克，煎汤灌服。

② 痛痹。方用"薏苡仁汤"加减：薏苡仁、羌活、麻黄、独活、防风、苍术、干姜、当归、海风藤、威灵仙、桂枝尖、生姜各 30 克，川乌 24 克，煎汤内服。

加减：颈项脊背强硬加藁本、补骨脂、透骨草；四肢疼痛加牛膝、伸筋草；体温高加桑枝、银花。

③ 着痹。方用"独活寄生汤"加味：羌活、独活、松节、防风、苍术、络石藤、木瓜、桂枝、威灵仙、桑枝各 30 克，川芎、甘草各 24 克，牛膝 15 克，煎汤灌服。

④ 热痹。方用"三妙散"加味：黄柏、牛膝、金银花、夏枯草、生地、连翘、丹参、地龙、秦芄、防己、山甲珠、桑枝、薏苡仁各 30 克，苍术 24 克，煎汤灌服。

（5）预防　要保持运动场和牛舍干燥和清洁卫生，不能让牛遭雨淋，防止贼风的侵袭，避免受寒冷的袭击；要注意不能使牛缺少营养，特别是维生素。

六、关节炎

关节炎为关节滑膜层的炎症，当发生慢性浆液性关节炎时，关节积聚液体，形成关节积水。

（1）病因　由于关节挫伤、掼伤和脱位等，造成机械性损伤而发炎。牛长期在砖地、水泥地的运动场上久卧，突然起立时在硬地上滑倒造成机械性损伤而发炎；因布氏杆菌病、牛副伤寒、乳房炎、牛产后感染等，细菌侵入关节膜囊内而发病。

（2）症状　急性炎症时，关节肿大，局部温度升高，疼痛，肢体呈屈曲状态，运动时出现混合跛行；慢性炎症时，关节积液，跛行较轻或不表现跛行；化脓性炎症时，肿胀严重，不敢负重，运动时呈三级跳，全身症状明显，食欲减退或废绝，体温升高。

主要有下列几种关节炎。

① 肘关节炎。关节外形改变，关节液多，关节周围有波动的肿胀凸起，触摸可感知液体流动。犊牛感染大肠杆菌、沙门氏杆菌引起牛副伤寒时，就表现肘关节症状，穿刺时可流出不同状态的脓液，体温升高，食欲废绝，喜卧不愿行动。

② 膝关节炎。关节肿大，关节液增多，运动时可听到摩擦音，行走呈混合跛行或支跛；肢体呈屈曲状态，用蹄尖负重。慢性关节炎使骨质肥大，骨膜增生而形成骨赘。

③ 腕关节炎。在副腕骨上方，桡骨和腕外屈肌之间出现圆形或椭圆形肿胀，负重时肿胀膨满而有弹性，不负重时肿胀柔软而有波动。站立时腕关节屈曲，蹄尖负重，运动呈混合跛行。本病要与腕前黏液囊炎区别，后者发生在腕关节前方，外表突出，大如球状，甚至可掉垂于地，无跛行或轻微跛行。

（3）诊断　根据关节疼痛和肿胀，全身症状以及穿刺滑液囊检查，可作出诊断。

（4）治疗　分为急性、慢性、化脓性3种。

① 急性。使用温敷、封闭、裹压迫绷带，保持患畜安静。局部用2%的普鲁卡因溶液做环状注射，外涂复方醋酸铝散，或涂布用酒精或樟脑酒精调制的淀粉和栀子粉，1日或隔日1次，以消除炎症，外加压迫绷带，阻止渗出。当渗出过多不易吸收时，可进行关节穿刺排出液体，然后注入普鲁卡因青霉素可的松溶液（氢化可的松70~140毫克、1%普鲁卡因溶液10~20毫升，青霉素20万~40万单位），隔日1次，3~4天为一个疗程。

② 慢性。在关节周围涂擦各种强烈刺激性软膏（如碘樟脑醚合剂）或采用烧络疗法。关节水肿严重时，进行关节穿刺排液，并注入普鲁卡因青霉素溶液（普鲁卡因溶液10~20毫升、青霉素80万单位），用绷带包扎。

③ 化脓性。局部进行关节穿刺排出脓液，用生理盐水或0.1%雷佛奴尔液，冲洗关节腔，直到流出透明黏液为止，再向关节腔注射1%~2%的普鲁卡因青霉素溶液15~20毫升，每日1次，连用3~4次。全身症状治疗可用磺胺类、抗生素静脉注射。

（5）预防　防止关节扭伤、创伤而引起的细菌感染及其他继发性感染；日粮中应补充适量的钙、磷等矿物质元素及维生素A、维生素D等；要定期修蹄，发现蹄病及时治疗；保持运动场和牛舍干净以及牛体清洁卫生，牛群活动场所不能有其他任何有害于牛蹄的异物，并处于清洁干燥状态。

第六节　产科病及其防治

一、持久黄体

在排卵（未受精）后，黄体超过正常时间而不消失，叫做持久黄体。由于持久黄体持续分泌黄体酮，抑制卵泡的发育，致使母牛久不发情，引起不孕。

（1）病因　饲养管理不当（饲料单纯、缺乏维生素和无机盐、运动不足等）和子宫疾病（子宫内膜炎、子宫内积液或积脓、产后子宫复旧不全、子宫内有死胎或肿瘤等）均可影响黄体的退缩和吸收，而成为持久黄体。

（2）症状　母牛发情周期停止，长时间不发情，直肠检查时可触到一侧卵巢增大，卵巢实质稍硬。如果超过了应当发情的时间而不发情，需间隔5~7天，进行2~3次直肠检查。若黄体位置、大小、形状及硬度均无变化，即可确诊为持久黄体。但为了与怀孕黄体加以区别，必须仔细检查子宫。

（3）诊断　直肠检查一侧（有时为两侧）卵巢较大，卵巢内有持久黄体。有的持久黄体一小部分突出于卵巢表面，而大部分包埋于卵巢实质中，也有的呈蘑菇状突出在卵巢表面，使卵巢体积增大。有的在同一个卵巢内或另一个卵巢中有一个或几个不大的滤泡。子宫松软、增大，往往垂入腹腔，触摸子宫反应微弱或无反应。临床上持久黄体的诊断主要是根据直肠检查的结果而定。性周期黄体和持久黄体的区别，须经过两次直肠检查才能作出较为准确的诊断。第一次检查应摸清一侧卵巢的位置、大小、形状和质地，以及另一侧卵巢的大小及变化情况。隔25~30天再进行直检，若卵巢状态无变化，可确诊为持久黄体。必要时对产后90天以上不发情或发情屡配不孕牛，从静脉采血测定其孕酮含量变化，一般持久黄体的孕酮含量为（5.77±0.96）纳克/毫升，变化范围为4.1~7.1纳克/毫升。

（4）治疗　应消除病因，以促使黄体自行消退。为此，必须根据具体情况改进饲养管理，或首先治疗子宫疾病。为了使持久黄体迅速退缩，可使用前列腺素（PG）及其合成类似物，它是疗效显著的黄体溶解剂。应用前列腺素，一般在用药后2~3天内发情，配种即能受孕。前列腺素F2a 5~10毫克，肌内注射。也可应用氟前列烯醇或氯前列烯醇0.5~1毫克，肌内注射。注射1次后，一般在1周内奏效，如无效时可间隔7~10天重复1次。

也可采用中药疗法，复方仙草阳汤：仙灵脾、益母草、当归、菟丝子、赤芍、熟地、黄精、阳起石、三陵等。水煎灌服，每日1剂，连用3~5剂。

（5）预防　平时应加强饲养管理，增加运动。产后的子宫处应及时彻底。

二、卵巢囊肿

本病分为卵泡囊肿和黄体囊肿，卵泡囊肿是因为卵泡上皮变性，卵泡壁结缔组织增生变厚，卵细胞死亡，卵泡液未吸收或增加而形成的；黄体囊肿是因为未排卵的卵泡壁上皮黄体化而形成的，或者是正常排卵后由于某种原因黄体不足，在黄体内形成空腔，腔内积聚液体而形成的。

（1）病因　有营养方面的，也有使用激素造成体内激素分泌紊乱而致病。牛长期运动不足，精饲料饲喂过多，牛肥胖；营养失调，矿物质和维生素不足；大量使用雌激素制剂及孕马血清，可引起卵泡壁发生囊肿；脑下垂体前叶机能失调，激素分泌紊乱，促黄体生成素不足，不能排卵；也有的是由于继发于卵巢、输卵管、子宫或其他部分的炎症。

（2）症状　卵泡囊肿的主要表现特征是无规律的频繁发情或者持续发情，甚至出现慕雄狂。黄体囊肿则是致使母牛长期不表现发情。

直肠检查可以发现卵巢上有数个或一个壁紧张而有波动的囊泡，直径超过 2 厘米，大的可达 5~7 厘米；有的牛有许多的小卵泡。正常的卵泡，再次检查时，卵泡已消失；囊肿的卵泡则持续不消失，也不排卵，囊壁较厚，子宫角松软不收缩。黄体囊肿通常只在一侧卵巢上有一个囊状其壁较厚的结构。

还可以进行孕酮的测定，卵泡囊肿的母牛，外周血浆雌二醇水平高达 50~100 纳克/毫升，脱脂乳孕酮水平低于 1.0 纳克/毫升；黄体囊肿的母牛，外周血浆孕酮水平保持在 1.2 纳克/毫升以上，脱脂乳孕酮水平含量在 1.0 纳克/毫升以上。

（3）防治

① 促性腺激素释放激素（GnRH）、前列腺素 F2a（PG_{F2a}）及其类似物：无论哪种类型的囊肿都可单独应用 GnRH 及其类似物或与其他激素配合应用。肌内或静脉注射 GnRH 100~250 微克或 LRH-A3，注射后 18~23 天发情。如果确诊为黄体囊肿，可单独使用 PG_{F2a} 或类似物。

② 促黄体素（LH）或绒膜素（HCG）：LH 或 HCG 静脉注射、肌内注射、皮下注射或子宫灌注均可，常用量是 2 500~5 000国际单位。注射后每周进行 1 次直肠检查，一般囊肿在半个月左右逐渐萎缩，母牛开始出现正常发情。经过药物处理后的牛在前 3 个月容易流产，为防止流产，可在配种后的第 4 天注射黄体酮100 毫克，隔日 1 次，连续 5 次。

③ 孕酮（P4）：主要治疗卵泡囊肿及慕雄狂，母牛一般一次肌内注射800~1 000毫克，在注射后病牛的性兴奋及慕雄狂的症状即可消失，半个月左右可恢复正常发情，且能配种受孕。

④ 地塞米松（氟美松）：肌内注射地塞米松 10～20 毫克；也可静脉注射 10 毫克，隔日 1 次，连用 3 次。对卵泡囊肿应用其他激素治疗无效的病例，有明显的效果。

⑤ 前列腺素 F2a（PG_{F2a}）或催产素（OT）：对于黄体囊肿有理想的疗效。

对于卵泡囊肿也可用手术法进行治疗，用手挤破，也可进行穿刺，即用一只手从直肠将囊肿的卵巢固定，另一只手从阴道伸入，手持带有保护套的针头进行穿刺。

三、子宫内膜炎

本病是牛产科疾病中的一种常见病。根据炎症的性质可分为卡他性、黏液性、脓性子宫内膜炎。也可按病程分为急性、慢性和隐性。

（1）病因　大多发生于母牛分娩过程和产后，在分娩胎儿时，黏膜有大面积创伤；胎衣滞留在子宫内；子宫脱出，使细菌等病原体侵入。助产时，消毒不严格，或配种时人工授精感染；牛舍不干净，造成阴道感染而继发。

（2）症状

① 急性子宫内膜炎。病牛体温升高，食欲减退，精神沉郁，有时拱背、努责，常作排尿姿势。阴门中排出黏液性或黏液脓性渗出物，有时带有血液，有腥臭。子宫颈外口黏膜充血、肿胀，颈口稍开张，阴道底部积有炎性分泌物。直肠检查时可感到体温升高，子宫角粗大而肥厚、下沉，收缩反应微弱，触摸子宫有波动感。急性炎症，只要治疗及时，多在半个月内痊愈；如病程延长，可转为慢性。

② 慢性黏液性子宫内膜炎。发情周期不正常，或虽正常但屡配不孕，或发生隐性流产。病牛发情时，阴道排出混浊带有絮状物黏液，有时虽排出透明黏液，但含有小点絮状物。阴道及子宫颈外口黏膜充血、肿胀。子宫角变粗，壁厚粗糙，收缩反应微弱。

③ 慢性黏液脓性子宫内膜炎。阴道排出灰白色或黄褐色较稀薄的脓液。发情周期不正常，阴道黏膜和子宫颈充血，有脓性分泌物，子宫颈稍开张。直肠检查：子宫角增大，子宫壁肥厚。冲洗时回流液混浊，其中夹有脓性絮状物。

④ 隐性子宫内膜炎。生殖器官无异常，发情周期正常，屡配不孕，发情时流出黏液略带混浊。

（3）诊断　根据阴道排出的黏液性质，以及发情周期，配种情况，结合阴道、直肠检查，可以作出诊断。

（4）治疗　主要是控制感染、消除炎症和促进子宫腔内病理分泌物的排出，对有全身症状的进行对症治疗。如果子宫颈尚未开张，可肌内注射雌激素制剂促进颈口开张。开张后肌内注射催产素或静注 10%氯化钙液 100~200 毫升，促进子宫收缩，提高子宫张力，诱导子宫内分泌物排出。也可用 0.1%高锰酸钾液、0.02%呋喃西林液、0.02%新洁尔灭液等冲洗子宫。充分冲洗后，子宫腔内灌注青链霉素合剂，每日或隔日 1 次，连续 3~4 次。

也可使用中药疗法，选用具有清热解毒、抗菌消炎、祛腐排脓的中药黄柏、青黛、元明粉等，按照各类药物有效成分，采取相应的方法制成，每毫升含有生药 0.2 克。可预防子宫内膜炎，产后的当天或第 2 天，以直肠把握法通过输精管向子宫内注入，每次 100 毫升。治疗子宫内膜炎，每次用药 60~100 毫升，隔日投药 1 次，连用 4 次为 1 个疗程，重症病例连用 2 个疗程。

（5）预防　加强母牛的饲养管理，增强机体的抗病能力。配种、助产、剥离胎衣时必须按操作要求进行，产后子宫的冲洗与治疗要及时，对流产母牛的子宫必须及时处理。要注意牛舍的卫生，抓好消毒工作。

四、胎衣不下

母牛分娩后一般在 12 小时内排出胎衣，如果超过上述时间仍不能排出时，就可认为是胎衣不下或胎衣滞留。

（1）病因　母牛在妊娠后期运动不足，营养失调，缺少矿物质或日粮中钙、磷的比例不当，维生素、微量元素不足等，母牛瘦弱或过肥，胎水过多，双胎、胎儿过大、难产和助产过程中的操作不当都可以引起子宫弛缓、收缩乏力，引起胎衣不下。由于感染病原体引起胎儿胎盘和母体胎盘发炎或母体子宫发炎，致使胎儿胎盘绒毛组织不能与母牛子宫宫阜的腺窝分开，造成胎衣不下。

（2）症状　母牛分娩后，阴门外垂有少量胎衣，持续时间超过 12 小时以上。有时虽有少量胎衣排出，但大半仍滞留在子宫内不能排出。也有少数母牛产后在阴门外无胎衣露出，只是从阴门流出血水，卧下时阴门张开，才能见到内有胎衣。胎衣在子宫内腐败、分解和被吸收，从阴门排出红褐色黏液状恶露，混有腐败的胎衣或脱落的胎盘子叶碎块。少数病牛由于吸收了腐败的胎衣及感染细菌而引起中毒，出现全身症状，体温升高，精神不振，食欲下降或废绝，甚至转为脓毒败血症。少数病牛不表现全身症状，待胎衣等恶露排出后则恢复正常。大多数牛转化为子宫内膜炎，影响母牛下一胎的受孕。

（3）诊断　一般根据牛的分娩时间及排出的胎衣可诊断，对于未排出的胎衣，可进行阴道检查。

（4）治疗　可进行药物、手术及辅助疗法。

① 西药疗法。10%葡萄糖酸钙注射液、25%的葡萄糖注射液各 500 毫升，1 次静脉注射，每日 2 次，连用 2 日；催产素 100 单位，1 次肌内注射；氢化可的

松 125~150 毫克，1 次肌内注射，隔 24 小时再注射 1 次，共注射 2 次。

土霉素 5~10 克，蒸馏水 500 毫升，子宫内灌注，每日或隔日 1 次，连用 4~5 次，让其胎衣自行排出。

10%的高渗氯化钠 500 毫升，子宫灌注，隔日 1 次，连用 4~5 次，使胎衣自行脱落、排出。

增强子宫收缩，用垂体后叶素 100 单位或新斯的明 20~30 毫克肌内注射，促使子宫收缩排出胎衣。

② 中药疗法。"生化汤"加减：川芎、当归各 45 克，桃仁、香附、益母草各 35 克，肉桂 20 克，荷叶 3 张，水煎，加酒 60~120 毫升，童便 1 碗，混合灌服。如淤血腹痛，加五灵脂、红花莪术；若体质虚弱加党参、黄芪；若热，去肉桂、酒，加黄芪、白芍、甘草；若胎衣腐烂，则加黄柏、瞿麦、萹蓄等。祛衣散：当归、牛膝、瞿麦、滑石、海金砂各 100 克，土狗 500 克，没药、木通、血蝎、甲片各 50 克，大戟 40 克，为末，灌服。加减：有热加双花 80 克，乳房红肿、硬，乳汁不通，加王不留行 80 克，冬葵子 50 克。

③ 手术剥离。首先把阴道外部洗净，左手握住外露胎衣，右手沿胎衣与子宫黏膜之间，触摸到胎盘，食指与中指夹住胎儿胎盘基部的绒毛膜，用拇指剥离子叶周缘，扭转绒毛膜，使绒毛从肉阜中拔出，逐个剥离。然后向子宫内灌注消炎药，如土霉素粉 5~10 克，蒸馏水 500 毫升，每日 1 次，连用数天。也可用青霉素 320 万单位，链霉素 4 克，肌内注射，每日两次，连用 4~5 天。

(5) 预防　应注意营养供给，合理调配，矿物质不能缺乏，特别是钙、磷的比例要适当。产前不能多喂精饲料，要增加光照和运动。产后要让母牛吃到羊水和益母草、红糖等。如果分娩 8~10 小时不见胎衣排出，可肌内注射催产素 100 单位，静脉注射 10%~15%的葡萄糖酸钙 500 毫升。

第七节　代谢性疾病及防治

一、维生素 A 缺乏症

本病常发生于犊牛，犊牛的瘤胃不完全角化或过度角化、腹泻均可导致本病。维生素 A 缺乏主要影响牛的视紫红素的正常代谢、骨骼的生长和上皮组织的生长，严重缺乏的母牛，常影响胎儿的正常发育，导致胎儿的多发性先天性缺损，如脑水肿、眼损害。

(1) 病因　饲料中一般不缺乏维生素 A 原，但犊牛腹泻时，特别是瘤胃不完全角化或过度角化，可导致维生素 A 缺乏症，慢性肠道疾病和肝脏有病时也易继发维生素 A 缺乏症。

（2）症状 典型症状是夜盲症，常发生在早晨、傍晚或月夜光线朦胧时，患牛盲目前进，碰碰撞撞。之后骨发育也出现异常，使脑脊髓受压和变形，上皮细胞萎缩，继发唾液腺炎、副眼腺炎、肾炎、尿石症。后期犊牛形成干眼症，角膜增厚。

（3）诊断 根据饲养管理情况和临床特征可以进行诊断，确诊需要进行测定血浆和肝脏中维生素 A 及胡萝卜素水平。

（4）防治 加强饲养管理，注意饲料的维生素含量，防止维生素被氧化。使用胶囊制剂可减少维生素 A 被氧化，多补充醇式维生素 A。防止犊牛的腹泻，及时治疗。

二、硒和维生素 E 缺乏症

硒是动物必不可少且生理作用非常重要的一种营养性微量元素，硒缺乏症是由于微量元素硒的缺乏或不足而引起器官或组织变性、坏死的一类疾病。维生素 E 是含不同比例的 α、β、γ、δ 生育酚以及其他生育酚的一种混合物，其中 α 生育酚的生物活性最高，维生素 E 的缺乏主要引起幼畜的肌营养不良。临床上单纯的硒缺乏症和维生素 E 缺乏症并不多见，常见的是二者共同缺乏所引起的硒–维生素 E 缺乏症。

（1）病因 由于低硒环境影响饲草、饲料，从而造成了动物体缺乏硒。维生素 E 相对缺乏症是由于采食的青绿豆科植物中含有较多的不饱和脂肪酸，当反刍动物瘤胃氢化作用不全时，则有过量的不饱和脂肪酸被胃肠道吸收，其游离根与维生素 E 结合，大量消耗体内维生素 E 所致。维生素 E 绝对缺乏症是由于喂了缺乏维生素 E 的饲草料所致。

（2）症状 硒和维生素 E 缺乏，常可导致牛的肌营养不良（白肌病）或胎衣停滞，其犊牛肌营养不良的临床特征是精神沉郁，喜卧，消化不良，共济失调，站立不稳，步态强拘，肌肉震颤，心跳加快，每分钟可达 140 次，呼吸多达 80~90 次。多数病牛发生结膜炎，甚至发生角膜浑浊和角膜软化，排尿次数增多，尿呈酸性反应，尿中有蛋白质和糖，肌酸含量增高，可达 150~400 毫克。

维生素 E 缺乏还可导致家畜不育和不孕等病变。α 生育酚能通过垂体前叶分泌促性腺激素（Gn），促进精子的生成及活动。当缺乏维生素 E 时，则睾丸变性、萎缩，精子运动异常，甚至不能产生精子，也导致卵巢机能减退，卵子生成受阻。

病理变化主要在骨骼肌、心肌、肝脏，其次是肾和脑，病变部肌肉变性、色淡，呈灰黄色、黄白色的点状、条状等。

（3）诊断 根据地方缺硒病史、饲料分析、临床表现、病理解剖等可作出诊断。

(4) 治疗　用0.1%亚硒酸钠注射液，皮下或肌内注射，每次5~10毫升，隔10~20天重复1次。同时配合肌内注射维生素E 300~500毫克。

(5) 预防　加强饲养管理，喂给富含维生素E和微量元素硒的饲草和饲料，可外加小麦胚油或麦片、小麦麸或α生育酚。

三、骨软病

骨软病是指成年动物在软骨内骨化作用完成后发生的一种骨营养不良疾病。

(1) 病因　由于营养失调，钙磷比例不平衡，磷缺乏所致。正常牛的钙磷比例为 (1.5~2)∶1，因此饲料中也必须与之相适应。机体胃肠机能障碍、维生素D不足或缺乏，甲状腺功能亢进，运动不足均可引起本病的发生。维生素D缺乏，甲状腺亢进可引起钙磷代谢紊乱，阻碍骨组织的正常形成。

(2) 症状　病牛消化紊乱，出现异食癖，之后跛行，运步不灵活，肢腿僵直，走路后躯摇摆，或四肢轮换跛行。某些母牛发生腐蹄病，骨骼变形。母牛的倒数第1、2尾椎骨逐渐变小、变软，甚至消失。后期容易继发瘤胃臌气、瘤胃积食、胃肠炎、骨折或褥疮。

血液中钙含量高、磷低，血钙和血磷分别为14~18.6毫克和2.4~5.6毫克，正常牛为12~13毫克和6~8毫克。

(3) 诊断　根据饲料的成分和饲料来源及临床特征可诊断，但要与牛的骨折、蹄病、关节炎、肌肉风湿、慢性氟中毒等相区别。原发性骨折没有骨和关节变形的表现，腐蹄病可继发于骨软病，但原发性病例，可联系牛场的运动场状况等，以炎热和潮湿季节多发。肌肉风湿则患部疼痛显著，运动后减轻。慢性氟中毒有齿斑和长骨骨柄增大等特征。

(4) 防治　在发病初出现异食癖时，即可在饲料中补充钙磷，严重病例可肌内注射20%磷酸二氢钠溶液300~500毫升，或3%次磷酸钙溶液1 000毫升静脉注射，每日1次，连用3~5日。

对于成年牛，每天应供应磷和钙各11克。对于肉牛，钙与磷的比例为2∶1，不超过4∶1则不会发生骨软病。

第八节　中毒病及其防治

一、亚硝酸盐中毒

牛采食了含亚硝酸盐的饲草及青菜类饲料，引起的一种饲料类中毒。许多青菜中含有硝酸盐，如发生腐烂或发热，就会变成亚硝酸盐；也有吃了含硝酸盐的饲草料，在瘤胃的作用下，转化成了亚硝酸盐，引起中毒。

（1）病因　硝酸盐一般不会引起中毒，但在瘤胃内经过细菌的还原作用，可变成亚硝酸盐，亚硝酸盐在血液中能与血红蛋白相结合，生成高铁血红蛋白，使血红蛋白不与氧结合，而丧失了运输氧的功能，导致组织缺氧，血液呈褐色。高铁血红蛋白除了本身不能运输氧到组织以外，还能使正常的血红蛋白在组织中不易与氧分离，在肺部不易与氧结合，加重了缺氧状态，致使呼吸中枢麻痹，窒息而死。

（2）症状　牛采食了大量含亚硝酸盐的饲草料后，十几分钟至半小时就有可能发病，而摄入过量硝酸盐的食物和饮水后，大约5个小时后才才有可能发病。毒物主要刺激胃肠，导致炎症；破坏血红蛋白运输氧的功能，使组织极度缺氧。表现为突然全身痉挛，结膜发绀、乳房发紫、口吐白沫、呼吸困难、脉搏加快，体温正常或下降。重症者因极度缺氧而来不及救治很快倒地死亡。轻症可以得到治疗或自然自愈。

（3）诊断　根据采食饲草料的情况，结合临床症状，血液检查为黑红色或酱油色、不凝固，用特效解毒药美蓝可治疗，可以确诊。通过实验室检验亚硝酸盐：取胃内容物或残余饲料的液汁1滴，滴在滤纸上，加10%联苯胺液1~2滴，再加醋酸1~2滴，若滤纸变为棕色，即可确诊。

（4）治疗　应用特效解毒剂美蓝或甲苯胺蓝，同时应用维生素C和高渗葡萄糖。1%的美蓝液（美蓝1克，纯酒精10毫升，生理盐水90毫升），每千克体重0.1~0.2毫升，静脉注射；5%甲苯胺液，每千克体重0.1~0.2毫升，静脉注射或肌内注射；5%维生素C液60~100毫升，静脉注射；50%葡萄糖液300~500毫升，静脉注射。还可以向瘤胃内投入抗生素和大量饮水，阻止细菌对硝酸盐的还原作用。

同时进行对症治疗，可应用泻剂，清理胃肠内容物；根据机体状况采用尼可刹米、樟脑油等药物，以兴奋中枢和强心等达到治疗目的。

也可冲调绿豆汤500~750克、干草末100克，灌服。

（5）预防　预防的关键是加强饲养管理，充分认识亚硝酸盐和硝酸盐对牛的危害。

① 加强饲料保管，科学配制日粮。在青饲料和菜类收获季节，改善青粗饲料的堆放条件和贮藏过程，避免亚硝酸盐的产生。

② 对含有硝酸盐的饲草和饲料，在饲喂量上要严格控制，对于常年使用硝铵类肥料的作物，要特别注意，测定其硝酸盐的含量。要合理调配饲料，使碳水化合物的含量占到一定的比例。同时添加碘盐和维生素A、维生素D等制剂。

③ 控制硝酸盐转化为亚硝酸盐的速度。在饲喂叶菜类等含硝酸盐饲草料期间，应用四环素饲料添加剂（30~40毫克/千克体重），或金霉素饲料添加剂（22毫克/千克体重）作补充饲料。

二、棉酚中毒

在棉花产区，从棉籽中提取油之后，剩余的棉籽饼是很好的高蛋白质饲料（含粗蛋白25%~40%），其缺点是钙和维生素A缺乏，并含有有毒成分棉酚，能引起牛中毒。

（1）病因　棉籽及棉籽饼中的主要有毒成分是棉酚，它是一种萘的衍生物，可分为结合棉酚和游离棉酚两种。结合棉酚是棉酚与蛋白质、氨基酸结合物的总称，不能被肠道消化吸收，是无毒的。有毒性的是游离棉酚，易被家畜消化吸收，使硫和蛋白质结合，损害血红蛋白中铁的作用，导致溶血。棉酚还能使神经系统紊乱，引起不同程度的兴奋和抑制。棉籽饼缺乏维生素A和钙，大量或长期饲喂可引起牛的消化、泌尿等器官黏膜变性。

（2）症状　大量饲喂棉籽饼可发生瘤胃积食，出现腹痛和便秘，后期腹泻。渐渐病牛出现夜盲症和眼干燥症，棉酚还能损害血液循环系统，可使病牛出现出血性胃肠炎、血红蛋白尿；伤害脑组织，引起神经功能紊乱。犊牛吃了大量棉籽饼后，食欲下降、腹泻、黄疸、夜盲、血红蛋白尿，重者伴有佝偻病。

（3）诊断　根据饲喂棉籽饼的情况及出现的症状可以诊断，成年牛一次吃了大量的棉籽饼而引起瘤胃积食不能定为中毒。确诊需要测定棉籽饼及病牛血液中游离棉酚的含量。

（4）治疗　成年牛出现瘤胃积食时，可用泻剂。硫酸钠500克、大黄末100克，开水冲，再用温水4~5升调和，胃管投服。孕牛可选用石蜡油1 500~2 000毫升灌服。对于出现的眼病，可按维生素A缺乏症治疗。

犊牛出现中毒后，可静脉注射10%葡萄糖、糖盐水、复方盐水各300毫升，5%碳酸氢钠150毫升，1日2次；腹痛呻吟可肌内注射安乃近10毫升；输入母牛血100毫升，1日2次；止泻药用炭50克，加水适量灌服，1日2次。

（5）预防　在调配饲料时，应注意棉籽饼的用量，每头每日不超过1~1.5千克；饲喂前作去毒处理，如加棉籽饼重量10%的大麦粉或面粉，然后加水煮沸。成年牛在饲喂棉籽饼时，同时饲喂一些苜蓿干草或其他草。尽量使用脱酚棉饼。

三、芥子硫苷中毒

油菜是我国主要油料作物，提取油之后的饼、粕可作为肉牛的蛋白质补充料。菜籽饼中含有芥子硫苷成分，牛大量采食后可引起牛中毒。

（1）病因　菜籽饼中含有芥子硫苷，在芥子水解酶的作用下，产生挥发性芥子油，即硫氰丙烯脂，该成分有毒性，从而引起牛中毒。

（2）症状　病牛表现不安、流涎、食欲废绝、反刍停止；很快出现胃肠炎症状，如腹痛、腹胀或腹泻，严重的粪便中带血；肺气肿、肺水肿、呼吸加快或困难，有时伴发痉挛性咳嗽，鼻腔流出泡沫状液体；排尿次数增多，排出血红蛋白尿或血尿；黏膜发绀，心率减慢，体温正常或低下，最终虚脱而死亡。

（3）诊断　根据采食菜籽饼过量的情况，结合临床特征，可以得到诊断，确诊需要作毒素定性检查或芥子苷含量测定。

（4）治疗　进行对症治疗，内服淀粉浆（淀粉200克，开水冲成糯糊），豆浆水等，也可用0.5%~1%鞣酸溶液洗胃或内服；皮下注射或肌内注射20%樟脑溶液20~40毫升，肌内注射止血敏20毫升；重病病例可泻血500~1 000毫升，输液输氧，解毒用25%葡萄糖溶液和复方盐水各1 000毫升加入维生素C 3~4克，双氧水100毫升静脉注射；轻型病例可静脉输入葡萄糖和维生素C。

（5）预防　浸泡煮沸菜籽饼，进行去毒；在饲喂前进行测定，芥子油含量超过0.5%时应作去毒处理；去毒后与其他饲料调配饲喂，严格控制饲喂数量。孕牛和幼牛不可饲喂。

四、尿素中毒

牛的瘤胃微生物具有利用尿素合成蛋白质的能力，因此生产上常常应用尿素替代蛋白质饲料，降低饲养成本。但是，在配合日粮时加入过多或搅拌不均匀，都可能造成中毒。

（1）病因　当饲喂尿素、双缩尿和双铵磷酸盐量过多时或方法不当时，能产生大量的氨，而瘤胃微生物不能在短时间内利用，大量的氨进入血液、肝脏等组织器官，致使血氨增高而侵害神经系统造成中毒。

（2）症状　尿素中毒时间很短就出现症状，反刍减少或停止，瘤胃迟缓，唾液分泌过多，表现不安，肌肉震颤，呼吸困难，脉搏增数（100次/分），体温升高，全身出现痉挛，倒地、流涎、瞳孔放大，窒息死亡。病程一般为1.5~3小时，病程延长者，后肢不全麻痹，四肢僵硬，卧倒不起，发生褥疮。

（3）诊断　进行实验室检验，血氨含量达到1~8毫克/100毫升，正常时为0.2~0.6毫克/100毫升。瘤胃液氨含量高达80~200毫克/100毫升，可引起中毒。

（4）治疗　病初可用2%~3%的醋酸溶液2 000毫升，加白糖500克，常水2 000毫升，一次灌服；为降低血氨浓度，改善中枢神经系统功能，可用谷氨酸钠注射液 200~300 毫升（68~86 克），用等渗糖溶液 3 000 毫升或 10% 葡萄糖液 2 000 毫升稀释后，静脉滴注，1 日 1 次，有高血钾症时不可用钾盐；瘤胃臌气严重时，可穿刺放气；可用苯巴比妥抑制痉挛，10 毫克/千克体重，出现呼吸中枢抑制时，可用安钠咖、尼可刹米等中枢兴奋药解救。

（5）预防 不能把尿素溶解于水里进行饲喂；尿素类非蛋白氮饲用添加量要严格控制，其蛋白当量一般不应超过日粮蛋白质总量的 30%；饲喂尿素时必须供给充足的碳水化合物；不能与大豆混合饲喂，以防脲酶的分解作用，使尿素迅速分解；瘤胃功能尚未健全的犊牛禁止饲喂尿素类非蛋白氮饲料。

五、霉变饲料中毒

发霉的饲料由于霉菌的毒素作用，可使牛发生中毒。

（1）病因 饲料由于保管不当，或受雨水淋湿，造成有毒的霉菌寄生，从而产生毒素，使牛发病。常见的霉菌有曲霉菌、青霉菌、镰刀霉菌等，在毒素的侵蚀下，加之机能的抵抗力降低，就造成牛中毒。

（2）症状 成年牛中毒呈慢性经过，毒素主要侵害肝脏、血管和神经系统。引起出血、水肿和神经症状，以及腹水、消化机能障碍。表现前胃弛缓、瘤胃臌胀，间歇性腹泻，最后脱水。哺乳量降低或停止，孕牛发生流产。有的出现惊恐和转圈运动，后期陷于昏迷而死亡。犊牛厌食、磨牙、消瘦、生长延迟和精神萎靡。犊牛对黄曲霉毒素敏感，且死亡率高。

（3）诊断 取样进行分析化验，结合临床特征，可诊断，确诊需进行毒素测定和细菌培养。

（4）治疗 对于轻型病例，可停喂含脂肪多的饲料，增喂青绿饲料，可自然痊愈。

对于严重病例，投服盐类泻剂，人工盐 500~800 克，温水 3~5 升稀释，胃管投服，排出胃内容物；保护肝脏，取 25%~50% 葡萄糖 500~1 000 毫升，加入维生素 C 3~5 克，5% 氯化钙液 200~300 毫升，40% 乌洛托品 50~60 毫升，静脉滴注；皮下注射强心剂：10% 樟脑硫酸钠 10~20 毫升或 10% 安钠咖 20~30 毫升；可配合使用青霉素、链霉素进行并发症治疗。不可使用磺胺类药物。

（5）预防 仔细检验饲料，发现霉变饲料绝不可饲喂。

六、氢氰酸中毒

有些饲料中含有氰苷配糖体，牛采食了这些植物后可引起中毒。

（1）病因 牛采食了大量含氢氰酸的高粱、玉米等的幼苗、三叶草、南瓜藤等，这些饲料中含有较多氢氰酸的衍生物——氰苷配糖体，可引起中毒。收割后的高粱、玉米的再生幼苗或雨涝、霜冻后的幼苗含量极高，或误食了氰化钠、氰化钾等可造成中毒。

（2）症状　采食过程或采食后不久突然发病。病牛站立不稳，呻吟痛苦，表现不安；流涎，呕吐；可视黏膜潮红，血液鲜红。呼吸极度困难，抬头伸颈，张口喘息，呼出气有苦杏仁味。肌肉痉挛，全身衰弱无力，卧地不起。结膜发绀，血液暗红。瞳孔散大，眼球震颤。皮肤感觉减退，脉搏细弱无力，全身抽搐，很快因窒息而死亡。急性病例，一般不超过 2 小时，最快者 3~5 分钟死亡。

（3）诊断

① 病理变化。急性病死牛的血液呈鲜红色，凝血时间延长，肌肉色暗。肺、胃肠和心脏等实质器官充血、出血；体腔内有浆液性渗出液；瘤胃内容物释放出氢氰酸气味。

② 鉴别诊断。与硝酸盐和亚硝酸盐中毒相区别。硝酸盐和亚硝酸盐尸体检查可见血液凝固不全，并呈黑红色，经暴露于空气中也不变为鲜红色。

确诊可根据病史、临床症状、实验室检查进行。

（4）治疗

① 应用解毒药进行解毒。发病后立即静脉注射 3% 亚硝酸钠注射液 60~70 毫升，随后再注射 5% 硫代磷酸钠注射液 100~200 毫升；选用美蓝注射液治疗时，浓度要高，剂量大于亚硝酸盐中毒时的 10 倍；由于葡萄糖能与氢氰酸结合成无毒的腈类，故可静脉注射 50% 葡萄糖 500 毫升。

② 对症治疗。释放静脉血、静脉输氧；使用呼吸兴奋剂（尼可刹米）、强心剂（安钠咖、樟脑）等以缓解病情。

（5）预防　防止牛采食幼嫩的高粱苗和玉米苗；对于亚麻籽饼要煮熟去毒；管理好农药，不可误食氰化物。

七、马铃薯中毒

马铃薯是营养价值很高的食品，可作为家畜的饲料，但使用不当可造成中毒。

（1）病因　马铃薯因保管不当，受到太阳照射或发芽，产生龙葵素，从而使家畜中毒。马铃薯外表颜色发绿，表明龙葵素高。

（2）症状　轻度中毒，以消化道症状明显，流涎、呕吐、腹胀、腹痛、便秘或腹泻，甚至出现血便。病牛还表现口唇周围、肛门、尾根、阴道和乳房部位发生湿疹或水泡性皮炎。

严重病例，病初兴奋不安，向前冲撞，以后精神沉郁，步态不稳，倒地昏迷，黏膜发绀，肌肉痉挛，呼吸无力，心力衰竭，2~3 天死亡。

（3）诊断　根据发病前采食的马铃薯情况及临床症状即可进行诊断。

（4）治疗　目前尚无特效解毒药进行对症治疗，立即停喂马铃薯。严重病例，先输强心剂：25%~50%葡萄糖溶液 500 毫升加维生素 C 3 克静脉注射及安钠咖 30 毫升分点注射，然后用 1%~2%鞣酸溶液 1 000~2 000毫升洗胃和灌服，并立即用胃管投服盐类泻剂硫酸镁 500~800 克，温水 3~5 升，使毒物排除。对已发生胃肠炎的，为保护胃黏膜，消除中毒性肠炎症状，可内服 1%鞣酸蛋白溶液 1 000~2 000毫升。

（5）预防　严禁饲喂发芽的或发绿的马铃薯。

八、食盐中毒

食盐是家畜日粮中不可缺少的营养物质，但喂量过多就会造成中毒。

（1）病因　食盐过多或限制饮水会使牛体内阳离子平衡紊乱，从而出现一系列的症状。

（2）症状　急性中毒时，发生消化障碍，病牛厌食、口渴、流涎、腹痛、腹泻、粪便中带有黏液。神经症状有目盲、麻痹、步态不稳、球关节屈曲无力、肌肉痉挛、发抖，常于 24 小时死亡。慢性中毒时，食欲不振，饮欲亢进，体重减轻，脱水，体温降低，衰弱，偶尔也有腹泻。犊牛中毒时，可见有咬肌、颈部及四肢肌肉均出现强直性痉挛，头向后反张，瞳孔散大，口吐白沫，呼吸困难，心跳加快。

（3）诊断　检查有无饲喂过多食盐或限制饮水的情况，结合临床症状，同时测定瘤胃及小肠内容物氯浓度，高于 0.31%表明中毒。

（4）治疗　发现中毒立即停止饲喂高食盐的饲料，让牛多次、少量饮清水。为解除阳离子平衡紊乱出现的中枢神经症状，可用 5%氯化钙溶液 100~200 毫升静脉注射，用镇静剂溴化钾 15~60 克/次，稀释为 30%溶液口服。使用利尿剂双氢克尿塞静脉和肌内注射 100~250 毫克/次，可使血中过多的钠和氯离子排出，同时也使钾的排出增多。胃肠道排出毒物可灌服石蜡油 1 000~2 000毫升。缓解脑水肿，降低颅内压，可静脉注射 25%山梨醇溶液 1 000~2 000毫升和 25%~50%葡萄糖溶液 500~1 000毫升。

（5）预防　日粮中的食盐含量应严格按照饲养标准添加，保证充足的饮水。

参考文献

曹玉凤，李建国 . 2004. 肉牛标准化养殖技术 ［M］. 北京：中国农业大学出版社 .

陈幼春 . 2007. 西门塔尔牛的中国化 ［M］. 北京：中国农业科学技术出版社 .

陈幼春 . 1999. 现代肉牛生产 ［M］. 北京 . 中国农业出版社 .

冀一伦 . 2001. 实用养牛科学 ［M］. 北京：中国农业出版社 .

蒋洪茂 . 1995. 优质牛肉生产技术 ［M］. 北京：中国农业出版社 .

莫放，李强 . 2011. 繁殖母牛饲养管理技术 ［M］. 北京：中国农业大学出版社 .

孙国强，王世成 . 2003. 养牛手册 ［M］. 北京：中国农业大学出版社 .

王振来，钟艳玲 . 2004. 肉牛育肥技术指南 ［M］. 北京：中国农业大学出版社 .

许尚忠，马云 . 2005. 西门塔尔牛养殖技术 ［M］. 北京：金盾出版社 .

许尚忠，魏伍川 . 2002. 肉牛高效生产实用技术 ［M］. 北京：中国农业出版社 .

杨文章 . 2001. 岳文斌肉牛养殖综合配套技术 ［M］. 北京：中国农业出版社 .

杨效民 . 2004. 晋南牛养殖技术 ［M］. 北京：金盾出版社 .

杨效民，李军牛 . 2008. 病类症鉴别与防治 ［M］. 太原：山西科学技术出版社 .

杨效民 . 2008. 旱农区牛羊生态养殖技术 ［M］. 太原：山西科学技术出版社 .

杨效民 . 2009. 肉牛标准化生产技术彩色图示 ［M］. 太原：山西经济出版社 .

杨效民 . 2011. 种草养牛技术手册 ［M］. 北京：金盾出版社 .

杨效民 . 2012. 图说肉牛养殖新技术 ［M］. 北京：中国农业科学技术出版社 .

杨效民 . 2017. 种草养肉牛实用技术问答 ［M］. 北京：中国科学技术出版社 .

岳文斌，张栓林 . 2003. 高档牛肉生产大全 ［M］. 北京：中国农业出版社 .

昝林森 . 1998. 肉牛高效益饲养法 ［M］. 北京：中国农业出版社 .